Personality Colors Theory

性格色彩原理 第6版

乐嘉 著

中国华侨出版社
·北京·

果麦文化 出品

写在前面

有的朋友看到节目中张牙舞爪的我,觉得我狂妄自大;看到演讲节目中对选手严厉批评的我,觉得我不近人情;看到网络里醉酒的我,觉得我粗俗无礼出言无状。这些朋友,把我魔化,搞不懂我这种人怎能得到命运的眷顾,居然出名这么多年。

有的朋友看到节目里常常落泪的我,觉得我是性情中人;看到点评犀利、一针见血的我,觉得我是能读懂人心的魔术师;看到为受欺的残障学生打抱不平的我,觉得我是行侠仗义的剑客。这些朋友,把我神化,想不明白我为何任由网上无中生有假料泛滥,却从不辩解。

这两类朋友,不论魔化还是神化,也许都没看过我的书,既不了解我本人,也不知道我在做什么。前者,也许只是看了一个断章取义的短视频或杜撰的文章;后者,也许看过很多我曾经做过的节目,于是,以为电视上的那个他讨厌或他喜欢的明星主持人,就是我。

可惜,那些,都不是真正的我。

我不是明星,我不是主持人,我只是一个老师,"师者,所以传道授业解惑也"。穷极一生,我只是一个想让更多人因性格色彩而受益的传道者、授业者、解惑者。

二十二年前,我开始研究一门实用心理学工具——性格色彩。这些年来,无论我做什么,归根结底,都只是在做一件事情——传播性格色彩。我做的所有事情,培训、演讲、写作、电视节目等,都是为了能让性格色彩的研究更深、传播更远、普及更广。

虽然我不是世上第一个以颜色为符号来定义性格的人,但我希望通过独创的传播手法和各种发明,将"性格分析"这个阳春白雪的心理学理论，变成一个大众随时可用的傍身之宝。此宝，可于市井之处影射精妙，化高深为平实，大道至简，把有价值的思想浅显易懂地呈现出来，让更多的人掌握。

关于我到底走过怎样的一条路，在《本色》中，我早已做了自剖。我的故事，也许会激起你对一个不想做明星只愿做老师的人的好奇，也许会让你看到一个人在认清自我的漫长历程中所经历的内心挣扎，也许会对你如何迈过人生沟坎才可活出真我本色有所启发……除此之外，我的存在，对你真正的价值，终将落在我所研究的这门学问——性格色彩。

老子说："上士闻道，勤而行之；中士闻道，若存若亡；下士闻道，大笑之。不笑不足以为道。"如今，上士与中士越来越多，我欣慰地看到，性格色彩的内涵与价值，正被越来越多的人认知。

"道"，既是走路的方法，也是正确的道路。掌握正确的走路方法，且能行在正确道路上的人，终将抵达目标。世上的"道"有万千，而性格色彩的"道"，和每个人息息相关，研究的是通向你我内心最底部之路。这条路，通往真实的自我，通往美好的关系，通往人生的幸福。

为了让更多人皆因性格色彩受益，就要有很多朋友一起分享，一起传道，一起授业，一起解惑。这些年来，我带出了很多性格色彩讲师和性格色彩咨询师，众人一起，帮助企业组织赋能，帮助人们走出心灵困惑和痛苦，重生自我，拥有和谐的人际关系。这便是我长久以来真正在做的事。

千言万语，不抵一句——性格色彩，自助助人，传道天下，惠及世人。

序：看谁看懂，想谁想通

"**立**言难啊！几千年来，多少人精、疯子、天才、智者已然写下多少文字，关于性格分析的话题，更是如此。所以，当你拿起本书，心想，这也许又是一本把人分类的书籍。从古至今，从血型到星座，从紫微斗数到塔罗牌，从企业性格测验量表到网上流传的八卦测试，不管你对性格分类钟情或鄙视，对这些，也许早就有所耳闻或尝试。"

以上，是我的第一本书《色眼识人》(《性格色彩原理》的前身) 序言中的开篇。自2006年始，我个人已陆续出版13本作品，在所有性格色彩图书中，唯本书被奉为圭臬，它系统扎实地奠定了性格色彩分类的基本框架。故此，在性格色彩学的浩瀚体系中，你现在手中的书，是真正的基础。读完本书，性格色彩的概念，你就算入门了。但是，本书中并不包含如何与不同性格的人相处，那些，你需要到"性格色彩宝典系列"中寻找答案。同时，关于如何更深地洞见自己、探索读心的奥秘，纸上得来终觉浅，你可以走进线下识人课堂，面对面学习。

本书的目标是，用简单易懂的色彩符号和工具，诠释人与人的本质差异。当你明白这一切，便会豁然开朗，人际关系的冲突和困惑缘何而生，并且追根溯源回归大道：我是谁？他是谁？在同一个问题上，为何我们会有如此巨大的分歧？当你开始了解这些基本的性格规律，就可让你的复杂生活变得简单明朗，再让简单明朗的生活变得缤纷灿烂，最终，借此更好地建立人际关系，拥有强大的自我力量和影响力。

本书共由十章组成。第一章是性格概述，阐述性格色彩的概念和意义；第二章是性格色彩体系总纲，为修订增补第六版的全新内容，也是本书中最重要的学术理论；第三章至第六章的天赋潜能，阐述四种性格的天然优势，让你知道人们相互吸引的原因；第七章至第十章的过犹不及，探讨各种性格的软肋和死穴，让你知道人们彼此痛恨的原因。

　　本书会帮你进入自己的内心底部进行探索，思考真正的自己。由此，你能确认自己的天赋潜能，学习如何尽情施展；你可摸到自己的"阿喀琉斯之踵"，知道它如何破坏你的人际关系，变成你生命中的拦路虎；与此同时，你可检视自己读人的方法是否正确，看到他人思考和行事的方式，原来你费解或认为浑蛋的家伙是那么简单透明。

　　多年来，我倡导色眼识人，长期思考和运用性格色彩，可让我们对人性拥有深刻的洞察力。你越能理解他人，越能欣赏他人优点，越能对我们排斥的部分客观看待，如此，与人更深切地联结，更有能力与他人相处，享受更美好的人生。

　　愿这本《性格色彩原理》帮你开启"看谁看懂，想谁想通"之路。

欲知自己性格
拿起书签扫码
开启卡牌测试
领取你的色彩

目录

阅读指南

第一章 人之初,性本"色"

1. 史说性格色彩　　2
2. 关于人的十万个为什么　　6
3. 什么是性格色彩　　10
4. 性格和个性　　14
5. 动机和行为　　18
6. 性格色彩卡牌　　26

第二章 性格色彩体系总纲

1. 性格色彩体系之横轴　　30
2. 性格色彩体系之纵轴　　36

第三章 红色性格优势

1. 阳光心态　积极快乐	51
2. 激情澎湃　梦想万岁	57
3. 热情开朗　喜欢交友	63
4. 童心未泯　富有趣味	67
5. 乐于助人　易忘仇恨	72
6. 善于表达　调动气氛	78
7. 真诚信任　感染四方	81
8. 乐在变化　创新意识	86

第四章 蓝色性格优势

1. 思想深邃　独立思考	95
2. 成熟稳重　安全放心	100
3. 情感细腻　体贴入微	105
4. 一诺千金　忠诚情谊	111
5. 计划周详　注重规则	115
6. 讲究精确　迷恋细节	121
7. 考虑全面　善于分析	127
8. 执着有恒　坚持到底	132

优势篇

第五章 黄色性格优势

1. 目标导向　永无止境　　　　　　　　141
2. 求胜欲望　战胜对方　　　　　　　　145
3. 斗天斗地　敢说敢做　　　　　　　　149
4. 坚定自信　毫不动摇　　　　　　　　155
5. 控制情绪　抗压力强　　　　　　　　157
6. 坦率直接　实用主义　　　　　　　　163
7. 快速决断　敢冒风险　　　　　　　　167
8. 抓大放小　高效行动　　　　　　　　169

第六章 绿色性格优势

1. 中庸之道　稳定低调　　　　　　　　180
2. 乐天知命　与世无争　　　　　　　　185
3. 毕生无火　巧卸冲突　　　　　　　　191
4. 镇定自若　处事不惊　　　　　　　　195
5. 天性宽容　耐心柔和　　　　　　　　199
6. 笑遍天涯　冷而幽默　　　　　　　　205
7. 先人后己　欲取先予　　　　　　　　208
8. 领导风格　以人为本　　　　　　　　211

第七章 红色性格过当

1. 聒噪咋呼　惹人厌烦　　219
2. 口无遮拦　缺少分寸　　223
3. 情绪波动　要死要活　　227
4. 冲动鲁莽　有勇无谋　　233
5. 变化无常　随意性强　　236
6. 不守承诺　杂乱粗心　　240
7. 虎头蛇尾　缺乏自控　　251
8. 逃避责任　拒绝长大　　255

第八章 蓝色性格过当

1. 消极悲观　迂腐封闭　　263
2. 沉溺往事　郁闷难解　　269
3. 敏感多疑　脆弱自怜　　273
4. 心机深重　相处困难　　277
5. 要求苛刻　压抑紧张　　282
6. 死板固执　缺乏幽默　　288
7. 顾虑重重　行动缓慢　　293
8. 挑剔较真　化简为繁　　297

过当篇

第九章 黄色性格过当

1. 自以为是	死不认错	305
2. 控制欲望	操纵心强	311
3. 富攻击性	心存报复	315
4. 缺乏耐心	脾气暴躁	319
5. 强硬严厉	喜欢批判	323
6. 一意孤行	刚愎自用	328
7. 耻于休息	漠视平衡	331
8. 自我中心	忽略他人	336

第十章 绿色性格过当

1. 懦弱无刚	胆小怕事	344
2. 纵容放任	姑息养奸	349
3. 不思进取	拒绝改变	353
4. 自信匮乏	没有主见	357
5. 羞于拒绝	惹火烧身	362
6. 逃避责任	能拖就拖	367
7. 袖手旁观	越搅越黑	374
8. 粉饰太平	迷失自我	379

跋　恭喜你，第一关闯关成功　　　　　　　　385
乐嘉与性格色彩大事记　　　　　　　　　　　391

阅读指南

- 请立即拿起随书附赠的书签，**扫"性格色彩卡牌星球"小程序码完成性格测试，领取属于你的性格色彩**。你也可将卡牌测试小程序发给你所关注的人，以衡量你判断他人性格的功力。

- 绝大多数人在看本书"优势篇"的描述时，恨不得个个优点都是在说自己。而当看"过当篇"时，总是下意识地寻找和自己不符的细节，借以证明"我没这个问题，那不是我"，或干脆推脱是作者的问题。请记住不要对号入座，本书的宗旨是"对色不对人"，我们只讨论性格"共性"，而非针对某一"个体"。因此，某个性格色彩中描述的优点并不一定你全具备，某个性格色彩中描述的过当你也不一定全具备。记住：这是一本研究性格规律的书。

- "红色"代表红色性格，"蓝色"代表蓝色性格，"黄色"代表黄色性格，"绿色"代表绿色性格。为了阅读方便，各种性格将统一用色彩简称替代。

- 书中出现的"超×色""大×色"或者"典型的×色"，意指此性格特别明显的人。

- 在本书中，未牵涉具体人物时，我所使用的人称代词均为"他"，唯一的原因就是方便阅读。

- 为方便学习记忆，我总结了每种性格的重点纲要，包括作为个体、沟通特点、作为朋友、对待工作和事业四大方面，可以在同一性格色彩的相应章节前后对照阅读。

第一章

人之初，性本"色"

Chapter 1

1. 史说性格色彩

古今中外多少年，人们一直在试图了解人类行为的特性和体内的驱动力。

传说公元前 400 年，西方"现代医学之父"希波克拉底将西西里哲学家恩培多克勒提出的"四根理论"（宇宙万物都是由火、水、土、气四种元素生成的）运用于医道，成就了一个被现世称为"四体液说"的性格分析工具。希氏认为，复杂的人体由血液、黏液、黄胆汁、黑胆汁四种体液组成，四种体液在人体内的比例不同，形成了人的不同气质：性情活跃、动作灵敏的多血质，性情沉静、动作迟缓的黏液质，性情急躁、动作迅猛的胆汁质，性情脆弱、动作迟钝的抑郁质。

而在中国，"五行之说"最初是周武王向殷贵族箕子请教治国方针时提到的，箕子讲到大禹治水成败的关键是金、木、水、火、土五方面。之后逐渐被引申到节气和天地人的组合之中，以阴阳相贯通，最后进入人体医学，衍生出了中医疗法抑强扶弱、平衡阴阳的病理原理。

中国的五行相生相克原理，在中医中得到了不断运用和发展；而西方的四体液说则是"墙内开花墙外香"，被西医打入冷宫，却在心理学领域"梅开二度"。这正是两种文化的差别——中国注重天人合一，以直觉思维为主；而西方探索深层结构，以逻辑思维为主。因此，当新的理论出现后，原来的理论便落伍了。

此后，无论各大门派的祖师爷如何开天辟地，青年才俊如何传宗接代，域外高手如何发扬光大，举凡四类、八类、十六类性格分类方式层出不穷，任凭纷繁变化，皆或多或少有希氏的痕迹。名门正派如荣格或迈尔斯·布里格斯在人力资源管理界声名显赫。而以飞禽走兽分类命名的"动物学派"，或 DISC 分类构成的"字母学派"，亦有其独到妙用。当人们认识到深入细致地了解人类性格所带来的巨大价值和意义时，无数志士追随希波克拉底的脚步，在此后的历史长河中，继续发展这一学问。然而，各门各派自以为独辟蹊径地划分了性格，其实万法归宗，绝大多数分析家仍把人类的性格归纳为四种。

1996年，我偶然听到性格分析一说，开启了对性格关注的大门。

四年以后，我首次将性格分析的概念带入管理培训，虽仅只言片语，其回馈和影响却远超其他花费十倍时间准备和讲解的内容。此后，我废寝忘食，日夜专攻于性格之道，培训对象的数量日益增加。

当然，众人的学习目的各有不同。

商界大亨们为了"促生产"，希望搞清楚自己的性格是否可能如马斯克般超级强，从而了解未来一统天下的领导方式；"白骨精"（白领、骨干、精英）们深知"人在江湖，身不由己"，他们普遍"身穿长工服，怀揣地主心"，希望尽最大努力适应上司和客户的性格，以换取更多的银子；潜伏在城市中的越来越多的大龄单身贵族，更是不掩风流地关注如何交往到不同性格的对象；而中年忧伤者表面沉浸在"家中红旗不倒，家外彩旗飘飘"的快活中，其实苦不堪言，普遍梦想通过了解性格，以达成"既攘外又安内"之功效。

种种迹象表明，世间男女，无论职位高低、美丑善恶，均对探知自身和建立美妙的人际关系充满了无限欲望。在这样一种宏大的背景下，"性格色彩（Personality Colors）"横空出世。

此段历史，读者诸君如有兴趣，请参阅拙著《本色》中的"性格色彩的前世今生"。

性格色彩中，各种色彩所代表的性格与你个人偏爱的颜色无关，色彩在此处，只是符号而已。有很多年轻女子经常煞有介事地眨巴着无比善良纯真的眼睛，严肃地询问："老师，老师，我喜欢紫色，为什么你这里没有紫色啊？我觉得我是紫色性格耶！"除了强装笑颜外，我只能鼓励她："你好厉害哦，你和别人不一样哦。"然后，她就特别满足地继续去看书了，看到最后，发现自己其实和别人没啥不一样。

我之所以用红、蓝、黄、绿四种色彩代表性格类型，是因为：

其一，简单实用，过目不忘。

性格色彩的分类相较于其他，比如"巫师型、哲人型、开拓型、调解型"，或者"前线者、思考者、行动者、人本者"，还有"社交人、智觉人、指导人、亲善人"等，看起来分类本质并无甚差别，但"红、蓝、黄、绿"称呼的便捷程度，就如同过去你拨号上网，而现在用宽带。

其二，形象易记，方便理解。

按照色彩心理学（请注意"性格色彩学"与"色彩心理学"没有任何关系，后者是研究色彩的学问，而"性格色彩学"是研究性格的学问，属于心理学领域，可参见各大图书网站的图书分类条目：图书—社科—心理学—性格色彩学）对于颜色的划分——红色和黄色张扬，蓝色和绿色内敛，所以，我将红和黄分别分配给两种外向的性格，而将蓝和绿分配给两种内向的性格。

在性格色彩的概念中，色彩的内涵进一步被丰富——红色作为吉庆喜庆的象征，有如太阳般热情，因此，作为生命征兆的红色，必然成为民俗活动的主要色调；蓝色使人联想到海洋的深邃，在所有的文明圈中，蓝色都是灵魂的颜色，象征对生存意义的理解和生命的整体追求；黄色代表至高无上的权势和尊崇，五行中，土居五方之中，土为黄色，以一统四，黄色号令四方；绿色象征着大自然的宁静和谐。

以上这些简单自然的联想，正好与我所指的性格灵魂如此惊人地吻合。

其三，深入钻研，奥妙无穷。

二十余年以来，这套貌似简单的理论，在众人持续不断地思考、研究、应用和演绎下，终于成为一门具有完整学术体系的学问，制造了一个又一个奇迹——帮助一个又一个人走出心灵困惑的大门，摆脱痛苦的束缚。

我坚信,将红蓝黄绿熟练用到一定程度,便可解释大千世界所有关于人际关系的复杂规律,达到"世事洞明皆学问,人情练达即文章"的境界。就好比《天龙八部》里萧峰在聚贤庄大战,只消一套江湖习武之人人人都会的太祖长拳,便可打得天下英雄莫敢争锋。

所以,"戏法人人会变,各有巧妙不同",那性格色彩到底是怎样用来理解人的呢?

2. 关于人的十万个为什么

有三种致命观念，会阻碍性格色彩初学者的成长。

其一："我独一无二，我讨厌被任何性格分析束缚，我不想和别人一样，我就是我，与众不同。"

其二："人性如此复杂，怎么可能用四种颜色就把人分析出来，未免太简单。人家十六种分类的性格分析，我都觉得不够透彻，你只四种，无稽之谈。"

其三："就算你能分析出来，对我有啥用呢？没用，何必了解。"

年少时，我狂妄自大，认定自己前无古人后无来者，对性格之说不屑一顾，以上想法个个都有；年长时，我现身说法，晓得自己只是沧海一粟萤火之光，过往认知只是井底之蛙。

我自己清楚，对《十万个为什么》中诸如"雷公电母从哪儿来""花鸟鱼虫向哪儿去"这类斗转星移的"为什么"我很难提起兴趣。可我自己都不能否认，对"人"的为什么，我灵感奔腾，疑惑众多。

工作上，举凡上下左右关系，让我头痛让我忧。

● 我的大老板与员工亲密无间，称呼起来像自家兄弟。嘉宾演讲我请他做托儿，大老板听至一半，狂拍胸脯："这事儿你就是不和我说，我自己也会提问的，放心，没问题！"我的二老板与员工一直保持距离，表面和蔼可亲彬彬有礼。嘉宾演讲我请他做托儿，二老板听完无语，眉头紧锁："你需要我问什么？能不能先给我份提纲，我想下再答复。"老大时常变幻莫测，老二总是有板有眼，每日我伺候两个当家的命悬一线，下人们办事难呐！

● 我门下张三淡泊心志，口袋里没钱心里也没钱，老婆孩子热炕头，抱着一亩三分田却能自得其乐。我门下李四欲壑难填，口袋里没钱但心里全是钱,开着夏利想宾利,虽压力不断苦不堪言,仍壮志凌云踔厉风发。每日我头痛于员工管理,张三随你怎么刺激也纹丝不动,李四斗志不缺却桀骜不驯。我该如何是好?

● 我生产部同事Mary脾气火暴,平生容不得自己和他人半点拖沓,一言不合便触动引线,每每生气,口㖞眼斜好像中风早期。我市场部同事Kathy语缓行迟,总是三棒子打不出个闷屁,极度愤怒,也不过小脸通红,永远天塌下来当被盖,从来不知"着急"二字如何写。我和前者交流,动不动就吵架;我与后者对话,问题始终无解。到底应该如何与她们沟通?

● 我客户温总对讲话的热情大过对做事的热情,每次洽谈都对我诲人不倦。这位表达派的高手,承诺快捷,食言迅猛,要赚他的钱,没谱。我客户梁董对做事的热情大过对讲话的热情,每次交流都是阴险地审视并永无休止地提出问题。这位实战派的支柱,要求刁钻且条件苛刻,要赚他的钱,痛苦。我夜不能寐,食不知味,谁能告诉我该如何搞定不同的客户?

生活上,无论婚恋育儿交友,让我紧张让我愁。

● 我一个前女友小芳总是随机选择一个我过去老情人的名字,让我不停地讲述和她的悲欢离合,然后启发我运用刻薄的语句将那些女孩形容成貌似东施、心如吕后。我另一个前女友小凤打刚开始,就只扔下一句话:"小乐子,过去你的花边既往不咎,你莫提,我不问,但从今往后,只许你心为我想、身为我用。"我被前者折磨得神经衰弱,被后者吓得噤若寒蝉。我不知道,到底自己该找个怎样的夫人?

● 我妈还是少女时,常面带桃花,充满朝气和喜悦,见人七分熟,直至升为人母,仍积极参与"老鹰捉小鸡",趴在地上给她儿子当大马。我媳妇还是少女时,常冷若冰霜,五步内阴风密布,是远近闻名的"可远观却不可近语"的主儿,直至升为人母,仍以妙玉之姿端详我儿玩耍,审视着有无不妥。婆媳二人话不投机,形同冤家,我夹在当中如坐针毡,到底怎生是好?

● 我侄儿少时逃学,他爹手刚举起尚未落到身上,侄儿便一阵鬼哭狼嚎,声嘶力竭:"我错了,再也不敢了,饶了我吧,疼死我啦。"我外甥少时吸烟,他爹以三寸木板打得臀部皮开肉绽,及至老爹手软,示意认错免打,小儿咬破嘴唇,硬是不流一滴眼泪:"我没错,就是打死,我也不认。"

● 我前任保姆凡事怕出错,早请示晚汇报,冰箱里没人吃的剩菜,会极有耐心地等它一直霉变,直到你质问,她怯生生说:"先生,因为你没说要扔掉。"我现任保姆凡事自行决断,我准备次日享用的美味,往往瞬间消逝,直到你质问,她硬邦邦回了一句:"先生,旧的不去,新的不来,你要吃,我再做就好。"我批判前任,她无声无息稍后再犯,我头疼;我恳谈现任,她马上跳脚备感委屈,我头晕。我可以炒掉她们,但保不准会有另外的问题出现,这人怎么这么难弄!

● 有人浮华张扬,喜欢与人争斗,好比甲骨文埃里森,会花两千万美元购买一架俄罗斯战斗机,四千万美元豪宅还嫌住得不爽。有人简单低调,与世无争,恰似谷歌布林这小子仍过着简朴生活,租住着一套两居室的房子,开着一辆丰田环保型的经济轿车。

● 有人对论述的热情大过对做事的热情,是说话派的高手,就像孔子,终日不停周游布道,三千门生七十二圣贤争先恐后帮他留下浩瀚无边的文字。有人对做事的热情大过对论述的热情,是实战派的支柱,就像老子,终日打坐闲逛逍遥一人,平生全部五千字,还是一个看门的以通行令相逼,才得以流传人世。

……

《狮王争霸》中,阿宽把十三姨的狗吃了,他的解释是:"要知道,十三姨,人们喜爱狗的方式是不同的。"事实上,不但人们喜欢狗的方式不同,对任何一件同样的事,不同性格的人都会有不同反应。然而，即使人类的反应千差万别，终究还是逃脱不了基本套路。如果在以上"为什么"中，你或多或少似曾相识，那足以证明最为复杂的人类也有"共性"。

如果你已经开始认同，人与人之间是存在性格规律的，那么接下来，我们可以正式进入红蓝黄绿的世界了。

3. 什么是性格色彩

三分钟了解红蓝黄绿

这些年,每逢演讲开场,总有"刷牙"的案例。千百案例,唯"刷牙"独领风骚。以下故事,是我年少时,从老爹老娘日复一日、月复一月、年复一年的"牙膏战役"中汲取的,然后被无数家庭验证,让我完成了理解人与人之间性格冲突的启蒙教育。

让我们先从一个问题开始。

你挤牙膏的习惯是从中用力,任意式抓挤,还是从下到上递进,随时卷起以保持牙膏形状的美观,渐进式捏挤?看起来,俺娘就是前者,现在,我知道那叫红色——偏向于随意的生活习惯,追求自由自在的方式而不拘小节;而俺爹属于后者,现在,我知道那叫蓝色——偏向于严谨的生活习惯,注重秩序规则与条理,在对待任何一个你可能觉得是屁事的问题上,一丝不苟精益求精。

老妈每每刷牙完毕,东西一扔,撒腿就溜。自然,老爸对红色的无序和凌乱极为不满,于是,亲自善后——将牙膏捋好,擦干台面,牙刷朝上,并行排列。敏感的老爸一直期待用无声的行动来暗示老妈可以有朝一日自动自觉地改正这万恶的坏习惯,当发现连续重复几日,可老妈毫无丝毫改进迹象时,老爸严肃地提出这个重大的问题,这让老妈极度惊讶于老爸如此小题大做。在此后漫长的岁月中,老妈曾努力按老爸设定的标准,来完成这段比六西格玛还严格的刷牙流程,然而,无论红色的老妈如何努力,在蓝色的老爸看来,此乃理所应当,不需嘉许。

老爸始终坚持"人只有不断要求和批评才可进步",老妈意兴阑珊,坚决罢工,大不了鱼死网破。如此,争斗不止,双方势均力敌数十年。两人彼此相互改造,老爸一直期望将老妈改造成一个同样生活严谨的人。然而，老妈认为老爸毫无人生乐趣，一直竭力反攻，希望有朝一日，老爸能和她一样追求乐趣，随心所欲。

奇怪的是，有不少家庭挤牙膏方式也不同，但并不像我的父母那样会爆发"牙膏战役"，这就牵涉到性格中可能的第二色。虽然我蓝色父亲和红色母亲在生活态度和行为上有很大差异，但将冲突演变得如此强烈，完全拜他俩的第二性格"黄色"所赐。

我特别观察了蓝+绿的朋友处理同样问题的方式，他们最常见的做法几乎都是再拿一管牙膏，既然两人不同，罢了，以后，你挤你的牙膏，我用我的牙膏，你我二人互不相干。我看不惯你的杂乱（蓝色特点），但我也懒得改变你（绿色特点）——他们绝对不会像我蓝+黄的老爸那样，看不惯，就要改造，还要坚持改造，永不放弃。同样，如果我母亲性格中有绿色，也不会轻易发生冲突。事实上，红+黄的母亲不能容忍蓝+黄父亲的改造，他们共同拥有的"黄色"，让他们都坚信自己的做法是对的，从而让矛盾更加尖锐。

有很多婚姻，正是因为这样无数小事的累积，最后导致崩盘，这样的婚姻，在世上普遍存在。

在过去二十余年的培训、演讲、辅导中，我耳闻目睹无数人生悲剧和遗憾。这本《性格色彩原理》相当于给你提供了一份详尽的关于性格色彩的四色性格说明书。

当你完成本书阅读后，如能真切感受到"月有阴晴圆缺，人有红蓝黄绿"，足矣！所以，既然你无法改造他人，就请学会发自内心地接纳自己并理解他人。

性格组合

站在门外看性格色彩，很多人上来就质疑："人分四种颜色？未免简单了吧？仅仅四种类型，就能把这么复杂的人性分析清楚吗？"

其实,当你真正开始系统学习性格色彩理论,就会发现,性格色彩分类不止四种!

除了红色、蓝色、黄色、绿色四种性格色彩外,还有组合色,即两种颜色的组合性格。单色加上组合色,一共有十二种情况:

在性格组合中,同样的性格搭配因为主色和次色的顺序不同,会形成风格接近但行为诸多细分的差异,诸如红+黄与黄+红,两类性格皆属于"红黄配",但前者因为主色是红色,比后者更注重"快乐和自由";而后者因为主色是黄色,比前者更注重"成就和控制"。

在性格组合中,没有列出"红蓝配"(红+蓝、蓝+红)和"黄绿配"(黄+绿、绿+黄)的四种组合,是因为红与蓝、黄与绿是两对完全相反的性格,在后面的章节详细分析性格的优势和过当时,将对此重点说明。

两种完全相反的性格旗鼓相当地组合在一个人身上,其中必定有一种是受到强大的后天影响的结果。这种对立明显的性格组合，很多时候会有极大的内心困惑，通过学习挖掘出真正的自己，对他们而言，是所有人中最迫切的！

如果你只想简单对应和了解何为组合色，不妨将本书中两个颜色的描述、优势及过当对应相加。

譬如，如果你是红＋黄，那么最简单的理解，你有一部分红色优势，也有一部分黄色优势，有一部分红色过当，也有一部分黄色过当。但如果你想深入学习，想彻底弄明白，红＋黄、红色和红＋绿到底有哪些细微的差别，面对同一件事情具体有怎样不同的反应，那么可以在性格色彩Ⅱ阶课中进一步学习。

需要特别提醒初学者的是，在性格色彩中，并没有三种或以上性格的组合描述，在你阅读本章第四节和第五节后就会明白，你所认为的更多性格，其实只是行为的表面，不代表你真实的性格。

4. 性格和个性

性格是天生的，个性是后天的

"性格是否和遗传有关系"，在我们的课堂上，这个问题总是引发正反双方唇枪舌剑。不得不承认，"龙生龙凤生凤，老鼠的儿子会打洞"的观念，依旧势力雄浑。

性格色彩并不像血型那样具备遗传规律，父母血型和子女血型总能找到某一对应关系，但到目前为止，在过去二十年的教学、研究和分析中，尚未发现任何性格色彩在遗传上存在必然关联的依据。

虽然性格并无必然的遗传规律存在，当我在课堂上抛出"性格是天生还是后天的"这个问题后，当场引发的唇枪舌剑，还是令人咋舌。

如果你去问任何一个生过二胎的女性，她们会告诉你这个问题最真实准确的答案。

据我的母亲大人揭发，乐嘉先生和他兄弟出生时，娘胎里的蠕动轨迹迥然不同。相比之下，乐嘉先生拳脚甚是了得，自怀胎十六周起，每日早晚练功，害得老娘心脏乱跳，煞是辛苦；可乐先生的弟弟，就连伸展运动都那么温柔舒缓，大多时候只是安静地缩成一团，呈冬眠状。后来，我在一家母婴护理公司工作，有幸目睹了各种婴儿的表现，无论是哺乳期的哭声分贝，还是床上翻滚的频率，不同性格都判若天渊。

同事曾提及被一对儿女严重困扰的心结，原来，都是性格惹的祸。儿子来自绿色星球，标准的"温良恭俭让"；女儿则来自黄色星球，响当当的"混世魔王"。如果她耽误了黄色女儿喝奶，女儿会咬牙切齿，发出"我很生气，后果很严重"的警告；而儿子半夜饿醒却毫无声息，只以指果腹，绝不吵醒任何人。某夜，同事与子同床，凌晨4时，老公大叫有小偷，见阳台上人影闪现，结果却是虚惊一场。

当问及 6 岁的儿子为何半夜站在阳台上，儿子回答，睡觉被娘挤到，怕影响娘休息，便爬起来待天亮再说。而女儿，你若拿汤匙喂饭，她定执意将汤匙攥在自己手中，若你不给，便趁你不备，一把抢过，掷在地上。

再展示一个实例，看看不同性格的孩童如何让父母买玩具。

● 红色孩儿，与老爹上街见到橱窗中的哈利·波特魔法帽，立马要求购买。老爹不肯，小儿扯喉要无赖。若老爹心肠硬下，一走了之，小儿一面从指缝偷看，一面假装声嘶，直至老爹销声匿迹，确认没戏，才会作罢，满脸鼻涕灰溜溜地回家。一进家门，发现有套新买的《小猪佩奇》图画书，小儿便喜笑颜开，早把魔法帽一事，扔到九霄云外。

● 蓝色孩儿，与老爹上街见到橱窗中的哈利·波特魔法帽，伫立不行，双目注视。老爹催促，小儿口应腿不应，待老爹走近，问："爹，最近我表现如何？""你是否说过表现好有奖励？""你觉得这个魔法帽怎样？"老爹恍然大悟，搪塞今日囊中空空，不便购买，容后再说。小儿回家后，半月来一言不发，举座皆慌，老爹这才醒悟，魔法帽一事从未了结过。

● 黄色孩儿，与老爹上街见到橱窗中的哈利·波特魔法帽，直接说："老爸，买一个。""我们同学都有，不买，下回你参加家长会，很没面子！""没钱？你刚才偷偷买烟我都看见了，你不买，回家我就把私房钱这事儿告诉我妈。"老爹若走，小孩不哭不闹，静坐橱窗，直到老爹回来投降。若老爹不理，则回家后，进攻老爹的爹娘，反正，魔法帽不到手，绝不甘休。

● 绿色孩儿，与老爹上街见到橱窗中的哈利·波特魔法帽，步调中规中矩，见到路人人手一顶，面不改色心不跳，一副"不羡鸳鸯不羡仙"的表情，连要求也懒得主动提。

现在，问问自己，你是哪种呢？

这种买玩具时的巨大差异，没人去教，一切都是与生俱来的本能。如果你生活在贫苦年代，温饱成忧，遑论买玩具，那就请你仔细思考，这四种性格面对内心欲求时的反应是什么。

我相信"性格是天生的"，有不少埋头钻研心理学多年的职业人士可能并不同意。也许是因为大家在使用"性格"这个词时，与本书定义并不相同。也许，有些朋友更习惯把个人发展的一生，界定为"性格"。事实上，有很多心理学家给"性格""个性"或"气质"等下了众多定义，你从牛津百科全书、铺天盖地的心理学普及读物或大学教材中得到的文字定义，也会有所不同。总之，他们认为后天环境等诸多因素的影响，会对个人性格形成起到决定作用。

为避免大家都掉入文字游戏的陷阱，避免大家毫无意义的争论，在性格色彩的定义中，我将先天本性，界定为"性格"——"原本的我"，将后天养成，界定为"个性"——"现在的我"。

> "性格"是天生的，就是"原本的我"。
> "个性"是后天的，就是"现在的我"。

不是性格决定命运，而是个性决定命运

关注"现在的我"，可以让我们知道"我如何成为现在的我"及下一步的发展方向。因为每个人在个性形成中都有巨大差异，这就解释了，为什么只有四种性格色彩、八种不同的性格组合，就足以构成大千世界千万个"你""我""他"。

主观上，个性形成与自我修炼密切相关，而个性修炼的至高境界，与道家文化中阴阳平衡的思想如出一辙。所谓"个性修炼"，意味着成长需要我们发挥自己的优势，去除自身的局限。同样要求我们欣赏别人的性格，并吸取他人的优势来完善自己。

有人时常抱怨"上天不公"，然而，至少在一点上，老天爷无比

公平。那就是当上天赋予你性格时，一定是把这种性格中的优势和劣势同时给你，不可能只给你好处，不给你坏处，无人例外。我们每个人无法选择自己天生的性格，但是我们每个人都必须为自己后天的个性负责。

对"性格决定命运"的说法，我向来敬而远之。果真如此，如前所述，性格是天生的，那岂非意味着我们每个人天生命运已定？根据无数古今中外大儒与贤者所述，"命由天定，运由己生"，虽然有些本质无法改变，但我们还是可以通过后天的努力，使得很多原本可能会发生的再次变化。

> 不是"性格决定命运"，
> 而是"个性决定命运"。

5. 动机和行为

性格色彩与其他性格分析体系，表面看，不过是分类符号不同，然而，真正的核心差异在于：

（1）性格色彩学是"洞见＋洞察＋修炼＋影响"四位一体的完整庞大体系，这在第二章中有详述。

（2）每种性格色彩的内部，都有一个相对应的核心动机。所谓在内的动机，就是"为什么做"，而所有在外的行为，就是"做什么"。知道"为什么做"比"做什么"重要得多。换句话讲，我们要探寻的是人类行为背后的根源，而非仅仅看到行为的表象。

> 动机就是"为什么做"，
> 行为就是"做什么"。

以上所阐述的"四位一体"，是2008年7月我在上海经由一次进阶课堂碰撞后而发明的。此前，人们一心想通过行为的比对，来寻找同类、区分异类，往往抓住一个行为，就在自己身上贴标签：我是细心的，你是粗心的，所以，我肯定是蓝色，你肯定是红色。

但吊诡的是，行为的分类往往会自相矛盾。比如，我做事细心，你做事粗心，我们看似不同类；但一起出去玩的时候，我们都喜欢追求新鲜刺激、找乐子，又很像是同类，你是红色，那我到底是红色还是蓝色呢？

假如拘泥于行为，那这个问题将永远无法解决。但在性格色彩学的"动机论"中，将红蓝黄绿按照动机的不同来分类（红色——快乐、蓝色——完美、黄色——成就、绿色——稳定），就很好地解决了这个问题。

以上文提到的案例为例，我做事细心，但我为什么细心，是因为过往我曾经因为做事细心得到了表扬，让我有了"做事细心＝更快乐"的体验，所以，养成了做事细心的习惯，也就是说，我行为背后的动机是红色的动机——追求快乐。同理，其他性格色彩也一样，当你破除行为的迷障，看到行为背后的动机，再按照动机来归类，就能找到真实的性格。

不同行为背后有不同动机

上一节中我以"哈利·波特魔法帽"为例，尝试诠释四种性格行为背后的真正动机。

- **红色的动机——快乐。**

红色买魔法帽的终极目标是快乐，如果不买，快乐没了，自然就哭，发现有新的快乐（得到图画书）来临，旧的不快乐（没有魔法帽）就容易遗忘。

- **蓝色的动机——完美。**

对人际关系的完美需求，表现为强烈希望他人可以理解自己，不用自己表达，对方也懂。故而，表达自己的需求，宁愿以不说来代替说，当亲近的人无法理解或承诺不兑现时，蓝色的内心痛苦久久不能释怀，且会以长期沉默表达内心不满。

- **黄色的动机——成就。**

在购买玩具的整个过程中，黄色设定了必须达成的目标，并采取各种方法掌控局面，不达目标，誓不罢休。

- **绿色的动机——稳定。**

他们本身的需求不多，更多扮演给予者而非索取者的角色。绿色不愿意随便去麻烦他人，故此，他们需要魔法帽的愿望，不如其他三种性格强烈。与此同时，如果大人不开口，他们不愿随便提出，以免家长为难。

以上，你看到的是对不同行为背后真正内心动机的剖析。我们每个人所有行为的背后，都有深刻原因，这种原因，就是"动机"。

同样行为背后有不同动机

性格色彩真正的强大威力，是在对相同行为背后的动机进行剖析时，才开始一展身手。

让我们对"子女离家出走"的现象稍加探讨。放眼望去，举国上下，不少家长只会用"现在的小孩都是独生子女，极为叛逆，难带啊！"这样的话来搪塞，为自己教育的无力盖上一块遮羞布。

按照性格色彩分析，蓝色和绿色少有离家出走的行为，红色和黄色常有拔腿就走的倾向。蓝色和绿色两者离家出走虽然少见，但两者的内心动机不同。

● 绿色孩子最不会离家出走。家里老大打碎碗后逃掉，绿色老二像小猪麦兜似的站在那里，老爸以为是他打碎的，上前打得他皮开肉绽，也不见绿色申辩和反抗。这种孩子，即使拿棍棒赶他，也很少出去，所以"叛逆"二字，八竿子打不到绿色孩子头上。

● 蓝色孩子受到压迫时，尤其受到委屈和误会时，一定会用沉默来传达更强烈的愤怒和反抗。他们不离家出走，只是因为天性中强大道德的束缚和对规则至高无上的遵守，但并不代表他们没欲望，这是和绿色孩子的本质差别。

红色和黄色，是离家出走频率最高的性格。虽然他们同样都离家出走，但背后的动机完全不同。

● 红色孩子，只要情绪激动，脑门一热，就以离家出走的架势给爹娘点颜色瞧瞧，不过是想吓唬吓唬而已，在外一圈，如果没东西吃，饿得要命，自然会跑回来。

● 黄色孩子，是要表明内心深处强烈的反抗和希望掌控自己命运的强烈愿望，出去以后，为了显示自己的正确，多数坚持"饿死不回头"的理念，逼迫父母就范。在所有性格的孩童中，真正在叛逆和离家出走上让家长最头痛的，当属这样的孩童。

以上，你可了解一个简单社会现象背后不同性格的动机，这就是我所强调的：同一行为背后可能会有不同的动机。

了解人性的基础是"动机"，而非"行为"，知道他人"为什么做"比"做什么"更加重要。遗憾的是，大多数家长从没受过如何做合格父母的教育，想当然地以为孩子和自己一样，我们并不懂得"孩子不同，需求不同"。包括学校里的老师也一样，很多教育工作者口中呐喊"因人而异，因材施教"，却惯用一刀切来解决所有问题。

如果只注意表面行为，而忽略了内在的动机，那么，我们将无法判断出正确的性格色彩。

区分行为背后的真正动机

"行为"背后的"动机"，好比冰山下的暗流，我曾为此内心震荡。

三十年前做销售培训，那时，我为了训练学员勇气，要求学员出门与陌生人对话，这对于一些人来说无比艰难。为了鼓励他们迈出第一步，我打开房门，看到一位笑嘻嘻像做销售的小伙子，问他是否愿意进来交谈几分钟，小伙子同意了。进来后寒暄了几句，发现他从进门就保持笑脸没变过，面对一群兴奋好奇的学员，也毫不紧张。我很诧异，就问："我们谈了十分钟，你始终保持这个表情，为什么？"他低下头，想了想说："我出生时有类似兔唇的症状，可惜手术不成功，所以，看上去永远在笑。很多人认为手术很棒，可惜人们不知道，有这样一张永远不变的笑脸，当我内心悲痛时，如何才能表达出来，让他人知道呢？"教室里异常安静。

许多人内心哭泣时，周围的人一无所知，而我们常在并不了解他人内心感受时，恣意判断或批评。不幸的是，我们自己也常犯错而不自知。大多人只是观察有限而肤浅的表面，且以此为满足。可是了解人类内心世界的精华在于"动机"，在于知道"做什么"背后的"为什么"。

本书后面，我在每章的最后，归纳总结了每种性格色彩的行为，以便你溯本归源，回到每种性格的"动机"。

其他性格分析门派大多侧重于"行为"分析，而"行为"受到社会化的影响很大。在观察不同人时，最重要的，就是区分内在"动机"和外在"行为"。绝大多数人总是相信，后天的"个性"才是他们真正的本性，他们按照社会化的行为来要求自己，他们领取了一个不属于自己的真正身份，因此，他们会沉浸在浑浑噩噩与不快乐中，即使这些后天训练而成的态度和模式，与他们的本性大相径庭，他们仍旧不自知。

比如说，许多人都以为自己喜欢一些天生根本没兴趣的活动。你可能以为自己喜欢 IT，因为你成长在一个遍布理工科高才生成员的家庭，且家里工程师济济。然而，红色的你，可能天性中痛恨从事 IT。虽然你可以熟练地编写 C 语言，或轻松拆卸所有计算机，但当你发现自己喜欢时尚，且强劲的时尚嗅觉远甚于对 IT 的热情时，突然松了口气。一个人在多年抑制并否认内心的真正喜好以取悦他人后，可能不再察觉那些喜好到底是什么。

当你了解红蓝黄绿四色的基本规律后，简单的动机和行为自然可分辨。然而，有些时候，如果不加仔细思考，我们很难区分性格中的内在"动机"和个性中的外在"行为"，从而被表象迷惑。

关于"动机"和"行为"的真正差别，让我们再做个简单的猜题。你会理解我说的意思。

某经理新官上任，对报表的格式有极严格的要求，上任当日即对

Excel 的使用制定了非常明晰的条例。次日，经理又下了个紧急通知，要求 Excel 的边框一定要粗，中间线条一定要细；隔日，又下文件，进一步要求，所有数字必须居中摆放；没出几天，经理又在开会时郑重提出，为了美观，所有表格内的数字一律靠底摆放。关于如何修改表格，这位经理在两周内将要求更改五次，每次均提出了要让表格更为完美的要求。请问，此人是何性格？

绝大多数读者，只看此人追求完美和对细节无止境的苛求，本能就认定此人是蓝色，因为这恰好符合蓝色完美主义的特点啊。可惜，大谬！

事实的真相是，此人是个不折不扣的红色。虽然行为上很像蓝色，但此人变化的快速和频繁，足以证明在开始没充分思考。而真正的蓝色一旦定好计划，绝不轻易改变。从动机而言，蓝色讨厌变化，而红色喜欢变化。如果你只看表象行为，那必然会被迷惑。

因此，区别"性格"和"个性"，可能是一条漫长的艰辛之路。朋友，不要着急，一步步来，看人是个无比有趣的游戏！

动机无法改变，行为可以训练

了解自己天性中的"动机"，对于你人生的意义非同一般。我想说明的是：你的动机——你内在的真实部分，是无法改变的。

王小波对此的描述是："一个人快乐或悲伤，只要不是装出来的，就必有其道理。你可以去分享他的快乐，同情他的悲伤，却不可以命令他怎样，因为这违背人的天性。众所周知，人命令驴和马交配，结果生出骡子来，但骡子没有生殖力，这说明违背天性的事不能长久。"严格意义上来说，我只是强调，天性"动机"无法改变。以下是我从银行会计和保险推销员的职业经历中得到的验证。

众所周知，银行会计的工作，要求眼比斗大心细如针，对每个可能的错误防患于未然，并以"宁可错杀一千，绝不放过一个"的心态，围剿任何细微的错误，这些，再没有比蓝色天性更擅长的了。然而，这并不意味着所有的银行会计都是蓝色。

如果你希望胜任这份职业，只要经过足够的熏陶和训练，即便粗心如红色，在银行做事时也会谨小慎微，万物摆放有条不紊，在工作场所中的行为会越来越像蓝色。然而，一旦脱掉工装回到家中，立马现出原形。东西随意不拘地摆放，可能让红色更自在，即便东西再规整，也无法改变红色内心对不受拘束的向往；而对蓝色来讲，将物品陈列得有条理和保持整洁，就是生活的一部分，理所应当。两者区别，可见一斑。

再看保险代理人，大同小异。大凡保险推销，世人皆以为伶牙俐齿口若悬河最紧要。然而，施以足够训练的蓝色保险高手，均可在工作时间与客户游刃有余地插科打诨。任凭白天如何热情，蓝色在黑夜回到自己空间，即使独守空房，观赏雨点叩击窗沿，聆听着肖邦的《升c小调夜曲》，在紧张的节奏与哀痛的抒情之间，任凭音乐抚摸自己的灵魂，也能享受精神的狂放宣泄与心灵的刻骨颤抖。

红色对于蓝色的这种方式，假设只是难得如此，附庸风雅，并无问题；持续超过一周，红色就会揪心，恨不得跑到楼下找烟杂店的大妈聊聊，调换下心情。红色心情不好，当然可以用安静来打发，但完全不同于蓝色可以用安静来消化安静，用内心对话来享受孤独和寂寞，红色的天性，就是渴望能与人群接触和交流。

诸君知道，悟空七十二变，可以假乱真，然而，无论如何变化，猴子屁股还是红的。这与"动机"和"行为"的奥妙同出一理。

一个粗心的人可由训练变得仔细，一个腼腆的人可由训练变得主动，一个拖拉的人可由训练变得迅速，一个暴躁的人可由训练变得沉静。

我们可以训练出很多非性格本色的"行为"，但我们永远无法改变自己的核心"动机"。

性格色彩的功能之一，正是教人轻松自在，抛掉沉重的包袱，祛除魔障，在生活中找到心灵依靠，拨开外在"行为"，看到真正"动机"。

> 动机无法改变,
> 行为可以训练。

当你通过性格色彩更深入地认识自己及他人时,你会发现,在一个更奥妙的层次上,性格色彩将完整呈现心理上的所有可能性,并将你自己性格中潜在的不同部分显示出来。虽然每个人在天性里的性格无法改变,但是经由修炼和自我认知,完全可以在个性中产生新的容纳力量。

6. 性格色彩卡牌

性格色彩发展至今，其意义和用途，早超越了一般意义上的性格分类及性格测试。但毋庸讳言，早期性格色彩的兴起，也是希望能帮助人们快速辨析自身及他人的性格类型，对号入座，而测试正是其中不可或缺的一环。

性格色彩测试，经历了两个发展阶段——测试题阶段和卡片测试阶段。

测试题阶段

2001年，我开始创立性格色彩学时，发明了一套性格色彩测试题，共30题，分为简易版测试和专业版测试。简易版测试总分为30分；专业版测试起初总分为300分，后来出了第二版，总分为400分。初期，我们大量在企业内部培训中使用这套测试题，但凡被测者皆惊呼"好准"。

2006年，我的第一本书，也就是《性格色彩原理》的前身《色眼识人》出版时，我把这套性格色彩简易测试题放在了书中，此后，流传天下。时至如今，还有很多企业在招聘时，依旧会把书中的题目誊抄下来给应聘者使用。

但这套题目较大的缺点是，因不同性格对每道题的文字理解不同，故此，有时被测者最终的结果可能模棱两可，不能尽信。与此同时，后天与先天差异很大的人们，在测试时因为无法判断，常常会将先天的"性格"和后天的"个性"混淆。

卡片测试阶段

性格色彩测试发展到第二阶段——卡片式测试阶段。在卡片测试阶段，共有两款卡片测试。

2004 年，"性格色彩色卡"问世。它包含 54 张明信片，每张明信片正面是红蓝黄绿其中一种颜色，且有对性格特点进行描述的一句话及对应漫画。你可以从中选出更符合自己的卡片，再看一看，在你选出的这些卡片里，红蓝黄绿的分布如何，从而大概了解自己的性格类型倾向。

2005 年，"性格色彩扑克牌"问世。起初是单副，扑克的数量刚好是 54 张，因此相当于把 54 张色卡的内容设计成扑克牌形态。后来，经过对性格特征描述的研发与升级，我们把性格特点增补、划分为优势和过当，于是，又发明了 108 张的双副性格色彩扑克，一副优势，一副过当。

到了 2015 年，性格色彩学的理论研发达到了一个高峰，随着精准度、便捷性及大众普及性的要求的与日俱增，我们发明了"性格色彩卡牌"——一个前无古人的神奇的性格测评及分析咨询工具，并申请了国家专利（详见《性格色彩卡牌指南》）。

性格色彩卡牌仅有 12 张，每张都是四种颜色中的一种，正反面各有一个描述性格特点的词句及对应漫画，每一次翻牌，每一轮的排列组合，都蕴含着不同的含义。

如今，性格色彩卡牌已经发展为"测试—咨询—图书—课程"四位一体的体系，如果你对卡牌感兴趣，卡牌的专属图书《性格色彩卡牌指南》会让你快速进入卡牌世界。

如果你想要学会使用这个神奇的工具，帮助你及你身边的人去苦得乐，进而成为认证卡牌师和卡牌大师，可以走入线下的卡牌师系列课程。

请各位书友，直接微信搜索"性格色彩卡牌星球"小程序，也可去书签上扫卡牌测试二维码。

第二章

性格色彩体系总纲

Chapter 2

看完第一章，现在你已经对性格色彩的基本定义有了一定了解，接下来，在剖析每种性格前，先带你总览性格色彩这门学问的全貌。本章是我二十年性格色彩研究之精华所在，是性格色彩的藏宝图，是这门学问的核心总纲，是性格色彩未来所有分支学问的原点。

1. 性格色彩体系之横轴

整个性格色彩体系，之所以称之为"体系"，因含三大板块。
吾将其归纳为：**性格色彩、六字演讲、十二卡牌。**

性格色彩

性格色彩是研究性格的规律，是发现真实自我和活出美好自我的一条绝佳途径。性格色彩在学术体系上，由四部分构成，包括"洞见、洞察、修炼、影响"。

性格色彩体系的核心根基是性格色彩理论。所有工具的衍生，包括十二卡牌、"六字演讲"，皆基于性格色彩的研究。

一、"六字演讲"因性格色彩生

"六字演讲"的核心理念是：

第一，不同性格的人都有最适合自己的演讲风格。只有了解自己的性格，才不会东施效颦，才能找到最适合自己的那条路，才能在演讲中发挥自己的强项。须知降龙十八掌之于郭靖是量身定做，如果郭靖去学打狗棒法，那他和打狗棒，这辈子都一起被糟蹋了。所以，在你没有确定自己的性格特质前，不要轻启你的演讲之路。

第二，任何人演讲中的障碍，都是自己的性格造成的。例如，话多且密无重点的演讲者，几乎全是红色；让听众觉得有巨大压迫感的演讲者，几乎都是黄色；那些演讲死板、毫无生动性，必用图表来阐述观点的演讲者，几乎都是蓝色；而毫无激情、寡淡无味、毫无重点的演讲者，几乎都是绿色……这些演讲中的问题，都可以通过性格色彩的学习来解决，解决了性格问题，演讲的问题也就迎刃而解。因此，"六字演讲"从来不在演讲初学阶段就强调语音、语调、手势、台词，盖因由外而内，不可持久，而由内而外，方可涅槃。

没有性格色彩做支撑，不可能结出"六字演讲"这棵性格色彩之树上的璀璨果实。

二、十二卡牌因性格色彩生

性格色彩十二卡牌工具发明之后，性格色彩的交流开启了一个新时代。就像古代，谈个恋爱，只能穿越千山万水去相见；现在，一个视频电话便声色全收、衷肠尽诉。这种快捷，不仅是效率的提高，更重要的是，距离的拉近带来了瞬间融入的感觉。是的，瞬间融入，这让两个毫无情感基础的陌生人，心与心地贴近和联结，让性格色彩的普及跨越年龄、跨越背景、跨越代沟。

没有卡牌的时代，人们只能用概念解释概念。有了卡牌后，再有人问"什么是性格色彩啊"，只需回答一句"让我们先来做个游戏，看看你是否了解自己"。如此，阳春白雪、下里巴人、男女老少皆可欣然接受，之后，就是被卡者围着你询问层出不穷的问题。卡牌的二十四张牌面，就是经过千锤百炼的性格特征词句，是性格色彩这棵老树上的绚烂之花。

当人们震惊于卡牌的精准、迷恋于卡牌的奇特时，却不知，所有的奥妙，尽在性格色彩之中，卡牌不过是将性格色彩工具化罢了。

六字演讲

"六字演讲"，是专门教演讲和说话的方法。

最早，"六字演讲"是我独门的演讲秘籍。在安徽卫视《超级演说家》和北京卫视《我是演说家》节目中，你所见我将选手从小白快速打造到演说家的方法，正是此法。其中，又分"小六演讲法"和"大六演讲法"。

"小六演讲法"，六个字母，代表了命题演讲核心的六个关键技巧，只要掌握，就可在限定时间和场合下，准备并打造一篇精彩演讲。

"大六演讲法"，三词六字，代表了即兴演讲的三个关键步骤，只要掌握了这个方法，无须准备你也能轻装上阵，达到"随时随地，即兴演讲；'六字演讲'，直指人心"的境界。

两者的差别在于，"小六"是命题演讲，"大六"是即兴演讲。当你掌握了"六字演讲"，不仅可即兴演讲，还可拥有说话的影响力（详阅《跟乐嘉学演讲》）。

"六字演讲"，无论运用于哪个场合，万变不离其宗，核心依然是性格色彩。演讲者的风格，就是演讲者的性格，一切都是基于性格原理。

一、"六字演讲"与性格色彩的关系

古往今来那么多性格分析门派，迄今为止，对普罗大众而言，唯性格色彩传播最广、最深。其中一个重要原因，是性格色彩的独门传播秘籍——"六字演讲"。

"六字演讲"，强调不能用形而上的方法普及抽象的概念，强调要将复杂深奥的心理学理论用人民群众喜闻乐见的形式进行传播，强调故事是打动人心最强有力的武器，强调演讲者永远要以帮助听众成长为第一要务……

有了"六字演讲"，性格色彩走进千家万户，成为大众广泛使用的工具，才得以落实；否则，很有可能，性格色彩跟无数其他性格分析一样，只不过是少数知识分子满足自我虚荣、耽于楼阁的一堆无用文字。

"六字演讲"，就是性格色彩二十年发展过程中的创新之一。

除此之外，学会演讲的另外一个重要作用，就是学会精准表达、有效说话、达成目标。对很少上讲台的朋友而言，他们总觉得演讲和自己距离遥远，那么，你觉得说话这件事和你的距离远吗？你可以不唱歌不演讲，但是你不能不说话。所以，"六字演讲"，是"跳出演讲外，还在说话中"。

举个例子，父母夸小孩，孩子考了95分。不会说话的家长通常会说："这次有进步，很好，努力就有成果！"而掌握"六字演讲"的家长会说："哇，你进步了哎（锁定主题），我记得上学期你的平均分是80分，这学期一上来就是95分，而且，我看其他孩子才90，你比他们还要高（对比验证）！为什么？因为爸爸发现，你从这学期开始，动画片平均每天少看了一集，而且晚上9点的时候经常还在复习（具象描述），你要继续这么努力下去的话，以后绝对能考上剑桥，去到你梦想的康桥（结果放大）！"

你看，如果不会说话，在运用性格色彩的钻石法则时，也会捉襟见肘。总之，性格色彩是"六字演讲"和说话的支柱，演讲和说话都要基于你要知道你的听众是什么性格，你要用适合听众性格的方法跟他交流。

二、"六字演讲"与十二卡牌的关系

做卡牌解析和卡牌咨询时，同样的一副牌面，当你掌握如何说话了以后，往往可以一语中的。其实是表达同样的意思，但听者的感受完全是云泥之别。

没有掌握"六字演讲"，解卡牌就像在干巴巴地念台词；如果学过"六字演讲"，解卡牌自然而然地就像在讲寓言，可以很精准地描述对方在生活中的实际场景，让对方瞬间产生真实强烈的画面感。

譬如，当你读到一副卡牌的牌面，你不懂"六字演讲"，按照卡牌口诀，你本能地会直接解牌——"你是一个很热心的人，你充满了正能量，总会站在别人的角度考虑问题。"这三句话，牌的确没有解错，但完全是按照卡牌规律来剖析，仅仅是停留在牌面词的解读，毫无精彩可言。

可当你真正掌握了"六字演讲"之后，你就知道如何组织语言，让你的语言艺术更加精妙，起到四两拨千斤的效果，比如你会换个说法——"你付出了很多，总是在照亮别人，却在前行中，往往忽略了自己。"当你会说话了以后，就这么一个小小的语言上的转变，表达的虽然是同样的意思，可后面那句话刚刚出口，听者错愕："你怎么知道？！你！怎么会知道！"然后百感动心间，英雄泪满襟。

你们才刚刚见面一分钟，就这样，你成了世间最懂他的那个人。

这就是，有了"六字演讲"，会说话，你的卡牌事半功倍；没有"六字演讲"，不会说话，你的卡牌话不投机半句多。

十二卡牌

第一章第6节"性格色彩卡牌"中，介绍了卡牌的诞生、发展及功能。走进性格色彩，如果没掌握卡牌，犹如老外到北京旅游，没去故宫。

在性格色彩体系中，卡牌学习主要有两个阶段：卡牌师和卡牌大师，学完后，你将拥有两大神奇能力——十二张牌走进他人内心和关系牌阵解惑。

一、性格色彩卡牌师——十二张牌走进内心

通过一副牌,快速走入他人内心,不但了解对方性格和个性,更能清楚看见其所思所想。

一个合格的卡牌师,可一语中的,寥寥数语激起对方内心惊涛骇浪,让对方潸然泪下,忍不住发出"万两黄金易得,知心一个难求,得一知己,夫复何求"的感慨。若以此为业,可与各行相结合,独立收费。

二、性格色彩卡牌大师——关系牌阵解惑

牌阵分三种:职场关系牌阵、情感关系牌阵、亲子关系牌阵。分别对应解决职场、情感、亲子三大领域。

与十二张牌读心不同,每个关系牌阵,都需用到两副牌,根据对应阵法,按照口诀指定,摆出相应牌面,予以解析。一个好的卡牌大师,对各种关系问题,见牌如见人,条分缕析,抽丝剥茧,将缠绕纠结的问题梳理清楚,与提问者一起找到问题答案。

想详细了解卡牌,可参阅《性格色彩卡牌指南》。

卡牌玩法千千万万,无论多么复杂精妙,也只是性格色彩的载体而已。性格色彩卡牌,就像性格色彩的身外化身,化身千万,皆是性格色彩力量的显现。

如果你不懂性格色彩,只学了卡牌的读牌技巧,也许你可以通过背诵,偶尔说中那么一两个人,但你永远无法理解为什么要这么说,无法走进对方的内心,引发共鸣。如果你懂性格色彩,只是暂时不懂卡牌,那么,还是可以通过卡牌解读,将你对性格色彩的理解相结合,从而拥有精湛的解牌技术。

2. 性格色彩体系之纵轴

2008年12月,在上海虹桥路一个小洋房中,性格色彩四大作用(四大功力)诞生了。那是性格色彩历史意义重大的一天。

很多刚开始学性格色彩的人都会问:"知道了自己和别人的性格后,有什么用?"性格色彩四大功力诞生后,这个问题,就有了放诸四海皆准的答案。

之所以称为"功力",是因为有时大家交流时会问:"你性格色彩的水平怎样啊?"为了让大家有可量化的标准,我定了这样四个维度。就好比武林中人常说,你轻功怎样啊,你内功怎样啊,你招式怎样啊,你暗器怎样。道理殊途同归。

这四大功力,就是性格色彩这门学问的四个作用。

- 洞见——看清真正的自己
- 洞察——读懂他人内心
- 修炼——做最好的自己
- 影响——搞定想搞定的人

这四大功力定型之时,胸中惊雷,腹中翻滚,端坐马桶,通天达地,闭眼之际,脑中浮现老子《道德经》第三十三章——"知人者智,自知者明,胜人有力,自胜者强",原来如此!

- 知人者智 = 洞察,读懂别人的人是智慧的人;
- 自知者明 = 洞见,看清自己的人是明白的人;
- 胜人有力 = 影响,搞定别人的人是有力的人;
- 自胜者强 = 修炼,战胜自己的人是真的强者。

各位看官，性格色彩不仅仅是一个区分性格的分析工具，如果你那样想的话，不过是买椟还珠，舍本逐末，可惜了。

洞见——自知者明

洞见，就是如何看清真正的自己，搞清"我是谁"这个让千古哲人沉醉的命题。

一、洞见真正的自我

洞见的标准：

1. 我很清楚地知道，先天的我是什么性格，我知道原来的我，生我之前我是谁；

2. 我很清楚地知道，后天的我是什么性格，我知道现在的我，生我之后谁是我；

3. 我很清楚地知道，我为什么会从原来的样子变成我现在的样子，我知道造成的原因；

4. 我很清楚地知道，为什么别人眼中的我和自己眼中的我，会有如此巨大的差异。

以上四点全部理解透彻，才算真正看清自己的性格。遗憾的是，大多数人由于原生家庭的原因和后天的经历，并没有能力发现真正的自我，而是终此一生都按照别人给自己设定的轨迹莫名其妙地活着，不知生命的意义何在，迷茫无助。

二、洞见自我的软肋

1. 静态洞见

当你阅读本书时，一边看，一边对号入座，能回忆起发生在自己身上的种种过失。同时，你对过往在自己身上的任何一件事，都有能力深入剖析，不再局限于表面。恭喜你，你知道如何静态洞见了。

譬如，你若干年前离婚，一直对前夫恨之入骨，你认为造成你现在悲惨境遇的罪魁祸首都是他，因为他变心和出轨。可当你真正开始洞见后，突然有一天，你发现了一个你不愿承认的事实，原来，你在婚姻中无休止的抱怨和从不给他认可，渐渐地将他越推越远，当他在你面前毫无价值感的时候，他在外遇中获得了存在感和男人的尊严，且流连忘返。这时你突然发现，婚姻的解体，其实你也要承担一部分相应责任。恭喜你，那一刻，说明你开始对自己的问题也有所洞见了。

2.动态洞见

静态洞见，是英语语法中的"过去式"；而动态洞见，是英语语法中的"正在进行式"。

静态洞见，指的是你能对过去做客观、公正、清晰的梳理。譬如，当我问你为何多次创业一直不成功，你如果只是一味抱怨老三篇——"苍天不公，时机不好，遇人不淑"，这说明你毫无洞见。如果你的回答是——30%是疫情和贸易战的原因，70%是自己个人原因，性格中好大喜功，过于乐观，摊子铺得太大，还容易轻信他人——如此，才是你的静态洞见。大白话就是，你不再把所有问题全部归咎在别人身上，你开始学会从自己身上找问题。

动态洞见，指的是你身上正在发生的问题，不需人提醒，你就可以及时警醒，并自我切断。譬如，在市区开车，你遵规守矩，突然有车不打转向灯，违章急插到你的车前，你被迫猛踩急刹车，结果，孩子坐在后面被惊吓到，号啕大哭。你怒从心中起，恶向胆边生，正要理论，没想到那个家伙扬长而去，你气得猛踩油门，加速准备超上去把他截住，时速接近百码。这时，你虎躯一震："不好！红色使我情绪化了！本来这事是他违规，现在，变成了我也违规，再这样下去，很可能造成更大的事故，把自己也赔进去。"于是，你立即刹车，恢复平静。

如果你能做到动态洞见,你就可以随时随地拥有自己的专属照妖镜,紧盯着你的魔障,保你自己此生不因性格问题而付出大的代价。

洞察——知人者智

洞察,就是如何读懂他人内心,严格意义上来说,性格色彩就是"洞察"的功夫。

一、洞察真正的性格

如果此人在你面前的红蓝黄绿非常明显,你能一眼看出,不算本领。

你看到猪八戒就知道是红色,你看到沙和尚就知道是绿色,你看到唐僧就知道是蓝色,你看到孙悟空就知道是黄色。你似乎一眼就能看出,但可惜了,这不是本领,多数人看完本书,都能分析出来。

你看到孙悟空,能看到他大闹天宫的背后,并非他为了闹而闹,而是因为"弼马温"的头衔深深刺伤了自尊,让他因受挫而生恨,要通过大闹天宫证明自己的实力和价值。据此,你洞察孙悟空的真正性格是红+黄,而非黄色。恭喜你,你的洞察上了好几个台阶,这才是真正的洞察(如何洞察不同人内心的最底部,需详读《性格色彩识人》)。

有一天,你遇见一个人。这人非常复杂,他善于搞笑,做事仔细,决定快速,为人宽厚。在很短的时间里,他的行为交替出现了四种性格的显著特点,每种性格色彩兼而有之,让你目不暇接、眼花缭乱。在这种情况下,你还是能够快速了解他心里的想法,而非被他行为表象混淆,这才是真功夫。

二、洞察真正的内心

当你做错事情,老板拍案而起,指着你的鼻子暴跳如雷,厉声斥责:"你是什么脑子!猪脑子还是狗脑子?教了你多少次,你自己说说!跟你说了几遍,你记不住吗?这么简单的事情,刚毕业的大学生都比你做得好,你的研究生文凭是不是买的啊?问你呢!是!不!是!买!的!不是?你还敢还嘴,你看看,你做的算什么东西?你好意思站在这儿吗?……"如果你是性格色彩的入门者,第一判断就是,老板肯定是黄色,批判、暴躁、强硬。可当你真正掌握洞察的技术,只需一秒钟就可得出结论——这是一个标准的红+黄,最主要的性格是红色。

据此,还可直接洞察出老板内心有三个声音:一是认为你屡教不改,这证明先前说的话你没有记在心上;二是老板需要在情绪上宣泄;三是他并没有打算把你炒掉,因为真正的黄色生气时,只会毫无表情地看着你说出一句话:"看来你不适合做这份工作,换一个吧。"当你真正读懂对方内心,才不会做出错误的判断,才能知道如何用正确方法应对。

影响——胜人有力

影响,就是如何搞定别人。

这个"搞定"是广义的概念。刘备要搞定诸葛亮做他的军师;贾宝玉要搞定林黛玉,要她不要小性子;燕青请李师师为朝廷招安牵线,可李师师爱上了他,他得想如何既不伤颜面地拒绝她,同时还要搞定她,让她继续帮自己;唐僧被妖怪抓走后,八戒和沙僧要搞定被赶走的孙悟空,让他去营救。这些都是"搞定"。

换个高级的表述就是,你能够行之有效地影响另外一个人。

那么,怎样才可以影响一个人呢?"影响"和性格色彩的关系是什么呢?

性格色彩只用一句话就解决了这个问题，那就是——不是用你喜欢的方法和他相处，而是用适合他性格的方法和他相处。用性格色彩的专业术语，就是"钻石法则"。

● 钻石法则用在销售上。当你面对一个强硬有主见的黄色客户，销售时，你就应该给他几个选择，让他自己来做决定；而当你面对一个不喜欢做决定、万事无所谓的绿色客户，销售时，你就应该直接帮助他做决定。这就是"因人而异，因色而销"。

● 钻石法则用在领导上。如果你要带着团队一起打仗，给团队定目标时，针对不同性格的方法完全不同。给以结果为导向的黄色定目标，可以定个极具挑战性的大目标，只管给资源，定了之后莫管细节；给红色定目标，他自己定的目标你要减半，而且要不停跟进督促，否则他很有可能掉链子。这就是"因人而异，因色而管"。

● 钻石法则用在婚姻上。如果你要帮助情绪激烈的红色伴侣减压，就要"陪他哭来陪他笑，就是不对他说教"；但是如果你要帮助不愿说心里话的蓝色伴侣减压，就要"执他之手静坐旁，你似星来他如月"。这就是"因人而异，因色而聊"。

● 钻石法则用在恋爱上。如果你深爱的恋人要和你分手，你知道该怎样正确挽回吗？对于红色，你打感情牌是完全有机会的；但面对黄色，如果哭爹叫娘要死要活，只会让他对你更厌恶，正确做法是不争不闹，立即答应，让自己活得更好，等他回来找你。这些钻石法则都是无数血泪实战总结的，这就是"因人而异，因色而恋"。

● 钻石法则用在教育上。如果你的孩子没有自信，你该怎么鼓励他呢？对于在学习上很容易大起大落没有长性的红色孩子，你要想法找到他的亮点予以放大，不能只对着他弱的一面猛攻；但是对于无欲无求不求上进的绿色孩子，相反，你就要设法故意输给他，让他品尝到胜利的滋味。这就是"因人而异，因色施教"。

…………

以上举例,只是示范在各领域中性格色彩怎样使用。本书着重在性格色彩的核心原理,即对每种性格的强弱点及性格内心重点剖析,而由于篇幅所限,并没有专门针对钻石法则阐述。关于如何影响不同性格,如何正确使用钻石法则,可在"性格色彩宝典"系列(《性格色彩单身宝典》《性格色彩恋爱宝典》《性格色彩婚姻宝典》《性格色彩亲子宝典》《性格色彩职场宝典》等)中自去寻觅。

修炼——自胜者强

修炼,是指如何做更美好的自己。专业术语,就是如何达到个性平衡。

在第一章第4节中,我专门阐述了"性格"和"个性"的差别。如果说"洞见"的目的是要让我们找到真实的性格,那么修炼的目的,就是帮助我们拥有美好的个性。打个比方,如果说"洞见"是小区门口保安问你"从哪儿来",那么"修炼"就是"往哪儿去"。

当我们知道性格天生注定、无法更改后,我们一直在想的便是如何逆天改命,如何让自己天生的性格在未来人生中变得更有优势。解决这个问题的方法就是"修炼",所谓"性之本色,全凭天生;格之终局,须靠修炼"。

修炼的终极目标,是"成为最好的自己"。那怎样才能成为最好的自己呢?

举个例子,一个红色的胖子总想减肥,可是十年来,他年年努力,但结局却是,减肥减肥,越减越肥。最终他才发现,都是红色惹的祸。首先,他管不住自己的嘴巴;其次,他也不喜欢锻炼。那么,怎么修炼呢?所谓修炼,就是自我改变,就是与自我作斗争。当他意识到自己的问题后,做了两个决定。第一个决定,他要控制自己红色中为自己找借口和自我原谅的倾向。因为每次嘴馋,他总告诉自己"没关系吧,就吃一点点"。就这样,日积月累,一事无成,他对自己也越来越没信心了。

第二个决定，他听从了我的建议，找到了一条属于他的"鞭子"——他找到一个蓝+黄的朋友天天监督他，逼着他去健身房。八个月后，他从190斤变成161斤，变了一个人。

这个过程，在外界看起来是减肥的过程，而在性格色彩中，这是标准的个性修炼。他与自己的天性搏斗，成功战胜了自己，控制了自己，这才是最强的人。所以，老子说"自胜者强"。

"修炼"在性格色彩体系中是门专业的学问，包括如何拓展自己的不足，如何控制自己的过当，如何在自己性格的基础上，取得四色平衡。

想想看：

● 红色幼稚时，会觉得肤浅容易让他快乐，不愿承担和面对复杂的东西；而当进行了个性修炼后，他发现能从深刻的探索中获得更大的快乐，这时他就成熟了。

● 蓝色幼稚时，会为了完美而对很多细节斤斤计较，对人也相当苛刻；而当进行了个性修炼后，他发现海纳百川，包容不完美的完美才是真正的完美，这时他就成熟了。

● 黄色幼稚时，会为了目标而拼命直线前进，目标一旦受到阻碍，他就会发怒；而当进行了个性修炼后，他发现用灵活的方法可以更好地达成目标，这时他就成熟了。

● 绿色幼稚时，会本能地躲避冲突，期望通过忍让来让所有人都和谐相处；而当进行了个性修炼后，他发现只有坚强地面对冲突，才能有真正的太平，这时他就成熟了。

相互关系

假设"性格色彩"是门武功，这四大作用，可以比喻为四门不同的功夫。

这四门功夫中：

- 洞见，最基本。

因为所有人学习和了解性格色彩，首先思考的问题就是——"我是什么性格"。搞清楚自己，是每个人一生重要的功课。

- 洞察，最常用。

学完性格色彩，人们见到任何一个人，都习惯关注："你什么颜色啊？"这很容易成为众人的共同语言，人们总期望很快读懂并理解别人，同时内心也渴求被他人理解。

- 影响，最实用。

搞定别人是核心刚需，这个"别人"可能囊括了从自己的老板、下属、客户、伴侣到父母、孩子在内的所有人。出了问题，人们就想知道，怎么搞定？所以"钻石法则"是实用主义者的最爱。

- 修炼，最困难。

出现问题和冲突，人们的第一反应是想改变别人，而不是想改变自己。天下最困难的莫过于自我改变。可是，如果我们不改正自己的缺点，人生就会不断付出代价，直到我们无力付出为止。

这四门功夫，既独立又联结，密不可分，刚好与《道德经》第三十三章所述相对应：洞察＝知人者智，洞见＝自知者明，影响＝胜人有力，修炼＝自胜者强。连在一起，性格色彩这门学问，就是教人如何把"知人者智，自知者明，胜人有力，自胜者强"落地的一门实用心理学的学问。

按照性格色彩课程的分类，不同课程，功能不同。

- Ⅰ阶，是浅层的"洞见＋洞察"，大多数人可通过这个课程看清自己、理解他人。
- Ⅱ阶，是深层的"洞见＋洞察"，同时兼顾"影响"，完成卡牌师认证。

- III 阶，完成卡牌大师认证。
- "六字演讲"，除了演讲本身，在性格色彩学习中的意义，是最深层的"洞见 + 修炼"。

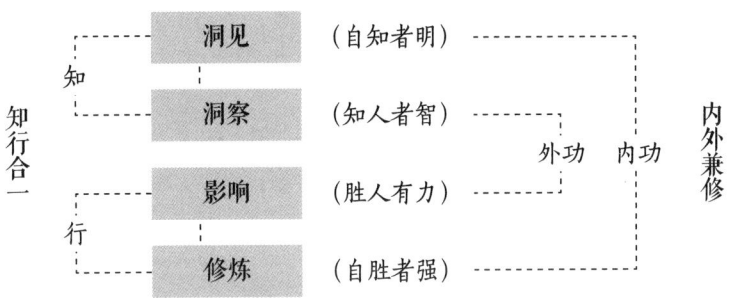

一、性格色彩是门"知行合一"的学问

先贤王阳明强调"知行合一"，而在性格色彩中，"洞见 + 洞察"，你要看清自己，要读懂别人，这些都是方法，都是认知，属于"知"；"修炼 + 影响"，你要去自我改变，要去用行动推动他人，这些都是具体的行动，属于"行"。

- 没有洞见，你都不知道你是谁，不知道你的优点和缺点，那你怎么改呢？你怎么修炼去做更好的自己？一个没有自知之明的人，做啥都是错的。
- 没有洞察，你都不理解别人，你都不知道人家心里所想，你怎么能用正确的方法影响他呢？你只会重复千百万次的错误，碰一鼻子灰。
- 没有影响，你虽然知道了别人的性格，但你依旧按照你喜欢的方式去对别人，你的人际关系毫无改变，你所期待的美好只是海市蜃楼，因为你的理解并没转化成生产力。
- 没有修炼，你只知道自己的缺点是什么，可你每天睡大觉，毫无行动，还期待天上掉馅饼，你这个可怜的赵括，只会纸上谈兵，你空懂了一肚子道理，人生依旧一塌糊涂。

故此，性格色彩，是门同样强调"知行合一"的学问。

二、性格色彩是门"内外兼修"的学问

老子《道德经》中强调"内外兼修"，而在性格色彩中，"洞见 + 修炼"都是对自己，看清自己和修炼自己，算是内功；"洞察 + 影响"都是对别人，读懂别人和搞定别人，算是外功。

性格色彩的学习，可粗略划分为三个阶段：

第一阶段：皮毛期

初学者满足于四个颜色的性格分类，着力钻研四个颜色的性格特点，热衷于给自己和别人贴标签，对判断性格类型乐此不疲。如果你问他性格色彩有什么用，至多，他只能以升量石，说出"喔，这就是一个性格分析的工具"这样的话。

皮毛期的人们，最大的特点就是浅尝辄止、自以为是，认为"性格色彩和其他性格分析貌似差不多，我已经懂了，我已经会了，我已经用了"，但实际上，他从来不曾使用，也不会使用，而关系出了问题，他会立即得出一个结论——我早就知道这套方法不行。

第二阶段：对外期

过了皮毛期，进入对外期的人们，更关注如何运用性格色彩解决问题，也就是"我该怎么和这个人相处"，这是世上多数人的核心需求。毕竟生活忙碌，冲着解决问题而来的人更多。

而要想搞定一个自己想搞定的人，必须熟练运用钻石法则；而要想不用错钻石法则，必须首先知道人家是什么人。如果你对一个后天训练过的红色，用蓝色的钻石法则去相处，必然"井底行船——处处

碰壁"，怎么"死"的都不知道。

处于对外期这个阶段的朋友，最关心的就是洞察——"我要读懂他"，最在乎的就是影响——"我要搞定他"。总之，指头对外——"我没兴趣知道我的问题，我只有兴趣知道他的问题"，这是这个阶段的人们，放在嘴边的口头禅。

第三阶段：对内期

一个不幸的消息是，第二阶段的人们，很快就会陷入新的困惑。外功登峰造极之后，很多人可以精准判断对方的性格，可以运用钻石法则影响很多以前根本无法搞定的人。但是有时，他会发现有的招数自己使不出来，这里最大的秘密是，有些钻石法则必须你首先改变，否则永远无法发挥效力。

例如，如果你想推动一个不求上进的绿色变得积极主动，钻石法则之一，就是你要小声平缓地对绿色说话，不能着急。但是你脾气暴躁，张口就如雷公，你不修炼自己，不控制自己的脾气，怎么能用得出钻石法则呢？

人们这时才承认，如果自己不修炼，如果不首先练自己的内功，那么外功根本无法发力。这就好比，你的武功招式再精妙，如果你没有内力，就依旧无法发挥出这招应有的威力。所以，进入第三阶段的人们，终于恍然大悟：还是需要个性修炼啊。

在追求人生幸福的道路中，无论贫富贵贱，终会发现满足基本生活需求后，如果没有内心的富足，就永远摸不到幸福的边。当人们只关心如何搞定外面的人时，他们永远停留在幸福外求的层次；只有当人们学会如何搞定自己时，才开始进入幸福向内求解的层次。洞见和修炼，就是一条绝佳而完整的向内求解之路。

从第二阶段的外功，到第三阶段的内功，先后顺序未必绝对。强烈专注在自我的朋友，可能一开始就关注内功。总之，无论哪种，内外两条路可同时并行。性格色彩是门注重"内外兼修"的学问。

*   *   *   *

洞见＋洞察＋影响＋修炼，环环相扣，你中有我，我中有你，相生相长，密不可分，共同构建了完整、庞大、全面、立体的性格色彩体系。

没有洞见自己和洞察他人，就谈不上修炼自己和影响他人。

修炼和影响，你并不会在本书中学到，因为这两个功力，即便简单勾勒也需无数笔墨，今后，我将另起专著完成。关于影响——如何搞定不同性格，也就是钻石法则的部分，你可以在性格色彩宝典系列中，找到相对应的方法。

接下来，本书中第三至第十章的优势与过当，就是为了让你通过对各个行为特点的掌握，完成基本的洞见和洞察。

现在，翻过这一页，你就可以自由翱翔和享受在红蓝黄绿的故事和规律中了。当你看完本书，记得回过头来再看一遍本章——"性格色彩体系总纲"。此刻，只是你与性格色彩长远结缘的一个起点。

第三章

红色性格优势

Chapter 3

1. 阳光心态　积极快乐

红色性格发明了飞机，蓝色性格发明了降落伞

"积极的人像太阳，照到哪里哪里亮；消极的人像月亮，初一十五不一样。"用这句话来形容红色和蓝色的对比再恰当不过了。红色总是能够在一大片乌云上看到彩虹，也许你会看到他也有泄气的时候，不过很快，这种沮丧和泄气便会被新的吸引点转移。两个不同的人看到半杯水，红色也许就是那个说"太好了，还有半杯水"的人，而蓝色是说"真糟糕，只剩下半杯水了"的人。

当面对新的选择时，红色总是更多地思考这件事情如果做成会怎样，而蓝色总是考虑有什么理由可能让这件事情做不成。众所周知，在刚开始一个新的想法之前，如果我们为每件事情都找出不能做的理由，那还是什么都不要做好了，这就是红色的价值所在，他们总是能给我们带来阳光和希望。事实上，红色在大多数时候是看到问题后面的机会，而蓝色经常看到机会后面的问题。

鲁迅笔下的阿Q和笛福笔下的鲁滨孙，看上去是风马牛不相及的两个人物，但共同点是都具备红色的"阳光心态"。只不过，阿Q与鲁滨孙的"阳光心态"截然不同。

> 红色性格发明了飞机，蓝色性格发明了降落伞；
> 红色性格发明了游艇，蓝色性格发明了救生圈；
> 红色性格建造了高楼，蓝色性格生产了消防栓。

前者是消极的：阿Q的精神胜利法，每每是在遭受了无端的屈辱，感到无可奈何的时候。阿Q被闲汉打败后揪住黄辫子，往墙壁上碰了四五个响头，被赵太爷打嘴巴，被赌徒抢去洋钱，他都是利用

这种方法来消除内心的痛苦，使自己快乐起来。而后者是积极的：鲁滨孙一到荒岛，在克服了最初的绝望后，立即投入了征服大自然的革命当中。他从搁浅的破船上取走了几乎所有可以取走的东西，利用船上留下的简单工具，搞定无数问题，为自己的生存创造了条件。后期在岛上，鲁滨孙先生的轻松和悠闲，已经有点像韦小宝在通吃岛上的心态了。

虽然阿Q是在与现实相矛盾的虚拟世界里享受低层次的"阳光心态"，鲁滨孙是在与现实相吻合的真实境界里享受高层次的"阳光心态"，但无论哪种红色都能寻找到让自己开心的方式。如果你需要对这种健康积极的阳光心态有一个彻底的感受，可以看看余华小说《兄弟》中的父亲宋凡平——一个近乎经典的健康的红色。

头一天宋凡平还是挥舞大旗走在人群最前面的斗士，第二天就成了戴着高帽游街的"地主宋凡平"。李光头的童言无忌更使他吃尽了苦头，他被关进仓库，遭到毒打。然而，他告诉两个孩子自己被打折的胳膊是在休息，教他们扫堂腿，教他们怎么到河里捉虾。他给远方的妻子写信，把自己描绘得春风得意。他一直在家人面前捍卫生活的美好假象，以鼓励家人有勇气地快乐生活。

在艰难困苦的时刻，还能表现出这种对生活的激情和对美好生命的憧憬，让人动容。毕竟生活中像文艺作品中这样完美的人实在太少了，然而有一点是共通的，红色，无论是具备哪种层面阳光心态的红色，都有能力做到遇事尽量往好处想。

刘墉曾在作品中提到，小时候看杂志上说，当针扎到手指的时候，要想："幸亏是扎到手，没扎到眼睛。"我当时就心一惊，觉得那想法真好。当我去年食物中毒被救护车送进医院时，我一边上吐下泻，一边想："又多个生活体验，又多个写作题材。"当我在北京胆囊发炎，一下子瘦了一公斤半时，我对朋友说："瘦了照相比较好看，而且比较敢吃甜食。"当我最近在马路上摔了一跤，把新买的鞋子摔成"开口笑"的时候，我告诉自己："幸亏这是一双结实的新鞋，不然我非摔断骨头不可。"

"正面思考"使我们在最坏的时候能往好处想。它使我们学会宽恕，学会感恩，帮我们度过最艰苦的岁月，且与每个身经苦难的人结合得更紧密。

> 黄色的正面思考，是因为他们不服输，更加侧重于解决问题；红色的正面思考，是因为他们向往快乐和美好，更加侧重于精神的鼓励和暗示。

病床前的烟花

当你最爱的亲人病重时，你会怎么做呢？生活中，绝大多数人都有自己亲人住院的经历。同样是出于对重病亲人的关爱，每种性格所采用的方式完全不同，不同性格会用自己擅长的方式来表达。

● 蓝色更愿意从生活起居到饮食护理，默默地给予无微不至的照顾。每每蓝色坐下，根据情况开始兵分两路：一方面，开始唠叨诸如当初你怎么不听他的话，为什么这么不小心；另一方面，从没放弃去搜寻一些民间偏方，弄个什么当归加乌梅炖羊尾巴放冰糖之类的煲汤，对于护士挂的盐水瓶流速过快、护工做事马虎、医生忘了定时查房这种事，绝不会轻易放过。蓝色会把照顾亲人当成一件严肃的工作来对待。

● 黄色一切以解决问题为主，他们会控制自己内心的伤痛，不惜一切代价寻求最好的医院、医生和药物，把病治好才是真的，其他有个屁用。去医院探视时，倾尽财物奉上补品，不求最好但求最贵，当然，这样做的代价是黄色难免会忽略情感上的关怀。

● 绿色是让病人最为轻松舒服的陪护人。如果病得不太重，绿色会关心但不会有什么特别举动，但是如果病得较重，绿色则会不遗余力地照顾，并在照顾中使病人保持放松的心态，从细节上让病人觉得生病不是很糟糕的事。比如说，同样是给病人做食物，蓝色可能会说："你把这个都吃了，这个很好。"也许病人没有好胃口，他只会说："这个食物含有什么，你很需要。"而绿色则会把制作过程中出的洋相夸大，这样让病人来笑话自己，即使没有胃口也会尽量多吃。

● 红色最搞笑，厉害的红色可以把你逗得觉得生病似乎是件非常幸福的事情，经常拿个什么小猫、小狗、小熊之类的玩意儿来让你开心开心。进了病房以后，开始用红色特有的哈哈大笑感染你，病房里其他的病友也都跟他混了个脸熟。

想当年，我的一位老师年少时，父亲患了重病住院，她不得不打临时工以减轻家里的经济负担。春节前夕，她拿到相当于一年学费的第一笔收入五十元钱。而在当时家里经济条件紧张的情况下，她居然毫不犹豫地把这五十元钱全部用来买了烟花爆竹，除夕夜在父亲的病房外放了两小时。绚烂的烟花照亮了整幢病房大楼，越来越多的病人聚集到窗前，一张张苍白憔悴的脸上慢慢展开了笑颜。

她自己对于当时心情的解释是，她希望用这种方式带给父亲快乐，心情愉快地迎接新的一年。而当她看到病房里其他病重的病友，她想到的是，他们中有多少人还能有机会看到明年的烟花呢？也许正是受了红色乐观精神的支持和感染，她父亲经过几年艰苦的治疗，终于恢复了健康。不幸的是，病房里的其他病人没有一个挺过三年。

即便在最艰难时，红色也能以一种乐观积极的方式传达给病人对美好生活的向往和信念。即使自己身处困境，红色也不忘给身边同样遭受痛苦的人们带去欢乐。正如普希金在《假如生活欺骗了你》中所说："假如生活欺骗了你，不要悲伤，不要心急！忧郁的日子里你需要镇定,相信吧,快乐的日子将会来临。心儿永远向往着未来;现在却常是忧郁;一切都是瞬息,一切都将会过去;而那过去了的,将会成为永久的回忆。"

这种感觉,在俞敏洪的故事中,你也能找到。俞敏洪当年考上北大后,因为普通话不好,英语也一塌糊涂,曾感到无比苦闷。为了追赶上同学们的水平,他在大学五年差不多读了八百本书,虽然毕业时,他的成绩依然排在全班最后几名,但当时的他已经有了一个良好的心态。北大毕业时,俞敏洪讲了一番话:"大家都获得了优异的成绩,我是我们班的落后同学。可你们五年干成的事,我会干十年,你们二十年干成的,我干四十年。如果实在不行,我会保持心情愉快、身体健康,到80岁以后,把你们送走了我再走。"2021年,许多教育机构倒闭,新东方股票狂跌,一千五百个教学点退租,俞敏洪毅然带领老师们转型直播带货。在直播间,俞敏洪还是斗志满满:"每一次失败背后酝酿的是更大的成功。这一次新东方的变革,也许这是老天在给我们另外一次创更大的业、取得更多辉煌的机会,我们为什么要死盯着那些不能做的业务呢?"对于红色而言,即便时局不易,他还是能从中看到希望,乐观积极地面对。

红色性格的领导会将自己的乐观信念传递给整个团队。

在电影《美丽人生》中,男主人公圭多的杰出表现将红色的优势进一步升华。

圭多不愿让孩子幼小的心灵蒙上悲惨的阴影,在惨无人道的集中营里,他骗儿子这只是一场游戏。他以游戏的方式让儿子的童心没有受到任何伤害,自己却惨死在纳粹的枪口下。他在魔鬼般的劳动中,丝毫不忘对多拉的思念之情,冒着生命危险进入广播室,对着话筒向妻子表达自己的心声。在纳粹军官聚餐时,他抓住时机,又把奥芬巴赫的歌剧声传递到多拉的耳膜里。

圭多知道噩梦是暂时的,相信美丽的人生才是永远,所以小心翼翼地呵护着儿子纯洁幼小的心灵。就算在集中营里,他健康的红色脸上也始终带着笑容,只当是给儿子演戏。没有发自内心对生活充满激情和热爱的人,是不会有这种灿烂的、让人喜悦而充满力量的笑容的!健康的红色以他的实际行动验证了"如果冬天来了,春天还会远吗"的真谛。

> 红色性格的生命体验是一个巨大的游乐场,而他们在其中品味所有的愉悦。他们乐于分享喜悦,把精力都用于追求快乐。

2. 激情澎湃　梦想万岁

诗人的爱情

红色的浪漫和丰富，从俄罗斯诗人叶赛宁身上可见一斑。26岁的叶赛宁在观看43岁的美国舞蹈家邓肯的一场演出后与她相识，两人语言不通，无法直接交流。然而，这一切并不妨碍两人如痴如狂地热恋，彼此都能从对方的身上和眼睛里感受到一种特别强烈的爱。

邓肯曾经读过叶赛宁那些美丽的抒情诗。如今见到这位诗人竟是这样年轻英俊，那双神情略显忧郁的蓝眼睛里迸发出如此奔放而且灼人的热情……她完全被迷住了。对叶赛宁来说，邓肯身上有着俄罗斯女子所没有的独特魅力。更使叶赛宁惊异的是，在同邓肯的接触交往中，他往往能从她身上感受到少女般纯真的热情。正因如此，两人见面相识后，便一见倾心，互相钟情，接着便陷入热恋中。

他俩似乎仅凭感觉便知道彼此都需要对方的这种爱，然后迅速结婚。他们相遇时的场景绝对是典型的两个红色的"一见钟情"。国外旅行生活结束回国后，由于双方年龄和文化上的巨大差异，两人分居。叶赛宁回到旧情人身边，不久后，这位多情的诗人又跌入另一个纷乱的爱情旋涡。

在一次家庭晚会上，他认识了托尔斯泰的孙女索菲娅，叶赛宁那红色本来就易于冲动并且常常表现出狂热爱情的心灵，自认识索菲娅那一天起，又失去了平衡。红色的叶赛宁是一个天性喜爱自由、理想大于现实的人，不习惯于传统的家庭生活。他投入索菲娅的怀抱时，没有意识到把自己关进了一向厌恶的家庭生活的牢笼，充当了婚姻锁链下的奴隶。到这时，他才真正感到旧情人的重要和可贵。

从叶赛宁的身上，我们可以感受到红色在情感上的丰富性，"浪漫多情"大抵都是指红色。

正因如此，胡适发出了"醉过才知酒浓，爱过才知情重"的感慨，这与郁达夫的"曾因酒醉鞭名马，生怕情多累美人"简直是一个模子里刻出来的。而蔡澜也毫不讳言自己"寡人天生好色——我比较喜欢做段誉"。我们再来看小说中的人物，从《天龙八部》中的段誉到段誉的父亲段正淳，再到古龙小说中的陆小凤、楚留香、李寻欢，甚至《红楼梦》里的贾宝玉，这种以红色男性为主人公的小说，注定了小说的基本旋律无一例外都有着情感上的高度丰富性和数不完的纠葛。

● **红色性格定义版"特别的爱给特别的你"**

红色正因为情感丰富，在友情中，朋友的数量自然是最多的。但因为精力有限，红色有时会使每个好朋友都充满"怨恨"。新年伊始，红色给每个好朋友发了一张贺卡，上面大书"特别的爱给特别的你"，充分肯定了每个人独特的可爱之处，后来却被众人集体批斗。原来对于红色来讲，的确是每个人都有自己的可爱之处；但是对于蓝色来讲，希望你对我的"好"能够超过对其他人的"好"，希望你对我的好是唯一的，当发现并非如此，而是每个人都能享受，立即觉得失落大于期望，发现真相的痛苦大于收到祝福时的喜悦。

> 红色性格在"姐弟恋"的接受程度中排名榜首，也是源于他们的开放心态和为人感性。

岂不知，红色的爱是"博爱"，蓝色的爱是"专爱"。红色认为人有不同，的确每个人都是特别的，当然我们绝不能排斥红色偷懒的可能，所以在写贺卡的时候给所有人照抄一遍一样的话语；而对于蓝色来说，既然我是"特别"的，我就应该得到与众不同的东西，如果我收到的和其他人收到的全都是一样的，那还如何证明我是特别的呢？

上面的那个红色只是一个懒惰的红色，而勤快的红色，一个充满爱的红色给每个人写贺卡，会力求每张的话语都是不同的，都是对其量身定制的。虽然有些麻烦，但这样能让红色自己更体会到"爱"的感觉。法国新浪潮电影大师特吕弗正是最好的写照，每拍一部电影，他都会控制不住地爱上他的女主人公。而且，就像《偷吻》的女主人公所说，特吕弗对待任何一个情人都是不同的，他用他的方式让每一个人都觉得自己是特殊的，他对待电影也是这样。

一辈子 = 几辈子

用"梦想家"这三个字来形容红色，再贴切不过了。黄色对目标的无限执着和追求，注定是四种性格中最可能做成大事业的，但是以梦想的多样性和绚烂性而言，黄色与红色仍旧属于两种完全不同的路数。

● 黄色，是现实主义，在订立梦想和人生规划的行进中，更加注重的是"成功"，他们希望自己无论朝什么方向走，最终都能够落到"成功"二字，通过社会价值的实现为自己画上满意的逗号，因为黄色内心不会也不愿给自己画句号，他们有创造更大、更多的欲望。

● 蓝色，是古典主义，正如笛卡尔所说，一切以合乎情理为原则，在理智认识世界的基础上，小心合理地判定自己的梦想，他们甚至不会去想自己认为不切实际的梦想。

● 绿色，是稳妥主义，不愿冒一点风险而安于现状，他们的梦想相对而言，整体上是四种性格中最少的。

● 红色，是浪漫主义，他们更加看重的是人生的"体验"，红色内心对于体验的强烈追求和尝试的心态，对于一切能够触动心灵的新事物，有着相当的好感，甚至称得上狂热。

> 红色性格的浪漫主义梦想——梦想多元，注重体验；
> 蓝色性格的古典主义梦想——梦想保守，注重可行；
> 黄色性格的现实主义梦想——梦想实际，注重成功；
> 绿色性格的稳妥主义梦想——梦想平淡，注重随缘。

如果你一定要问我黄色的梦想和红色的梦想的差别是什么，我会告诉你：黄色更希望通过梦想的"实现"得到人们的"尊重"，而红色更希望通过梦想的"体验"来得到人们的"关注"。

当年《少林寺》一上映，全中国的少年都疯掉了。报纸上不断有十几岁孩子不告而别上嵩山的消息。我表弟在反面报道的启发下，来跟我商量，说他现在已经开始绑沙袋睡觉，不久就可以练成轻功，计算行程也就是几天时间。但是他的计划很快便泄露了，因为有一个同学把他的梦想写进了作文。不过，表弟并没有气馁，他在人世匆匆十五年，一直怀着最质朴的英雄梦：总有一天，他会飞起来，高高地飞起来，除暴安良！

小学时看完《崂山道士》，红色的同学就开始练穿墙而过的本领，嘴里念念有词："穿墙进去，穿，穿，穿……"虽然没有一个跑得掉，但每到下课，仍有发傻的男生一遍遍地试图穿越教室。到了成年时，《黑客帝国》重新唤起了红色童年未实现的梦想，于是报名参加一些跆拳道训练班，梦想成为黑带九段。

红色的女孩在看了港版的浪漫爱情影片后，每天幻想自己也能拥有灰姑娘般的爱情，于是天天手里捧着《女白领怎样可以钓到金龟婿》，期待奇迹的出现，等了很久发现仍是一场空。正在不相信爱情的时刻，突然听说河南农妇上网，居然与南斯拉夫总统候选人比翼双飞，于是那颗受伤的心再次雀跃起来，本来就对网恋神往的红色从此益发神迷、执着。红色看到路边变戏法的，会希望自己有一天也能成为大卫·科波菲尔式的人物。他们看到杂志上刊载的山区孩子的悲惨现状，会立即有欲望去探察一下民间疾苦，看一看希望小学，认领两个孩子。

红色热衷于体验，他们的浪漫主义色彩，注定了红色的人生是所有性格中最有变化性的。红色的变化让他们比其他人更容易尝试完全不同的人生感受，因为对生命的好奇，他们可以把一辈子当几辈子过。

红色就像毫不停歇的永动机，大脑里永远充满了幻想。健康的红色会让他们的无限遐想通过努力逐渐转变为现实。遗憾的是，那些没有自制力和缺乏外界推动力的红色，因为疏于行动，很多梦想最终落为空想。不像绿色，人家虽然也不行动，但是人家没有红色那么多光怪陆离的臆想。因此，与其说堂吉诃德是西班牙的最后一位骑士，不如说他是超级富于幻想的红色代表人物，这个世界的最后一位理想主义者：把村姑奉若天仙，把风车视为巨人，把羊群视为敌人，把流浪作为伟大的事业。

如果典型的红色男性不停地空想，再加上夸夸其谈，一不小心，很容易落得"纸上谈兵"一样凄惨的下场。典型的红色因为缺少黄色对于目标的执着，他们天方夜谭般的想法，总让你觉得红色不是活在现实中的人群。

然而，正因为红色的体验情结，他们是最有能力幻想和尝试不同人生的性格。韩寒就是一个典型。他在18岁成名后，拒绝了复旦递来的橄榄枝，而是按照自己的意愿过出了丰富多彩的人生。十多年来，韩寒先是作家，之后是赛车手，再是电影导演，不光频频踏入新的领域，还把每一样都做得有声有色。

红色充满激情，愿意投身于自己热爱的事业，并放弃很多其他看上去更有利益的事情。对很多热情澎湃的红色来说，赚钱只是一种手段，为的是让自己更好地享受生活，或做自己喜欢的事情。你要问红色将来想干什么,十个有八个可能会说周游世界。尽管黄色会很唾弃这种不切实际且毫无收益的想法,但谁又能否认,正是这些红色让世界变得丰富多彩呢?

无论在工作还是生活中,红色这种澎湃张扬的激情,在另外三种性格身上是很少见的。关于绿色和蓝色,他们是低调的,不愿意被人们关注和评头论足;关于黄色,他们的内心绝不允许自己以这样的方式暴露在公众面前;只有红色,才能用与众不同的方式来表达个性的张扬,无所顾忌,引起他人的关注,与此同时,他们需要,他们需要,他们需要体验自我!

童话大王郑渊洁为此做了最好的注解:"我只喜欢两种出行方式:乘坐地球在宇宙中旅行和搭乘生命之舟经历人生。"

3. 热情开朗　喜欢交友

我的字典里没有"陌生"这两个字

假设被要求去出席一个盛大的陌生聚会，不同性格色彩的人会如何反应？

也许红色是天生活在人群之中的人，当他们听到华丽的音乐，闻到人群的味道，全身上下的细胞立即充满了兴奋和干劲。这也就是为什么红色那么热衷于参加各式各样有关无关的活动，在或小资或奢华或山野的活动中，体验玩乐的真谛。

典型的红色对人有着高度的兴趣，这使他们容易打动别人。他们关注所有人对他们的看法和评价，他们会根据别人表现出来的兴趣程度来判断所有的事情。他们喜欢成群结队地去旅游或者去某个地方。有些人也许只喜欢有一个亲密的朋友，而典型的红色绝不会那样，他们喜欢拉帮结派和全民运动。在团体的气氛中，他们感受到了快乐，并且对每个人做的事情都非常感兴趣。

进入陌生社交场合的红色，更容易迅速融入环境。他们会非常自然主动地与周围的人攀谈和交流。作为四种性格中最容易信任他人的人群，相对而言，红色更愿意相信，每个人都有可能是我的朋友，虽然不至于像乔·吉拉德所说的"我从来没有遇见一个我不喜欢的人"那样夸张，但至少红色的内心呈漏斗状。他们开放和接纳的心态，能快速和陌生人打成一片，结交一大批朋友。

在红色字典里，没有"陌生"这两个字。当离开聚会时，除了聚会是否玩得尽兴、开心以外，红色享受被人关注和喜欢的感觉，他们期待能够加上很多微信，以认识人员数目的多寡来衡量今天的战绩。而这些对于蓝色来讲，是那样不可思议。

对于其他人来讲，红色喜欢谈论故事和讲笑话，模仿其他人，让你笑个不停。当他们离开房间的时候，你会突然感到好像房间的温度下降了，隔了一会儿，你很确认，降温的原因是那个充满喜悦的红色走了。

正因为红色的热情和开放的情怀，他们散发出的感染力吸引了相当多的人群，这奠定了他们"亲和力"的强大基础。相比绿色的温和与接纳的情怀而形成的亲和力，红色的亲和力更有个性魅力。而蓝色因为他们的严肃和与人的距离感，黄色由于他们的严厉和给人的权威感，往往很难建立容易亲近的感觉。

> 因为红色性格的热情和开放，其散发出的感染力更具备个性的魅力。

花蝴蝶 vs 冷美人

就像异常活跃的红色女性有着"交际达人"的美誉一样，蓝色女性常被贴上"冷美人"的标签。蓝色始终认为："我不认识你，为什么我要相信你？"所以宁愿在开始时多花些时间，先来探索彼此关系发展的可能。

进入陌生场合的不同性格，表现各不相同。

● 绿色秉持"能坐着绝不站着，能躺着绝不坐着"的原则，懒得去思考周围发生了什么，旁观就是舒服和享受。

● 黄色直截了当、目标明确，能学习到什么新知识、交换到什么新信息、认识了几个可能对未来有影响的人，才是参加聚会的最高目标。

● 蓝色冷眼旁观、众人皆醉我独醒，一直在思考和搜寻，一旦发现对上眼的，就进行含蓄内敛、不声张的交流。如果和对方相见恨晚，当聚会结束时，蓝色会认为自己今天来得非常值得，因为找到了一个可以聊得深入的人。

● 红色认为"四海皆兄弟，谁为行路人"，即便不认识也无妨，所谓"同是天涯沦落人，相逢何必曾相识"——"来，喝杯水酒，就是朋友"。红色喜欢扩大朋友圈，享受朋友遍天下的感觉。而蓝色总认为红色那么浅薄，因为对于蓝色来讲，过滤朋友的圈子是人际交往中最起码的事情，一个人怎么可能有那么多朋友呢？

> 蓝色性格交友："人生得一知己足矣"，
> 红色性格交友："普天之下莫非我友"。

艺术家黄宗江的女儿曾撰文评价她红色的老爸是如何好客及为何好客，对于蓝色，这也许是很好地理解并进入红色内心世界的一个切入点。

爸爸好吃，并且好客。平时他什么都能忍受，唯独没有朋友不能忍受。家中有了什么好吃的，爸爸必要找个"吃友"来共享。他的观点是一个人吃没味儿。于是千方百计想方设法，四处打电话也要找个人来，妈妈拿他毫无办法。记得有一次他要请一位客人来吃饭，结果串联成了9位，幸亏那天吃的是"涮锅子"。

天天有客，有客就聊，妈妈抗议了："有事没事地把人找来，一谈就是大半天，你那些东西什么时候写啊？还天天熬夜吗？少会点客吧！"爸爸原则上接受妈妈的劝告，并立即采取"行动"。他提笔写了一张布告"写作时间，概不会客"。当然这种布告的无效是可以预见的。妈妈只好另想办法，在外面为爸爸借了一间小屋。爸爸自己还主动提出："地址保密，有人问就说躲起来写东西去了。"可是还不到一个星期，我们就发现，爸爸的朋友几乎比我们还熟悉他的新地址。而且我家的饭桌旁，基本上还是每日一客。这客从何而来呢？秘密终于被发现了。原来爸爸人是走了，可电话比人走得还快："喂，我已经躲起来写东西了，地址保密。不过我还想找你谈谈。这样吧，你坐无轨……回头一起到我家吃工作晚餐。"

红色性格把幸福与快乐视为人生的目标。他们对事情总是有很高的兴致,是令人愉快的伙伴,而且活力与热情具有感染力,能够辐射到周围的人。和红色性格相处,充满乐趣,你会很容易被他们活跃的生命力感动。

4. 童心未泯　富有趣味

76岁耍弄英文的老太

在性格色彩Ⅰ阶识人的课堂上，我提问众人：《射雕英雄传》中哪些人是典型的红色？学员当下回应：黄蓉、周伯通和洪七公。为何人们不把黄药师、欧阳峰或一灯大师归入红色队伍？虽然大家刚刚获得性格色彩启蒙，但此三人现身书中或电视上时，总有开心的事发生，比之黄药师的僵尸脸、欧阳峰的死鱼脸和一灯大师的和尚脸，他们三人看上去更让人们开心。如果说黄蓉的红色乃因她的古灵精怪，那"老顽童"周伯通和"北丐"洪七公两位的红色，全拜没大没小极有童趣所赐。

想起以前住对门、76岁高龄的阿婆，精神矍铄。某日我在家中练功，次日清晨老太太见到我，眯着小眼喜气洋洋地说："小弟，昨天是你在吹笛子吧，赶明儿能不能帮我也弄个，教我吹吹？我现在啊，在老年大学每天学弹琴，家里刚买了一台，回头你有空，也到我家里来玩琴。"这老太太腿脚不好，隔天就要到医院里去检查一次，却从没见过她愁眉苦脸。据她儿子和我说，那根本不算什么，更厉害的是老人家在电脑上打麻将兼学英语，每每孙女电话打进来的时候，她操起电话朗朗道："Hello, my dear granddaughter."没过多久，我居然在电视上看到她的形象，原来老太太业余还到上影厂做群众演员。

活到这份儿上，还能有这样的激情和童心，实在令人佩服得紧。

"孺悲欲见孔子，孔子辞以疾。将命者出户。取瑟而歌，使之闻之。"这是《论语》中少有的让人忍俊不禁的一章。大意是：一个名叫孺悲的人来找孔子,这人以前跟孔子学过东西,但那天孔子不知什么原因,不想见他,就指使门人说:"就说我病了,见不了他。"门人走出去,正准备传话,嘿,孔老先生竟然在屋里把瑟拿出来,一边弹奏,一边唱将起来!——嘿嘿,孔老夫子是故意让屋外那家伙听到,俺不但在家,而且啥事都没有,可俺就是不想见你。

孔子并不喜欢那帮年纪轻轻的弟子成天对自己一副恭敬拘谨的样子,为此,他时不时地来一句让人丈二和尚摸不着头脑的话,接着就一边哈哈大笑,一边解释"开玩笑,开玩笑"。比如,他对颜渊说:"如果你是老板,我就给你打工。"他还说过,假如能发财,替人赶马驾车也愿意干,随即又补一句,如果发不了财,那还是干回自己的老本行。

按照古书的记载,孔子是典型的红色,老顽童一个。没事儿的时候跟人唱歌玩,唱得兴高采烈,他一定得让人家再唱一遍,然后自己跟着唱。孔子就是这么个人,平时看上去挺庄重肃穆的,一疯起来,比谁都更能嘻嘻哈哈。在所谓周游列国,其实就是流亡途中,听到有人把他形容成丧家之狗,老先生笑了,说,比得真像啊。

红色拥有着好奇心和一颗永远长不大的童心,那些穿着花棉袄蹦来蹦去的红色老顽童总比一边晒着太阳,一边埋怨今儿太阳没有昨儿好的蓝色小老头要明媚许多。有一次,我问76岁的老太,为何对这么多事情都有兴趣。老太太看着我,嘴里蹦出两个字:"好玩!"然后自己大笑起来。

德国诗坛大佬席勒曾经说过:"只有当人充分是人的时候,他才游戏;只有当人游戏的时候,他才是完全的人。"他并没有看见自己的诗有一天会被红色作为旗帜高高举起,若九泉有知,死也瞑目啊。

1995年,数十位学者会聚讨论启功先生的新著《汉语现象论丛》。讨论结束前,一直正襟危坐、凝神倾听的启功站起来讲话。他微躬身子,表情认真地说:"我内侄的孩子小时候,他的一个同学常跟他一块上家来玩。有时我嫌他们闹,就跟他们说:'你们出去玩吧,乖,啊!'如此几次,终于有一天,我听见他俩出去,那个孩子边下楼边不解地问:'那个老头总说我们乖,我们哪儿乖啊?'今天上午听了各位的发言,给我的感觉就像那小孩儿,我不禁要自问一声:我哪儿乖啊?"听完这最后一句,会场里笑声一片。

国学大师启功晚年更似返老还童一般。他的客厅和卧室中,触目可及者,除书画外,就是各色的玩具小动物。无论熊、狗、兔,还是猫、虎、鹿,一个个全都瞪圆了天真的大眼睛,好奇地望着他。启功戏言道:"动物比人可爱。"在2002年庆祝启功先生执教七十周年的活动现场,北师大学生们送给他一个可爱的毛绒玩具"小熊维尼"。会议期间,先生忍不住一次又一次地抚摸着那只毛绒玩具,像个孩子。

无论是黄色还是蓝色,他们都无法理解:红色为何那样幼稚?为何会因为一道水煮鱼的味道不错,就亢奋上一周,不停地告诉他的朋友们如何美妙?他们无法理解红色对彩虹的追逐,无法理解为什么红色始终认为人生镶满了金色的花边。

这正应验了《大话西游之月光宝盒》中的台词,"不开心,就算长生不老也没用;开心,就算只能活几天也足够"。红色天性里对于快乐的向往,让他们可以用童心来欣赏一切。

> 虽然红色性格也会被一些事物困扰,但他们对自由的强烈渴求,可以本能地分辨出包袱,并且毫不犹豫地甩开它。

一个全部是红色性格的家庭

红色属于那种永远也长不大的类型。红色小男生一边尿尿，一边玩高高低低的画线游戏，并尝试射中一两只飞过的苍蝇。或者是不用双手，一边打领带一边小便，环顾四周，不时吹上几声口哨。

因为红色的童心，当他们为人父母时，他们会饶有兴趣地和孩子们一起趴在地上玩着积木，他们会适时地扮演大马或者小狗，和小朋友们全神贯注地进入游戏状态，他们自然更容易受到孩子们的欢迎，而他们的家里也会经常成为孩子们的聚集地，这在蓝色和黄色的父母身上是很少见到的。回忆一下你童年时，喜欢在自己家里还是喜欢去其他同学家？回忆一下，你的同学是如何评价你的父母的？你就可以发现其中的规律和奥秘。

黄色的父母，是绝对不会允许自己趴在地上与孩子们混在一起的，这恐怕会降低自己的身份和尊严；蓝色如果发现地上弄成一团糟，一面皱起了眉头，一面要求孩子们全部迅速转移到桌面的战场而不是在地下乱搅和；绿色就像动画片《狮子王》里小王子辛巴的母亲王后沙拉碧那样，总是仁慈耐心地观望着孩子们的一切，然后温柔地呼唤"孩子们，快来吃饭了"；唯独红色可以做到不仅欣赏，而且参与其中，在红色看来，开心是最重要的。

在一个成员全都是红色的家庭里，夫妻双方会为了早上的被子谁来叠而饶有兴趣地争论个不休，按照"石头剪刀布"的规则比拼后，老公承担了这样一个光荣的任务。正当妻子欢喜地跑进厨房时，老公突然跳到后面，双手叉腰充满兴奋地宣布："我，叠好了！"妻子回屋一看，差点气晕，原来他只是把被子推到中间鼓起一个蒙古包的形状。还没等妻子反应过来，红色老公得意道："看到没有？这是我今天折的小丘形，今天我们不做豆腐形，怎么样？"

仍旧是在这户人家，每天都上演捉迷藏的游戏。有天晚上，红色的妻子下班回家，发现家里三人全都不在，却听到房间里传来"我们藏起来了，你找不到我们"的声音。走到卧室里，才发现红色的老公带着两个小孩儿全部蒙到被子里。这红色的太太也够绝，索性一下子整个人压到被子上，拿它当了回太空垫，听到里面三个人一片鬼哭狼嚎，好不得意，最后四个人抱成一团。年近知天命还能如此，你能想象吗？

这种家庭的氛围，虽然我们不得不承认也许会有点混乱无序，可那种自由，那种无拘无束，那种快乐，那种童趣，那种永远年轻的心态，真是不得不让人羡慕。只有两个红色组成的家庭，才会出现这样的情况。夫妻中有一个是红色，另一方性格只要不是非常强硬的蓝色或者黄色，乐趣始终是会出现的。

5. 乐于助人　易忘仇恨

谁修了我的投影仪

多年前为南通企业家协会演讲，开场前我正为投影仪搞了半天未见动静而苦恼不已。这时，时间还早，工作人员毫无踪影，房间内散坐着数十人，坐在前排的一位白须长者主动前来询问，是否需要帮忙。大喜之下，长者三下五除二，立马解决。长者轻拍着我的背部，笑说："还不错吧！"后来知道长者是某 IT 公司的董事长。他到底是什么性格的人？

● 是蓝色性格吗？

因为他帮我解决了问题？可那只和能力有关，与性格没有必然关系。事实上，大多数时候，这个主动助人的行为与蓝色无关。原因在于，蓝色在这样的公众场合，即使有心帮你，在上来之前，他会思考若干问题：为什么这个演讲者自己调试不出来？旁边的工作人员溜到哪里去了？如果我过去帮他，旁边的人会怎么看我？如果我去弄了，万一弄不好怎么办？在这些需要不断探究的问题中，蓝色一直在思考并观察周围的人是如何反应的，很少第一个主动冲在前头。

● 是黄色性格吗？

黄色直接帮助人们解决问题的能力，往往会让人刮目相看，然而，如果你判断长者性格是黄色，就忽略了黄色最重要的、根深蒂固的座右铭"强者生存，弱者淘汰"。在这种人生哲学的指导下，黄色尊重强者，鄙视弱者。他们尊重和欣赏那些从社会底层摸爬滚打起来的强者，而从内心深处瞧不起需要依靠别人施舍才能苟延残喘的弱者，因此他们宁可"锦上添花"，也不愿"雪中送炭"。

黄色要求自己从困难中独立，横扫生命中一切牛鬼蛇神。所以当出现以上情况时，黄色内心本能的第一反应是，演讲者应该有能力自己解决问题，而非假手他人。还有一个不容忽视的关键点是，黄色内心的"指挥"意识情不自禁地认为，这种修东西的小事应该由别人出面，现场这么多人，如果我主动自己出手似乎有点掉价了。

● **是绿色性格吗？**

"长者"这个词在人们心目中是温文尔雅的儒家气派。当你看到长者，如果立即判断是绿色，只能说明目前你仍旧在按照表象的"行为"而非真正的"动机"思考。绿色的内心虽然以取悦他人为乐，然而在绿色"多一事不如少一事"的指导思想下，当人们找到他们帮忙，通常他们会来者不拒、有求必应，但绿色很少主动给自己揽活儿，没事找事绝对不是他们的风格。

现在你知道问题的答案了吧？是的，最后连他自己也确认他的性格是红色！

> 红色性格：虽无英雄打虎胆，常怀自告奋勇心；
> 蓝色性格：无关者何必帮，一旦承诺必完成；
> 黄色性格：值得帮就帮，投资需眼光；
> 绿色性格：多一事不如少一事，但你若找我，有求先应。

虽然在长期的管理生涯中，他训练和培养了很多蓝色的"行为"，但是他内心深处无疑是一位红色的长者。与绿色的不同在于，红色天性积极主动，他们充满爱心和对外界事物的密切关注。红色在主动帮你之前，并不会像蓝色那样考虑一切可能出现的状况，那一刻，红色只想向对方传达"我希望能够为你做些什么"。传递当下，红色感觉到自己的快乐，至于是否能做到，那是其次。现在，你就能理解，为什么在工作和生活中，经常会有很多人自告奋勇地承诺一些事情，虽然很多时候他们会做不到，甚至事与愿违，但你不能忽略红色想助人的那颗心。

顺便提醒一下，老先生成功调试完，曾喜悦地拍拍我的肩膀，说："还不错吧！"这说明，一方面，他希望自己的付出能得到足够的认可，或借助这样的话来带动一下气氛；另一方面，即使是陌生人，红色也通过不经意的肢体接触，向对方传达"我愿意和你拉近距离"这样的信号。在这样自然欢快的气氛中，你瞬间觉得和他亲近了很多，瞧，这又是红色的本性。

红色的自告奋勇和乐于助人，以他们特有的那种热烈，让人们体验到世间的真善美。你在火车上坐着，有陌生人提醒你"鞋带开了"。在公交车上有时你不知道哪站下，售票员的回答含糊不清，旁边有人主动说"你到时跟我走吧"，或者告知应该如何这般，这样的人几乎都是红色。

罚你写十首新情诗

各位看官，你觉得哪种性格最不容易和他人发生冲突？

● 表面上看，黄色最容易和他人发生冲突，因为在面对不一样的意见时，内心强烈地想战胜对方，对于他们来讲，斗争本来就是一种本能。但实际生活中，黄色未必会频繁与人发生正面冲突，原因在于，黄色抓大放小，对很多生活小事并不在意，甚至是一副"随便"的态度，他们心里想的是"别耽误我做大事就好"，并且，当黄色评估自身实力不够时，也会暂时"做小伏低"，以待有朝一日时机成熟，再大展拳脚。

● 最不容易和他人冲突的性格首推绿色，绿色天性中对人的平和宽容，对事的稳定无为，都成为他们不容易和人冲突的原因。绿色最大的问题恰恰是太不容易和人冲突了，也无法通过冲突来树立自己的地位，得到应属于自己的利益。

● 蓝色宁愿相信"秀才遇见兵，有理说不清"，似唐僧般娓娓道来，谈古论今是他们的最爱。遗憾的是，并非所有的蓝色都有像唐三藏那般修为，当处于压力状态下，蓝色有时过于坚持，会由于不妥协而产生冲突，更多的则是用隐性手法表达内心的愤怒和强烈抗议。这种冲突的延续性，在所有的性格中是时间最长的。最麻烦的问题是——蓝色不仅会记他人的仇，而且会拿别人的错误来折磨和惩罚自己，这样就使他们自己卷入仇恨的旋涡中而不能自拔。

● 红色由于情绪化现象比较高发，反而是容易与人冲突的，有时因为一点小事，也会动到肝火，但好在红色没有那么坚持，很多时候情绪过了也就过了，虽然小冲突不断，但跟人的关系并没有受到太大影响。

既然红色容易和他人发生冲突，为何相比较黄色与蓝色，红色的冲突不如他们剧烈？细细审视，主要是因为红色的两个特点合而为一决定的，首先是"有错就认"，其次是"不记仇"。

● 有错就认

红色在与他人发生冲突时，气势澎湃，面红耳赤，力图在口舌上占据上风。几分钟前和你面红耳赤，非要讨个说法不可，几分钟后如果发现是自己错了，回头就跑过来跟你认错，好比多年未见的亲兄弟般热络，让你哭笑不得。

这就好比我7岁的小侄子做事情不容易控制自己，做错了事情会认错，但只过几分钟又会故技重演，对不愉快的事情很快遗忘，甚至眼泪还在脸上，就会对他的妈妈说："妈妈，我想玩一下。"然后，就非常开心地去玩了。

在婚恋中,蓝色喜欢红色的原因有很多,在传统观点中,认为活跃热情的红色可以吸引沉稳寡言的蓝色,但事实上,这只是构成蓝色喜欢红色的基础而已。在形形色色的分析中,都忽略了一点:因为红色容易认错。而黄色错了也很难低头,这让蓝色感到愤怒。讲究公平和公正的蓝色,实在很难接受一个不讲道理的黄色的出现,而红色的低头认错,会让蓝色觉得这人还是讲理的,这也是红色吸引蓝色的原因之一。

● 不记仇

不少人用"宽容"来描述红色,在我看来,能够担当"宽容"二字的非绿色莫属,红色用"不记仇"描述更加贴切。典型的红色正是属于那种"前脚吵后脚忘"的人,只要你不是对他做了杀父、窃子、背后捅刀之类的事,随着时间推移,红色都会忘记。

非经后天刻苦修炼,红色难成真正意义上的豁达之人,但红色天性具备的"不记仇",让他很快就能够释然。

号称相声界泰斗级人物的马三立,早年演出期间的每次出场费都会被同行剥削,这个秘密他自己从未说过,是被另一位相声界人士偶然说出,大家才知道。当被问到时,马三立说:"让他们挣吧,以后再有事就不拿烟头烫我了。"

这种释然的人生态度,说到底,最终得益者还是红色自己。不像蓝色,终日生活在过去和怀旧的痛苦中;也不像黄色,对于那些曾经冒犯他的人,他日一定要让你知道后果。两种人都活得很累啊。

我想起一个学计算机专业的同学,被老婆发现他学生时代写给其他女孩的丰富情诗，想起恋爱多年，从来没有给老婆写过一首情诗，觉得这下离死不远了。没想到老婆趴在桌上哭了五分钟，末了，令他三天内写出十首新情诗献给自己，要比席慕蓉写得好，诗里面还不能有0或者1。还是红色好啊，既不责怪你，又可锻炼你写诗，多好。

6. 善于表达　调动气氛

红色性格最发达的头部器官

如果举办人体器官大赛，评选四种性格在头部最发达的器官，"嘴巴"，当之无愧将成为红色的代言。

很多红色出众的表达能力，并非源于后天刻苦有素的职业训练，而是得益于天性中的感染力及与生俱来的表现力。看看幼儿园的小朋友，你就会发现，相比较其他性格的孩子，红色小孩往往是故事课而非写作课五角星的获得者，这种态势会一直延续到小学乃至大学和工作的整个生命历程。相反的是，蓝色往往在书写中得到的快感远胜于表达本身。

> **红色性格不用费太多的力气，就能把生活中你认为平淡无奇的事情描述得那样惊心动魄，同时还能富有奇幻的美丽色彩。**

当其他性格的人苦心钻研演讲技巧、捧读"卡耐基口才丛书"、背诵格言和笑话、锻炼自己当众演讲的勇气和信心的时候，红色似乎一切都可以顺手拈来，他们不仅可以塑造得惟妙惟肖，而且可以让你感觉到事件再现。即便有时带了很多的夸张和加工，即便说的话你要去除一半的水分，你仍旧感叹于红色的语言是那么有张力。

因为红色天性中的表现欲和内心强烈希望受到他人关注，他们的表现力总是那样让人拍案叫绝。作家邹峭峰，曾经描写了一个不懂英语的红色刚到澳大利亚时，完成商品购买行为的情景。

他决定去买一瓶牛奶。踏入一家 Milk Bar，以带有几分羞涩的傻笑，让店主去揣摩这样一个信息："真不好意思，我知道我要什么，但我不知道我要的东西叫什么。"店主对他还以职业式微笑,并说着诸如"我能为你做什么吗"之类的英语。他低头躲闪开店主的关切,想迅速在店里发现他要的牛奶,并企图用手简单一指了事。遗憾的是,并没有发现。店主终于发现了问题,努力把语速放慢到不能再慢的地步,这反而使他无比急躁,他突然决定动用手势来解决问题,他举了下手示意开始。他先对着店主圆瞪双目,弯腰垂臂做四肢着地状,接着双手点击自己胸部两侧并观察店主的反应,然后直起身模拟喝杯中物的姿势,五六个动作一气呵成,像做了一套操似的。也许,那个店主也颇有哑剧天赋,他成功了。

语言不通无妨,反正当红色在表达某个主题时,可以唤起全部器官进行情感和需求的强烈传递;若是蓝色,不喝也罢,让蓝色去模仿奶牛,作孽啊,那是一种侮辱啊。

> 红色性格表达能力的三大法宝:"面部表情""夸张的肢体语言"和"富有节奏感的语气"。红色性格有感染力,能让他人心动;黄色性格有影响力,能让他人行动。

Are You OK

不少商业巨头说得一口好英文,马云在阿里巴巴赴美上市时的一段标准流利的英文介绍,让人不由得感叹不愧是英语老师。

然而,英语说得不好就不能秀英文了吗?雷军会告诉你,当然能!在一次印度的小米产品发布会上,雷军说了几句家乡口音浓重的初级英语,结果不仅引爆了发布会现场,那句经典的"Are You OK"还红遍了网络。雷军在发布会上讲英文,显然不是真的为了逗大家玩儿,但是,如果能够调动现场气氛,何乐而不为?

而且能用自己不熟悉的语言完成演讲,也让人不得不赞叹红色酷爱表达的心态。对自己高标准严要求的蓝色和目标导向的黄色，恐怕都无法理解这一点，而且，蓝色和黄色都不愿让别人嘲笑自己的英文口音。红色心性开放，愿意表现自我，不但喜欢展现自己的长处，而且愿意自揭其短供大家取乐。因此，很多红色的商界人士演讲，几乎都会加一些搞笑段子，用以调节气氛。

四种性格里，蓝色因不愿成为众人瞩目的焦点，不善表达。当蓝色上台讲话，他们能一条条把事情说清楚，但因为死板而缺乏变化，听众的注意力容易跑到爪哇国去。

黄色天性不爱表演，对他们来说，传达一件事情，只要目标到位就可以。

调动气氛更不是黄色的强项，当你看到一个领导以极快速度言简意赅、提纲挈领地把该说的事说完，布置好任务，明确责任，散会收工，这个人十有八九是黄色。

如果说蓝色为了让自己更完美，黄色为了让自己更权威，都可能努力训练自己后天的表达能力，那么绿色，从先天到后天都毫无动力，都不愿在众人面前发言，宁愿做听众。

而红色对表达和表演最感兴趣，盖因喜欢引人关注，和别人交流时，总不由自主地添加语气和动作，愿意用夸张的表现来表达自己的观点。你看罗永浩不但口才好，诙谐幽默，当年在新东方积累了一堆"老罗语录"。和西门子发生质量纠纷时，他直接跑到西门子总部手砸冰箱，闹出好大动静。后来做手机没成，立即开启"真还传"。像他这样的红色，不甘寂寞、喜欢折腾，永远用丰富的表现力将周围人的视线牢牢锁定在自己身上。

红色的感染力和表现力之强，尽在其中！

7. 真诚信任　感染四方

挖人者必读——红色性格老板的挖人诀窍

对于很多组织来讲，高层职位的核心人员因为良驹难觅，到同行中挖人是常用、要用、必用的手法。除了选择猎头和你的开价以外，挖人者是否有足够的能量影响候选人，至关重要。

到了一定级别，能不能搞定，就看挖人者的个人魅力和影响力。有时因为对你不感兴趣，我就是不愿意跟你在一起工作，你能咋样？权威统计表明，80%的跳槽由与直属老板的相处障碍造成，这条高居跳槽原因排行榜榜首，而不是普遍认为的薪酬问题。以下我记录了一个红色老板是如何发挥自己优势，成功施加个人魅力和影响力的案例。如果正在阅读本书的你是人力资源的专业人士，请充分体验红色的真诚和感染力。

黄色的Tom在A公司服务八年，A和B公司分属行业中全球最大的两家公司，彼此是冤家对头。最初，B公司的红色老板通过猎头几次试图约见Tom，被拒。主要原因是：其一，Tom在一年前已晋升，正为一年后的晋级做准备；其二，年度调薪在即，Tom由于业绩突出，有绝对把握大幅加薪；其三，虽然B公司整体规模大过A公司，但Tom所负责的板块更强。基于以上三点，Tom认为自己根本不会跳槽，也就毫无兴趣商谈。

B公司的红色老板并未就此放弃，索性直接致电Tom约见。在电话里，红色天生的热情、生动的口才，加上毫不做作的诚意让黄色的Tom心中一动，终于答应见面一谈。在听了Tom对于业务的见解之后，这位红色老板便将他所掌管的组织结构、人员配置、业绩现状、未来目标及战略计划，甚至还有一些敏感的办公室政治，都毫无保留地和盘托出，并对于 Tom 未来的职业与个人发展都做了非常吸引人的安排。所有的谈话在真诚和开放下进行，红色老板对 Tom 非常信任，没有留一丝的心计和隐瞒，这让黄色的 Tom 深感震撼。毕竟在竞争对手之间，这样做是非常冒险的。他给 Tom 留的最后一句话是："我只有一个想法，我就是想让你来。"

由于红色提供的条件优于 Tom 的现状，虽然系统还不完善，但挑战对于 Tom 是有吸引力的。最后只剩下薪酬的问题了，而这也是最为关键的因素之一。由于 A 公司的加薪比例还未最终确定，红色老板就建议 Tom 按照预估比例，把年薪计算出来提供给他参考，而红色也完全相信 Tom 提供的预估数据。

有趣的事情发生了，在 Tom 发给红色老板的邮件中，除了现有薪资的数据，Tom 还给出了自己的期望范围，而这在挖人中是非常愚蠢的做法。这个平日里一贯做事理性冷静的黄色，在这件事上被红色老板完全震晕，决定把自己的底线明白无误地告诉对方，而且的确没有丝毫高估加薪幅度，他给出的预估和最后 A 公司公布的几乎一样。红色的信任也换回了黄色同样的真诚回报。

后来还有一系列的沟通，由于红色一开始为整件事情定下了非常真诚融洽的基调，最后成功地把黄色挖了过去。之前 B 公司曾挖过不少 A 公司的员工，而 Tom 是有史以来被挖的本地员工中级别最高的一个。

你以为这个红色的老板是个冤大头吗？你以为他不明白"害人之心不可有，防人之心不可无"的古训吗？当红色交流这些商业机密时，表达了红色对人的绝对信任，这对于其他性格是不可想象的。黄色的理性和注重事实，蓝色的理智和谨慎小心，绿色的安稳第一和胆小怕错，都会本能地排斥这样的行为。唯独红色开放、透明、真诚，给人带来温暖。Tom 从来就不是一个冲动的人，当我以巨大的诧异和怀疑询问我这个学员 Tom 当时的心态时，他坦陈：我从没遇见过一个这样信任我的人,他的热忱让我没法拒绝。

信任和真诚是可以感染人的!人们都会觉得自己是重要的,希望别人需要自己,所以,告诉他,你认为他有潜能,给他希望,让他看见自己有可能达到的光辉未来。而红色,被上天赐予了这种控制人心理的能力。所以,我一直认为,没有人比红色更适合做激励者。

想起二十年前,刚开始为企业做培训,我告诉别人,性格色彩的课程可以提升企业效能,可以帮助个人成长,可以解决企业管理中的人际困惑,虽然我一再表白,但当时门可罗雀,总有很多人表示怀疑和不屑。现在回忆,那些在早期愿意相信我的人,总是以红色居多。而这种在没有任何人相信我的情况下,伸出来的"信任"之手,大大地激励了我的前进、付出及我内心的承诺,"他日衣锦还乡,定当涌泉相报"就是我那时唯一的想法(在我的自剖录《本色》中,有详细阐述)。

赞美论

红色喜欢"被赞美",远近闻名。红色会因为你夸她的头花或者丝巾漂亮而一整天得意扬扬、沾沾自喜,然后反复拿出镜子找出更多的理由来自我说服:"你刚才说的话果真是非常有眼光、非常有道理啊。"之后巴不得每天戴上这条丝巾在世界周游。就像我那个姐姐,我和她说"你穿这件斑点衣服真好看",此后她买的所有衣服都要带斑点。若是蓝色,你夸他发型酷毙了,他只会说声"谢谢",然后迅速回避,既不愿意被关注,也不愿意成为众人瞩目的焦点。

关于红色喜欢赞美的例子,举不胜举。

我在电台做编辑的红色表妹,曾经在深夜两点打电话惊醒我。她兴奋地说,她在今天节目中接到一个听众的表扬电话,是她整个一生中听到的最最开心的赞美。小丫头说话也够夸张的,25岁不到,就说自己"一生"中，知道"一生"是什么概念吗？但你必须得承认，就那个电话，足够让她之后的一个礼拜，屁颠屁颠地去做事。

关于红色喜欢赞美，又有史评记载：

对齐宣王这样的性情中人，射箭这么好玩的事情他是肯定要玩一把的，但最多就能拉不过三石（二十斤）的弓。拉完后，他满脸得意地把弓拿给周围一帮陪他玩的人看。大家都拿过来试拉一下，拉不到一半就痛苦得拉不动了，都说："不得了，不得了，这张弓最少也有九石！"宣王畅快地大笑，说："你们真会拍领导的马屁，这弓三石，小孩子都能拉动，你们都当我是白痴。不过，我爱听，拍得我高兴。"

四种性格中，最排斥赞美的性格首推蓝色，蓝色注重深度，对口头的赞美觉得不仅无聊，甚至讨厌。他们欣赏的是用眼神传递的默认，他们会呕吐于"美女你真的很漂亮"这种俗套的套话，而对于"迎面走过来一个和尚，居然也偷看了姑娘一眼"这种高质量的且专门定制的赞美异常受用。对于蓝色来讲，"赞不在多贵在精"，不仅要绣花在外，更要白玉在里，听上去不油腻，品上去要有嚼头。由此可见，蓝色的完美主义无处不在。

绿色对于赞美的态度，犹如一贯的作风，既不排斥也不欢迎，心中默念"巧者劳而智者忧，无能者无所求，饱食而遨游，拟把赞美万句，换取扁舟一叶，归去"，保持着那种特有的平静。你对她说"姑娘年轻有为、天生尤物"，她嫣然一笑；你对一群女人都如此说，唯独对她不说，她还是嫣然一笑，正所谓"不因赞大而喜之，不因无赞而不喜"。

黄色希望别人对自己的能力认可，故此，对尊重格外看重。如果你下的药轻了，总觉得"隔靴搔痒"，用大剂量猛药最为重要。尤其对于黄色女性，说她漂亮不如说她有才，说她有才不如说她能干，说她能干不如说她才貌双全。总之，黄色对于自身能力极为认同："如果你只是夸我漂亮，那实在太低估姑奶奶了。"对黄色来说，切记："小赞不可养家，滚；大赞方可定国，留！"

红色就甭提了，大小赞通吃。除了梦寐以求好莱坞式颁奖舞台的"大赞"，五元钱在三里屯搜来的戒指而引发"哇，魔戒，真的很炫耶"之类的"小赞"也通通照单全收。实在没有，那就自己给自己鼓气，高唱《我真的很不错》，正所谓"有赞多多益善，无赞自去寻来"。你担心会不会太多，会不会嫌烦？此言大大差矣！对夸奖的话不嫌烦，是红色的一个重要特点。经常有很多红色女性缠着男友或者老公问："你觉得我今天有什么变化吗？"更进一步地会说："你夸夸我吧，你看我最近表现是不是有进步啊？"如果男方强硬地拉下面孔："你烦不烦啊，天天要我夸你。"对不起，人家不会烦，受用得很呢！

红色的下属希望得到上司的表扬；红色的子女希望得到父母的夸奖；红色的爸妈希望你说，吃家里的饭菜比外面的鲍鱼不知道鲜美多少；就连红色的保姆也会因为听到"你办事，我放心"之后，老泪纵横地觉得"士为知己者死"，心甘情愿不收一个大洋，帮你多擦两个钟的地板。

> 红色性格：有赞多多益善，无赞自去寻来。
> 蓝色性格：赞不在多贵在精。
> 黄色性格：小赞不可养家，滚；大赞方可定国，留！
> 绿色性格：不因赞大而喜之，不因无赞而不喜。

8. 乐在变化　创新意识

红苹果，蓝微软

喜欢变化的天性，很自然地就被红色转化为"创新"。相比较黄色那种"蚯蚓式"的不停地寻找方法的创新，蓝色那种"发明家"式的追求完美的创新，红色的创新更多了些灵动腾挪和天马行空的流畅感。就好比去友人家里串门，目睹他那个读初中的儿子正把他刚拔下来的牙，打磨成新款的项链坠，然后套根绳戴上，这种事情只有红色才做得出来。

作为健谈的、精力旺盛的和喜欢开玩笑的乐天派，红色喜欢也擅长像波浪一样一波紧接一波地想出一个个点子、想法或者计划。

对于红色来讲，如果自己的新创意能取悦周围的看客，那就会使出浑身解数，激发出更多无与伦比的创造力。很多广告公司的天才创意人员来自红色，正是因为性格中不喜欢拘束和没有章法的驰骋想象，带来了一个又一个令人目瞪口呆的构思。

对于现代企业而言，创新的意义一直被强调，然而并非所有的企业都把它放在首位，即使同行的冤家对头，也风格迥异。

非但人可分为不同的性格色彩，公司也因其企业文化的差异而拥有不同的"性格"。

微软和苹果这两家IT巨头可谓是冤家对头。这两家公司推出的操作系统完全不同，体现了两家公司完全相悖的运营理念。

微软更重视实际效果，习惯于自顶层制订计划后，自上而下完成目标。苹果则倾向于紧跟消费潮流，通过不朽的创造力开拓市场。

微软分工精细，把大项目分拆成细小部分，由少数领军人物带领团队按步骤完成，他们的分工和责任意识都很强。苹果不满足于微小的创新进步，总是推出一些连自己都不确定需求情况的产品，但正是这些产品，改变了我们的IT使用习惯。

比较两家公司，微软善于分析思维，分工细致，却难以改变固有的商业模式，可以称为蓝色的企业；苹果具有改变世界的精神，引领了不同产业的多次产品变革，希望给人们更多的休闲和乐趣，可以称为红色的企业。

另外一对鲜明的对比，是GOOGLE（谷歌）和IBM。

谷歌公司具有鲜明的红色企业文化。

作为一家顶尖的高科技互联网公司，谷歌给人的印象是创新文化。谷歌拥有一支富有创新精神的团队和别具一格的团队工作氛围。为了激发员工的创意，谷歌的办公环境舒适惬意，有着各种创意的装修和家具，只要你能够激发思维完成目标，在谷歌的办公室里躺着都行。沟通的扁平化是谷歌公司的文化特色之一。在谷歌公司，管理层与普通员工层共进午餐，经常沟通，这让谷歌公司的所有员工感受到更多尊重。谷歌员工在工作时间上非常灵活，如果员工感到累了，随时可以去休息。有了好的想法，随时又可以投入工作。

IBM具有鲜明的蓝色企业文化。

IBM有三条准则：尊重员工；为顾客提供最佳服务；不断追求卓越。这恰好都符合蓝色的为人准则：尊重他人；保持一定的距离感；精益求精追求完美。在全球知名IT企业中，别的IT公司允许程序员们穿短裤、拖鞋上班，推行轻松平等的文化。但是IBM要求所有员工穿白衬衫和黑西装。直到20世纪末，IBM内部仍然坚持论资排辈的晋升方式，公司聚会不允许喝酒，而且很强调让员工对公司保持忠诚。

可以说，苹果和谷歌的崛起，并不是因为他们的战略多精妙，布局多宏大，而是因为他们敢于颠覆惯性思维，这种颠覆，便是红色创新能力的绝佳体现。

我并不是说红色单凭创新就完全可以打遍天下，本段只强调红色在创新上的好处，如果你希望企业发展创新的速度更快，那就请多多聘用红色。

商界顽童理查德·布兰森

从《时代周刊》对于英国维珍航空创办人理查德·布兰森的报道中摘取片段，我们可以看到红色将优势发挥到极致时，是怎样在事业上叱咤风云的。

> 健康的红色性格处于肯定状态下，将一再对世界感到惊喜，因为人生充满了太多他们所未经历的事物。红色性格比其他性格更容易去改变，因为他们喜欢新主意、新思想、新事物，同时在变化过程中能得到无限乐趣。

布兰森认为乐趣是自己从事商业的主要原因，也是维珍成功的秘密。乐趣让布兰森保持着创业的激情，全身心地投入工作，抓住一次次好的创意，不断地克服困难；乐趣也让布兰森能够坦然面对名誉和金钱；乐趣还让维珍一次次进入陌生的领域，并取得成功。

2021年7月11日，布兰森和五位机组人员坐着他创立的维珍银河公司运营的小型火箭起飞，短暂地进入太空，成为使用民用太空飞行器成功体验商业太空旅行的第一人。这种新奇和探索正是红色所需要的，红色一生所追求的终极理想就是快乐与自由。尽管研发和投入生产小型火箭耗费巨大，在推进的过程中也不乏困难，但对红色的布兰森来说，成为第一个进入太空进行商业旅行的人的乐趣也是无与伦比的。

人类每一个"行为"的背后都有其"动机"驱使,这也正是本书一直强调"动机无法改变,行为可以训练"的原因。对于红色的布兰森来讲,他的成功并非源于黄色的"成就"动机,而是因为他红色中"快乐"的动机,因为他的目的是找乐,而不是权力。同时,他尝试新领域并非因为想挑战,更大程度上是因为有趣好玩的心态,这正是红色的写照。

布兰森痛恨等级制度,他也重视员工的好点子,"维珍新娘"就是一位普通女员工的想法。在一次接受采访时,当被问到维珍成功的要素是什么时,他回答:"问题在于你拥有什么样的员工,如果你的员工很快乐,每天面带微笑,以工作为乐,他们就会有出色的表现。顾客自然也会喜欢和你的企业打交道。我花了很大力气去激励员工,每个月我都会亲自写信给他们。我们没有正式的董事会议,谁有什么想法都可以直接打电话或写信告诉我,得到我的认可。"在自己有了内克尔岛后,布兰森没有忘记员工们,他花200万美元买下了澳大利亚的美克皮斯岛,作为维珍集团所有员工的生态旅游园,任何员工都可以免费前往度假。

创新者首先必须注重和强调创新,红色不仅关注自己的创新,同时对于他人的创新给予极高的评价和认可,从而刺激了组织内部更多的创意涌现。红色乐于激励并善于激励,这在布兰森身上得到了绝佳的体现。相较那些只会拿金钱作为唯一激励方式的黄色来讲,亲笔写信给普通员工,这是重视等级制度的黄色很难做出来的。

作为维珍品牌真正且唯一的代言人,布兰森那一头灰白的长发,永远浮现在脸上的笑容和勇于冒险、特立独行的性格,是对维珍品牌最好的诠释。布兰森每次破纪录的冒险其实都是他推广维珍品牌的行为,无论是汽艇和热气球上的广告,还是每次活动的命名,都使人们的眼球最终聚焦于维珍。一次次的冒险也符合维珍的品牌内涵：一种生活态度——自由自在，开放，叛逆。

"眼球经济"的始作俑者不知是何人，但"眼球经济"的佼佼者与红色脱不了干系。在眼球经济时代，炒作也是一种需要，这恰好是红色乐意的。何况如果手法足够高超，肚内的确有料而非空麻袋背米，如布兰森这般，还是让人敬佩的。

红色的企业家除了做好企业之外，往往还会借助各种大众媒体自我曝光，以自己的形象来为企业代言，提高企业的知名度。红＋黄的王石就时常成为媒体关注的焦点，他喜欢在媒体网络上向大众展示生活中阳光积极的一面，连退休之后都没有闲着。

说白了，对红色的企业家而言，娱乐就是种心态。你说他是做生意也好，说他是做形象代言人也好，说他是自娱自乐也好，反正，乐了自己，大了企业，做就做呗。

红色性格优势总结

○ 作为个体

- 高度乐观的积极心态。
- 喜欢自己,也容易接纳别人。
- 把生命当作值得享受的经验。
- 喜欢新鲜、变化和刺激。
- 经常开心,追求快乐。
- 情感丰富而外露。
- 天真有童心,富有趣味。
- 自由自在,不受拘束。
- 喜欢开玩笑和调侃。
- 别出心裁,与众不同。
- 表现力强。
- 容易得到人们的喜欢和欢迎。
- 生动活泼,好奇心强。

○ 沟通特点

- 才思敏捷,善于表达。
- 会通过肢体接触传达亲近和友好。
- 容易与人攀谈。
- 发生冲突时,能直接表白。
- 人越多越亢奋。
- 演讲和舞台表演的高手。
- 愿意说出自己的看法。

红色性格优势总结

○作为朋友

- 真诚主动,热情洋溢。
- 喜欢交友,善于与陌生人互动。
- 擅长搞笑,带来乐趣。
- 容易原谅自己和别人,不记仇。
- 主动帮助他人。
- 有错就认,很快道歉。
- 喜欢接受别人的肯定和不吝赞美。
- 工作主动,寻找新任务。

○对待工作和事业

- 富有感染力,能够吸引他人参与。
- 令人愉悦的工作伙伴。
- 打破沉闷工作环境的开心果。
- 常在紧张气氛下展现幽默与化解冲突的能力。
- 完成短期目标时,极富爆发力。
- 信任他人。
- 善于赞美和鼓励,是天生的激励者。
- 富有创意。
- 积极,充满干劲。
- 反应快,闪电般开始。

| 红 | 色 | 性 | 格 | 的 | 动 | 机 |

| 红 | 色 | 性 | 格 | 的 | 动 | 机 |

第四章

蓝色性格优势

Chapter 4

1. 思想深邃　独立思考

宁可找一个因果解释，也不愿得一个波斯王位

"山不在高，有仙则名；水不在深，有龙则灵。"蓝色继续演绎为："话不在多，有思则行。"如同"嘴巴"对于红色的作用一样，"大脑"对于蓝色有着同样的意义。王小波曾经说过："我属于沉默的大多数。我选择沉默的主要原因之一：从话语中，你很少能学到人性，从沉默中却能。假如还想学得更多，那就要继续一声不吭。"

用人类的灵魂、智慧、精神、核心来形容蓝色毫不为过。因为蓝色独立思考、不追随潮流、尊重自己的主见、思考问题有深度。而蓝色思想上的力量有相当一部分与蓝色的悲观主义有莫大关联。

王小波是个地道的悲观主义者，但是我们忽视了，悲观主义者除了让我们产生悲哀的感觉外，也会让我们产生更多的力量感。王的人格是独立的，王的意志是独立的，加上个人对社会的良知和人文精神的关怀，决定了他通过自身知晓的力量，把这些社会的不正常现象付诸笔端进行反思与无声的抗议，我看到被别人称为"悲观主义者"的王小波，带给我们更多的是思考的力量。

蓝色的人喜欢不停地问为什么，故少时便有"十万个为什么"的绰号。他们喜欢钻研和发明，喜欢拆卸模型和玩具。童年时的蓝色与其他性格的孩子相比，很早就显现出与众不同的严肃和认真，即使是在襁褓里，蓝色在不哭不闹的时候，也总是眨着他们"追根究底"的小眼睛，似乎一直在思考着什么问题。蓝色正如德谟克利特所说："宁可找一个因果解释，也不愿得一个波斯王位。"北方用"小大人"来形容的孩子，多半是蓝色，蓝色从小就有的一些思想让你不得不另

眼相看。

《基督山伯爵》与《约翰·克利斯朵夫》里的名言验证了蓝色的这种与生俱来的特质，其一，"开发人类智力的矿藏少不了要由患难来促成"；其二，"悲伤使人格外敏锐"。这就是为什么蓝色在阅读悲剧作品时，更能得到灵魂的快乐，一种悲伤的"快乐"。

我做性格色彩亲子演讲时，一位听众分享了早先她对12岁女儿的不解，在那次演讲后她恍然大悟，意识到多年来她一直怀疑女儿有病的念头，是多么可笑。这位母亲始终认为自己的女儿缺少像其他孩子那样的活泼好动，一直想鼓励她变得热情外向，现在，她明白了，这根本不是她想象的那样，不是孩子有问题，而是孩子天性就是蓝色，她的性格与孩子的性格不一样，但她强硬地希望孩子按照她想塑造的方向前行。我告诉她，如果她不深入学习性格色彩，一味地按照错误的方式去引导和教育孩子，她必将付出一生都无法承受的惨痛代价。只有在充分了解蓝色的特点和蓝色的需求之后，才能知道如何去引导蓝色的孩子（关于不同性格的孩子应该如何教育，请看《性格色彩亲子宝典》）。

成年以后的蓝色，逐渐成长为我们这个世界上许多伟大的科学家、艺术家、哲学家、思想家、诗人……

在罗素还是5岁小屁孩的时候，他总在思考一个问题，假如他只能活70岁，那么他的生命就已过去了1/14。他觉得这是个悲哀的问题。可以说，罗素是个极早就具有生命意识的超人。当然，他那时候的思想还局限在对生命长度的认识，没有涉及质量，但这已经很了不起了。

> 舞台上的很多高手也许出自红色性格，但真正的大师也许是蓝色性格。

与大众保持距离

"独立思考"并不等同于"独立",与真正具备独立性的黄色相比,蓝色更多的是保持思想上的独立、人格上的独立,而非情感上的独立。因为蓝色本身情感的高度丰富性和细腻,使他们与红色一样,也是容易受到情感影响的人群。不过,在思想上的独立使他们保持了对这个世界应有的审视和怀疑,让他们对一切概念有怀疑的倾向。正如罗素先生所言:"须知参差多态,乃是幸福的本源。"这样看来,李银河在悼念王小波一文中用的题目是"浪漫骑士/行吟诗人/自由思想家",我们从性格色彩的角度就很容易理解了。

> 独立思考不等同于独立,与真正具备独立性的黄色性格相比,蓝色性格更多的是保持思想和人格的独立,而非情感的独立。

就像对于性格色彩的态度一样,红色一开始就投入巨大的好奇和信任,而蓝色总用审视的眼光与他人保持距离。蓝色不明白为什么人这么复杂,只用四种色彩就能予以概括,蓝色认为自己是最复杂的,用脑部探测仪也无法探究清楚。蓝色也不明白,为什么是用红蓝黄绿而不是用其他色彩来描述。蓝色不愿意迷失于外人的赞誉,而更愿意自己来检视,但是有时因为怀疑性过强,蓝色往往会在人生中的许多抉择中因小失大。鉴于此,我建议,蓝色的朋友对待新生事物,可以多尝试"以开放的心态和胸怀来接纳,以审慎的眼光和思考来接受"。

琼瑶小说流行的时代,走在马路上,遍地女生都板着面孔,后来才搞明白,原来琼瑶描绘的女主人公,都是那种柔弱的不苟言笑的酷脸,最后都能遇见自己心目中的白马王子,于是普天下的红色少女都开始憧憬着同样的梦幻情节发生在自己身上。

学生时代出去打群架,连怎么回事都不知道,就开始跟别人干上的,大多是红色的男生。红色的不理智和独立思考能力的缺乏,容易成为被他人利用的标靶。作为最容易激情澎湃的人群，因为疏于在问题上做深度思考，当受到外界影响和其他诱惑的时候，红色会渐渐转移目标；而蓝色一旦经过思考和判断，开始内心认同，产生的持久力量是难以估量的。

也许从下面的报道中，你可以感觉到些什么。

被誉为"奥黛丽·赫本第二"的波特曼，12岁即在两千多名报名者中脱颖而出，成为《这个杀手不太冷》中玛蒂达的扮演者，并以超越年龄的艺术灵性塑造了吕克·贝松影片的经典人物。外表清新脱俗的娜塔莉·波特曼是一个相当睿智的女孩，她很早就宣称，自己会在智慧与美貌之间选择前者。

波特曼称，她是自己决定做什么及不做什么，"我总是自行选择我要做的事。父母会给我一些意见与建议，但最终决定总是由我自己做"。她也承认，她不会接受出演可能让父母产生不安的影片："因为，对我而言，让父母感到快乐与骄傲更加重要。如果冒犯他们，我会比失去某些愚蠢的影片中的角色更让自己生气。"

为了避免受到追星族的干扰，波特曼将她祖母的姓氏用作自己的艺名。她试图避免公开所上大学的名字的做法，并不太成功。尽管人人都知道她选择了哈佛，她自己还是拒绝说出它的名字。她为此辩解说："我不想影迷来访。我听说当年波姬·小丝在普林斯顿时，每年有好几百人去探访。我不想也落得这种下场，因为我不愿意与陌生人交往。也许有人觉得我这样做不太礼貌，但我确实不需要这样的交往。"

波特曼是一位认真而敏感的女孩，一提起男朋友的话题还禁不住脸红。当她谈起临床心理学时，兴奋之情远大于表演话题，尽管她也知道她的知名度很快将妨碍她从事一份"正常"的职业。她说："我从前做演员的经历将不利于我从事临床心理学的职业，但我仍然可以做这方面的研究工作。"

显然，红色因为自己对于潮流的狂热追求，在大量追星族中占有相当份额；而蓝色虽然听流行歌曲，但很少追星，更不盲目随流，他们与大众保持着距离，如果追，他们只追自己小众的星，他们用自己的独立思考抗衡着从众效应。

不知为何，想起古龙先生笔下的西门吹雪："有种人天生就是仿佛应当骄傲的，他纵然将傲气藏在心里，他纵觉骄傲不对，别人却觉得他骄傲乃是天经地义、理所应当之事。"这便是对蓝色心气的诠释。而这与生俱来的气质，既让蓝色独立于人群之外，也是蓝色让人觉得清高，容易产生距离感的原因。

2. 成熟稳重　安全放心

给离家出走的孩子"号号脉"

回忆你周围所有的人,在没读本书之前,哪些人在你的心目中,是一想到"成熟稳重"这四个字,就会跳入脑海的?

红色,有着活泼及追求快乐的天性,我们常称其为"童真";黄色,有着快速的执行力,我们常用"果断"代替"稳重"以称之;而绿色,平和包容,善于化解纠纷,我们更愿意用"温和"来代替"成熟稳重"以赞之。

"成熟稳重",非蓝色莫属。让我们尝试从另一个角度来诠释蓝色的这一特征。

你认为在四种性格中,哪种性格最有冒险倾向,哪种性格最不愿意冒险?从离家出走这件事中,可以找到我们需要的答案。

我那绿色的兄弟是位中学的班主任,在我研究性格色彩以后,我开始追溯我俩成长的过程。一切记忆清晰地显示,我曾经在青少年时代若干次离家出走,而我的兄弟从来没有过类似的案宗。怪不得,从小在我母亲的眼里,我永远是该打的对象,而兄弟的温顺,让他从来不用担心大棒会落到屁股上。

绿色因为天性中对稳定和安全感的强烈需求,即便你赶他出去,他也不愿动弹,怎么会主动离家出走呢?相对而言,外向的红色和黄色更容易离家出走。只不过红色出去以后,过几天没东西吃,自己会溜回来,他们的一切行为只不过是想让父母和他人紧张一下,借以换得更多的疼爱和关注而已,正所谓"色厉内荏";而黄色一旦出去,多半是不会走回头路了,他们要用行动表示,他们已经长大,他们不希望你们总是控制他们的生活，他们要做自己生活的主人，除非父母向他们低头，否则"撞了南墙也不回头"，他们的行动彰显了内心深处的独立和无所畏惧。

> 红色性格的孩子离家出走，过几天自己会溜回来；
> 黄色性格的孩子离家出走，多半不会走回头路了。

红色孩子受到外界诱惑，很容易沦为问题青少年；而黄色孩子则会显现出越来越强的叛逆心理，以致产生仇恨心理，这不得不说是我们这个社会的悲剧。而这一切，父母理应承担起悲剧的责任。如果他们早些知道不同子女的性格色彩，知道不同的孩子有不同的需要，知道"因色施教"，那将避免很多成长的烦恼（详见《性格色彩亲子宝典》）。

在四种性格中，红色和黄色都具备较强的冒险特质，只不过红色追求"刺激"，而黄色追求"挑战"。这也是为什么新生事物出来时，愿意第一个吃螃蟹的人总是红色或者黄色。然而真正面临危险时，无所畏惧、勇往直前的，当数黄色。

现在只剩下蓝色了，蓝色是否也存在离家出走的倾向呢？

从最终的结果来看，蓝色出走的并不多见，但这并不表示他们没有这样的想法。蓝色身边如果是不理解自己的强硬的黄色家长，内心会充满无助，然而蓝色会有很多顾虑，很难付诸行动，宁可采取牺牲自己的方式来解决。蓝色在反抗无力的情况下，会沉默和自我封闭。

读到此处你已知红色和黄色喜欢挑战和冒险，他们的冲动和草率都有可能让他们栽跟头。"成熟稳重"很难与他们挂钩。绿色和蓝色虽然都不喜欢冒险，但绿色的"不作为"是因为根本就不想变，而蓝色是完美主义者，他们在骨子里期待做得更好，可他们在乎安全感。如果有充足的事实证明这件事情可以做，确保无虞后，蓝色还是会行动的。

这种行事稳健的风格，在大多数企业的财务高层中是必需的。面对大量资金的投入和管理，典型的黄色和红色都有可能落得"一着不慎，满盘皆输"。很多年前，黄色的史玉柱投资珠海巨人大厦就是例子。当蓝色处于这个位置时，会在可控的基础上平稳发展。当然，蓝色因为过度谨慎，也注定很难飞速发展。

> 红色性格喜欢刺激；
> 蓝色性格喜欢安全；
> 黄色性格喜欢挑战；
> 绿色性格喜欢稳定。

五种不同的蓝色性格男人

蓝色因为说话少，自然就想得多；因为不苟言笑，自然就显得深沉；因为不率先发表意见，自然就有时间思考回应的方法。以社会的评价标准来看，男性如果被冠以"成熟稳重"，会比较吃香。对红色女性来讲，自己已经是个长不大的小孩了，再找个小孩那怎么行。红色女性天真地以为找了成熟稳重的男人，吵架时就有人忍让自己了。总而言之，蓝色的沉默寡言和谨言慎行让人感觉成熟稳重，从而带来安全感，这确定无疑。

这种蓝色味道，由不同的气质可幻化出以下多种类型的蓝色男人，不一而足：

睿智的蓝色，比如《肖申克的救赎》里的安迪（蓝+黄）；
忧伤的蓝色，比如《日瓦戈医生》中的日瓦戈（蓝）；
羞涩的蓝色，比如《与狼共舞》中的邓巴中尉（蓝）；
清高的蓝色，比如《傲慢与偏见》中的达西（蓝）；
严肃的蓝色，比如《音乐之声》中的冯·特拉普上校（蓝）。

他们都有一种蓝色特有的力量感,一种跟沉默一同呈现的力量感。那些红色的女性,抬杠抢白之类的活儿谁也不怵,但是,当沉默的蓝色男性来到这个伶牙俐齿的红色女性面前,很多红色女人就会方寸大乱。并不是说一定会爱上他,而是——心虚,譬如遇见高仓健。

高仓健的魅力从何而来?在我看来,他的魅力在于沉默的力量。不要小看沉默,它实际上是男人的一块试金石。记得一个女作家说过这样一段话:"男人一沉默,夜色就来临了,把女人裹在里面,女人对于夜色,既有着无法克服的畏惧,又有着令人神往的迷恋,再飞扬跋扈的女人,也会被夜色征服的。"现在想想,这段话完全是为高仓健量身定做的。张艺谋拍《千里走单骑》,本来为了适应他的表演风格,台词已经很少,可老高还嫌多,只好再大幅度删减。所以张艺谋评价:"台词很少,甚至不靠台词,就能把戏演得动人,环顾当今世界影坛,只有高仓健一人。"

我一直在想,高仓健究竟凭什么打动了那么多观众的心,看过他作品的观众,无不像磁铁一样被他深深吸引,且历经数十年而不衰。这就是高仓健,一个靠沉默为武器征服大千世界的男子汉。不仅他扮演的角色以蓝色居多,生活当中的他本人也是一个蓝色。

生活中的高仓健更是一个有血有肉的汉子,拿他人生唯一的婚姻来说,他对妻子的那份感情确实令人动容。高仓健曾拥有一段非常令人羡慕的婚姻。当时事业如日中天的他迎娶了歌星智惠美,谁知婚后过于忙碌的拍戏生活让两人聚少离多,也使婚姻生活走到了尽头,后双方协议离婚。不久,智惠美因为郁郁寡欢,染上了酗酒的恶习,仅仅45岁就香消玉殒。对于智惠美的死,日本媒体普遍归罪于高仓健的冷漠和无情。没过多久,记者们就发现,每到智惠美的忌日,就有一个孤独的背影默默地站在她的墓前——从此以后,高仓健再也没有结过婚。二十年后，年近七旬的高仓健出演《铁道员》，在片中他扮演一位劳模。这位日本劳模年轻时由于过分专注于工作，忽略了对妻子的爱，导致妻子郁郁而终，晚年不由得怀念起死去的妻子来。在影片结尾，他唱了首深情的歌献给亡妻。人们发现，这首歌竟是高仓健已去世多年的前妻智惠美的成名曲《田纳西圆舞曲》。

当年，《千里走单骑》公演后，在媒体铺天盖地的宣传中有个细节，张艺谋说，"老爷子"（指高仓健）每到一家酒店下榻，都会首先请出早已过世的母亲的灵位，默默祈祷十分钟——可见，在高仓健那看似冷冰冰的外表下，始终藏有一颗滚烫的心。这种蓝色外冷内热，恰似"热水瓶"的特性，与红色外热内热的"汤婆子"（北方称"暖手炉"或"热宝"）特性形成了鲜明对比。

为何"高式"表演之风在中国电影界刮了二十年，群起效仿者无数，却少有领悟其真谛、得其精髓的？因为表演者大多并非蓝色，做自己非本色的事情，要想得心应手毕竟需要后天修炼，不像演绎本色的性格那么自然顺畅。由此可见，从演技来讲，"本色演员"（只能演绎与自己性格一致的角色）与"性格演员"（能演绎任何与自己不一样性格的角色）相比，在我看来，还是难度略低的。

3. 情感细腻　体贴入微

拜倒在蓝色性格"石榴裤"下

红色和蓝色是那样迥然不同,在很多行为上背道而驰。然而现实是,婚姻中红色寻找蓝色伴侣的概率,远超过与其他颜色的搭配。红色女性会被蓝色男性的稳重成熟吸引,红色男性也会因蓝色女性的体贴细腻而享受。然而排除这一要素,无论是红色男性还是女性,他们最终沉浸在幸福中,都与蓝色的"随风潜入夜,润物细无声"的情感传递方式脱不了干系。

红色究竟是如何拜倒在蓝色"石榴裤"下的呢?猫小姐是这样回忆她的恋爱史的:

第一次见他的同事,是圣诞节。到了吃饭的地方,他让我坐下,也不介绍我的身份、我的名字,坐下就吃,我很郁闷。后来他不停地给我夹菜,那顿饭我印象很深,我几乎没有自己夹过菜,也吃得很饱。在互相敬酒的时候,我们站起来,他就搂着我的腰。他用自己的方式把我介绍给了他的同事们……幸福。

有一天,我突然很喜欢《雪狼湖》的主题曲,我叫他给我刻录到CD。等我拿到CD的时候,发现他还刻了好几首小野丽莎的歌,都是我的最爱。每往下面一首,就意外一下,都是不经意地和他提过一次"我喜欢这首歌",他就悄悄记下了。

他从不对我的胃(我有胃炎,经常会痛)嘘寒问暖,但是他知道桂圆是暖胃的,就五斤五斤地买、一粒一粒剥好,用个瓶子装起来,放在我的包里,也不用说,知道我这个馋猫会吃的。

以前的工作因为常应酬,偶尔要喝酒。我的酒量一般,有两次请客户吃饭,喝了两瓶红酒,最后叫出租车回家,还吐在了人家车上。

他知道后气得要命，就这样，他也没说什么，只是第二天他突然告诉我要去学车。我很感动，他晕车，坐上小车就难受，以前总说我这辈子要给他做司机了。他为了我要去做很不喜欢的事情，呵呵……其实我一直没指望他去学车，我只是希望他说几句："老婆啊，不要喝酒啊，如果迫不得已，少喝点。"

这就是蓝色无声的力量！蓝色让人感动之处在于，连你也不记得的事，他都会记得。如果蓝色关怀一个人，他就会试图去了解你、洞察你，为你做你需要的事情。他们是那么不屑于用语言表达内心的情感，更不要说轻易赞美了。

> 蓝色性格觉得说太容易了，远不足以表达内心强烈的情感，而实际行动才是有意义的。

和蓝色聊天，节奏与思维不会像红色那么明快跳跃，蓝色会在娓娓道来中，让你原本浮躁的情绪在不知不觉中安静下来。即使内心波动极大，情绪极度糟糕，你感受到的也依然是一个儒雅绅士脸上的一抹忧郁，一如往常的沉静。你的情绪会在这种沉静中慢慢稳定，平静如水。

就如同无论喝咖啡还是乌龙茶，都能提神醒脑，但感受上的差异非常大。咖啡喝一杯，足以使你兴奋一晚，精力充沛，这就如同与红色聊天，刺激而兴奋，不断有新的想法和点子出现，咖啡的威力在瞬间绽放。

而乌龙茶，从清香入鼻到醇香隽永、到甜意入口、到幽香缭绕，再到意犹未尽，每一次加水，都会带来不同的口感，诱惑着你憧憬下一次的味道，喝茶的整个过程，都是悠闲自得慢慢品味，可以谈天说地渐入佳境。品茶一小时后，你突然发现自己开始兴奋，以至于彻夜难眠。蓝色的人正如乌龙茶，他的魅力是在循序渐进中散发出来的，令人回味无穷。让人在这样的回味中越来越依恋他们，安全感也由此而来。

> 与红色性格聊天，如同喝咖啡；
> 与蓝色性格聊天，如同品乌龙茶。

"甘爸爸"的无声父爱

朱自清的《背影》，堪称天地间第一等的细腻至情文字，自中学课堂读过后，意境一直徘徊于脑海深处不散。关于朱自清先生的蓝色，汪曾祺先生曾经有过这样的评价：

朱自清是很一板一眼的人，他的课太枯燥，而且分数给得很严格。朱自清的文学批评课，曲高和寡，选的学生极少，有时哪怕是三个人，朱先生一样要点名，他就是这么一丝不苟。有关朱自清做人的认真，很多文章中提到。他始终是个谦谦君子，对什么人都有礼仪，毕恭毕敬，有一次，天忽然转凉，妻子怕他冻着，让刚上小学的小女儿去学校送衣服，他接过衣服，当着众人的面，很认真地对女儿说"谢谢"。

朱自清的散文有着极高的地位，评论者曾说，将他的散文作为样板悬置于国门，不能增删一字一标点符号。他一生都在摸索如何写出最地道的语体文，字斟句酌，不敢有一点马虎，后人特别要注意的应该是他对完美追求的这种努力。

正是因为朱先生的蓝色，他在怀念和雕琢父亲情感的时候，全用白描记述事实，不做任何修饰和渲染，在淡淡的笔墨中，流露出一股深情，没有半点矫揉造作，又有动人心弦的力量。当我在一个晚上，从我的老父亲那里收到同样的信号时，突然醒悟，两个蓝色的父亲在表达爱的情感上，用的是一样的方式。

难得一年回一次家，不像母亲总是会告诉我，是多么想我们，生了两个儿子也不回来看她之类老生常谈的话，父亲总是不声不响地坐着。一天晚上，我在客厅工作，从晚上10点一直到夜里1点，父亲一直在旁边的沙发上看报纸，到了1点，他缓慢站起："行，你做吧，我去睡觉了。"我这才意识到，父亲其实一直是在旁边等待和我说说话，又生怕打扰我。离开客厅前，父亲在门口对着电灯的开关面板画着什么，然后告诉我，这里的八个开关，铅笔在旁边画圈的两个是现在开着的，等下你直接关掉就行了（家里的开关并不统一，启动方向有的向上、有的向下，且开关本身没有任何标志）。我站到开关前面，那个晚上一直无法再继续工作。

从那时开始，我明白了沉默有时比语言的力量强大得多。蓝色的关怀不需要用语言，需要的只是实际行动。等看了甘地的孙子在印度大学歌颂甘地的儿子的演讲，我更加深信蓝色的功力。

16岁时，我生活在乡下，这个村子距离城市十公里，我总是期盼着能到城里去看场电影。有一天，父亲要我开车送他进城，他要开一天会。因为有机会进城了，我高兴得跳起来。由于要等父亲开完会一起回家，所以我一整天都要在城里待着。从家出来时，母亲给了我一张购物清单，父亲也给我安排了几件杂事，比如，保养一下汽车。那天清晨，我把父亲送到开会地点后，他对我说："下午5点来这里接我。"匆忙办完父母交代给我的所有的事，我就去电影院看电影了。我看的是两片连映，完全沉浸在大片中，以至于忘记了时间。我突然想起与父亲的约定，赶到时已经快6点了，父亲正在那儿等我。

他担心地问我："你怎么迟到了？"我骗他说："车还没有保养好，我只好在那里等着。"他早已给汽车服务公司打过电话，他知道我撒了谎，对我说："一定是我对你的教育出了什么问题，使你没有足够的勇气告诉我真相。为了弄清楚我究竟错在哪里，我要步行回家,在这条十公里的路上仔细想一想。"

就这样,西装革履的他,沿着一条尘土飞扬、没有路灯的小路走回家。我不能让他一个人走,在接下来的五个半小时里,我一直开车跟在他后面。看着父亲的背影,我感慨万千,没想到我的一个愚蠢的谎言,给父亲带来了这么大的痛苦。

就在那个时候、那个地点,我发誓,今后坚决不再说谎。直到今天我还是会时常想起这件事,有时我还会暗自设想,如果父亲像一般人那样将我责打一顿,对我是否还会产生这样大的效果。我认为不会。如果是那样,我会忍受对我的惩罚,然后再次犯错。但是,这样的行为,力量是如此强大。

关于"甘爸爸"的性格,初始我曾犹豫过有没有可能是绿色。后来,与为数众多的父亲级的绿色人物交谈后,他们异口同声地对"甘爸爸"的自罚甘拜下风。如果让绿色去做那么累的活,还是免了吧。确定"甘爸爸"是蓝色,必须回到"甘爸爸"有此行为的"动机"何在。

其一,追求完美。一定要为自己的错误找到答案,否则不会善罢甘休。

其二,他想好好反省,反省自己的教育过程和对孩子的影响力在哪里出了问题,目的不是要探询孩子做了什么,而是想搞清楚他为什么会说谎。

其三,蓝色在自省自责中会出现自罚行为,加上蓝色的韧劲和执着,宁愿让自己痛苦。在这个过程中,同时也希望孩子去反省。

其四,蓝色认为行动的力量大于语言,借用这样的方式表达内心深处的情感。

蓝色不屑于迎合对方的意愿,而说一句皆大欢喜的话。在蓝色看来,一切都说出来,就什么意义都没有了。

蓝色性格认为——欣赏和爱一旦用语言表达就很浅薄，因此他们更愿意以实际行动来表达内心，蓝色性格的行动绝对代表了他的真正想法。

4. 一诺千金　忠诚情谊

一言既出，驷马难追

生命对于蓝色来说，就是一系列承诺，他们会毫无保留地把自己奉献给一份值得珍惜的情谊，肝胆相照，声气相求，恩德相结。由于他们在人际关系上注重深入，因而他们的友谊可以长达一生。当我每次在培训课堂上，请学员思考自己的朋友圈中超过十年的朋友数量时，蓝色在这个问题上总是轻而易举地成为冠军。

蓝色是高度可靠的朋友，而且把口头上的任何诺言看作如同笔墨般的书面约定。他们本人也对自己能够维持如此长久的关系引以为傲，这样的忠诚使蓝色比其他任何性格能享受到更丰富和更深厚的情谊。一个红色的姑娘是这么描绘她蓝色的男友的：

有一次，我们说好看晚上7点的电影，约好6点在旁边的麦当劳吃饭，他5点30分下班就在那儿等我了。结果那天我和一个客户谈事，延误到7点才结束，7点30分才赶到。按照我红人的思维，我想他一定帮我买了汉堡，进电影院等我了。等我到了地方，发现他还在麦当劳里坐着，一份报纸、一杯可乐枯坐了两小时，居然没自己吃饭。他振振有词：说好等你一起吃饭的。我倒了，蓝人啊，现在想起来，他真是"蓝"啊。

> 因为蓝色性格高度注重承诺和甘愿以生命来维护的态度，蓝色性格是最值得信任的。

东邪的忠诚与西毒的忠诚

在《射雕英雄传》中,东邪、西毒、南帝、北丐四大武林高手的性格,以北丐洪七公的红色最为明显,南帝一灯大师出家以后,由于小说的需要,个性上逐渐趋向于绿色。东邪黄药师(蓝色)与西毒欧阳峰(黄色)因为都不苟言笑,在蓝色和黄色的判断上常会被人们混淆。推理的方法有很多,比方说:

黄药师是典型的完美主义者,在武功的设计上也呈现了唯美的蓝色艺术性。"兰花拂穴手""桃华落英掌""玉箫剑法",闻其名,想其形,自然美妙至极。在《射雕英雄传》中,有一段"桃华落英掌"的描述:"她双臂挥动,四方八面都是掌影,或五虚一实,或八虚一实,直似桃林中狂风忽起、万花齐落,妙在手足飘逸,宛若翩翩起舞。"创造这种武功的人,绝对是个品位和生活方式都高雅不俗之人。

黄药师是个多领域贯通的了不起的艺术大师,桃花岛就是他最大的杰作。前文我曾经提过蓝色在艺术领域的相通性。除了"武术"专业外,黄药师琴棋书画,无一不精;奇门八卦,无所不通;上知天文,下晓地理。在桃花岛上,黄氏父女抚琴、吹箫、烹茶、观画、品诗、舞剑,"桃花影落飞神剑,碧海潮生按玉箫",令人神往!

除以上两点欧阳峰无法企及外,最重要的一点是蓝色对人高度忠诚。这样看来,我们就不难理解《射雕英雄传》中黄药师在妻子去世之后,为何每日在坟前吹箫了,那种对亡妻的矢志不渝跃然纸上。而欧阳峰在儿子欧阳克死后,忍着内心的伤痛,继续踏上寻找《九阴真经》的征途。两者相比,黄色更加看重的是对事业的高度忠诚。

> 蓝色性格对人忠诚,黄色对事忠诚;
> 蓝色性格对人负责,黄色对事负责;
> 蓝色性格有责任心,黄色有责任感。

最简单的说法就是，这种忠诚使蓝色爱得深刻，并且全身心地把自己奉献给他们所爱的人，蓝色对待自己认准的情感一般是死心塌地。这方面，茨威格所著《一个陌生女人的来信》堪称典范。影片中徐静蕾饰演的蓝色女主人公是执着的，一份爱坚守了十八年，却没有表白过一言半语，若不是孩子早夭，若不是她自己时日不多，这个秘密还会继续下去。

她把所有的爱转移到孩子身上，爱情重新焕发了力量。她又可以变得充满希望，那是最最甜蜜的负担，孩子，就是她的他，就是她延续着的爱情，她的一生几乎都是靠爱情延续的，这是这个女人最动人的地方。出卖自己的身体算什么，她的心灵还是忠于一个人，她只是为了生存，为了孩子，去投奔一个可以给她这一切安定的人，这就是徐静蕾扮演的陌生女人的声音。

忠诚与负责是紧密相连的孪生兄弟，一个忠诚的人势必是负责任的。我的一个妹妹说：嫁人就要嫁《越狱》中 Michael 这样的。因为他懂得珍惜爱情，呵护女友，对家庭负责。

在《越狱》中，Michael 计划进监狱救哥哥，本想利用医务室的 Sara，没想到却喜欢上了她。隐忍的感情在越狱前只有一句暗示的表白：我和你之间，是真的。越狱成功后，却没能和 Sara 一起离开，而为了保护她，Michael 顶罪再次入狱。第二次越狱成功后，以为 Sara 已死的 Michael 外表看似平静，内心蕴含巨大的复仇力量。最终，为救 Sara 出狱，Michael 再次将自己置于生死边缘，拉开电闸牺牲自己，让 Sara 逃走……三进三出，刻画出 Michael 对 Sara 的坚持、忠诚与责任，他们之间没有轰轰烈烈的誓言，只有暗语和纸玫瑰传情，却是可以用生命交付的爱情，是真正的爱情。

相比之下，红色害怕随着责任而来的压力。与蓝色相比，红色的责任只是放在嘴巴上说说。从童年时就看出端倪，4岁的男孩亲了3岁的女孩一口，女孩对男孩说："你亲了我，可要对我负责啊。"男孩拍了拍女孩的肩膀，笑着说："你放心，我们又不是一两岁的小孩子了。"

5. 计划周详　注重规则

蓝色性格做事的第二准则

大学时代的蓝色同学，会在寝室里挂上一张市区地图，节假日外出商量去某地，总是先制定若干路线，然后换算每条路线要换几次车方可到达，相应需要的时间及不同公交车频率所需的等待用时，综合各项因素以后，得出当日的标准线路图，然后出发。只要走出房间，必定严格按照既定路线，绝不轻易改变。反之，看看那一群红色："走，今天我们出去！""出去嘛，总归就有车可以乘。""怎么可能有万一？"对于红色而言，实在不行，可以换个其他地方玩。而这对于蓝色而言，他们实在很难想象这个世界上怎么会有这样无序的人存在。

> "要么不做，要做就做到最好"，是蓝色性格最高座右铭。仅次于此的第二准则是，"做任何事情，首先要制订好计划，然后严格地按计划去执行"。

● 当蓝色性格与红色性格一起工作

蓝色与红色共同去完成一件任务，蓝色欣赏红色的创意和层出不穷的新点子，而红色敏于言却拙于行。当需要把新主意细致安排，同时富有逻辑和层次地贯穿下去的时候，红色不得不对蓝色有如计算机般精确的大脑暗暗叫绝。

按理说，他们应该享受彼此优势互补后珠联璧合的能量。然而，当蓝色开始具体步骤的制定时，红色犹如鬼魅一般钻了出来，闪着精灵的眼睛大声宣告："兄弟，我又有个新想法，咱们看看好吗？"在红色如火如荼的热情进攻下，蓝色接受红色创意的再次洗礼。

红色爆发完自己的阐述，充满了无限快感，痛苦降临到蓝色身上，因为起先的计划统统被推翻。更要命的是，稍息片刻，红色又来奉献下一个创意。这时，蓝色还击："你为什么不把你的想法一次性地全部说出来，为什么每次都要分开来说？""你知不知道，已经定下来的事情变来变去的话，别人是没办法做的！"

当蓝色被红色的反复无常彻底激怒后，最终总有办法说服红色，因为蓝色坚持，而红色不够坚持。

以上情况对于夫妻关系、社交场合的平等关系、工作中的平级关系完全适用。然而，当双方实力并非均衡的情况下，天平就会倾斜。所以，当蓝色下属面对红色老板，蓝色供应商面对红色客户，通常会被折腾得够呛；反之，如果是蓝色老板面对红色下属，蓝色买家面对红色卖家，红色就会像孙猴子被佛祖压在五行山下一样不能动弹。

> 红色性格喜欢变化中新奇的不确定的快乐，
> 蓝色性格喜欢计划中稳定的安全感。

● **当蓝色性格与黄色性格一起工作**

蓝色与黄色共同去完成一件任务，情况会完全不同。蓝色和黄色都以"事"为中心，彼此共识就是——"一定要把活干好"。只不过在这个共同的声音下，隐藏着两种不同的含义。蓝色内心对自己说的话是"一定要做到最完美"，黄色内心却在说"一定要做到最有效率"。在合作和相处的前期，他们共同的声音产生了足够的和谐，他们都认为按照一个计划去实现目标是正确的。好的，开始行动吧！

没多久，黄色因为对速度的关注，突然发现有一条更近的路可以到达目的地，便毫不迟疑地用惯常命令式的口吻，要求蓝色改道而行。蓝色岂是一只软柿子？这时蓝色的坚持充分体现。而黄色认为自己的观点是对的，他们要求蓝色和自己必须保持一致的强硬做法，让蓝色非常反感和抵触。在一场硬对硬的碰撞中，双方都不肯松口。这一切缘于两种性格都是坚持自我的。

> 红色性格：捉老鼠并不重要，捉老鼠好不好玩最重要；
> 蓝色性格：捉老鼠很重要，用什么猫捉和怎么捉也重要；
> 黄色性格：用什么猫捉不重要，捉到老鼠最重要；
> 绿色性格：老鼠不去管它，放在那儿不是蛮好的吗？

和红色一起外出旅游是充满欢乐和无限惊奇的，但当你体会过随心所欲的无序和混乱后，你就会知道蓝色是多么珍贵的朋友。蓝色做任何事情都希望善始善终，不喜欢突如其来或出人意料的结局，他们早在漫长假期到来前的几个月，就开始设计旅游路线图，清晰地标明每条路线的总时间、交通工具、具体景点、突发事件后的备选方案、总预算——而这些准备工作，若是其他性格一想起来，头皮必然发麻。

我经常建议一群打算游山玩水的伙伴，如果团队成员中须找一人统管费用，最佳财务总管非蓝色莫属。假设你被红色自告奋勇的大眼睛蒙蔽，或者你们这群人通通是红色，那就走着瞧吧！不出三日，定让尔等有去无回！红色哥儿俩好啊，一群红人见到什么都亢奋，用钱无度，全凭兴趣所至，天天不醉不休，不到三日囊中羞涩，面面相觑。假如当初找了蓝色，出行前必约法三章，真正用起钱来，锱铢必较，寸金不让。你若逼他花钱，他就一句话："今天预算没有这个。"把你顶回去。初时，恨得牙根痒痒，颇为不爽。最后，打道回府时，才发现此行衣食无忧，尚有盈余，皆大欢喜。

这也就难怪，大多数组织里的财务人员以蓝色居多，这不仅与仔细、责任感和数字概念有关，更重要的是，蓝色天生就会未雨绸缪。

蓝色做事，就像雨果所言："一个人每天早上计划一天的生活，并按照计划去做，他就好像被一条线所牵引，能够度过最忙乱的一天。反之,如果全然没有计划,凡事只能靠随机应变,混乱必然免不了。"

所有标签一致对外

对蓝色来讲,规则一旦制定,所有的人都必须严格遵守。蓝色通常接受法律和秩序的权威性,与此同时,他们也欣赏他人对理性的追求。

一对7岁的黄色和蓝色的双胞胎兄弟,在乡下的房间里和一群小孩吃完甘蔗,地下留了一大堆甘蔗皮。这时,黄色哥哥直接在上面又蹦又跳,非常幸福地享受着践踏垃圾的兴奋感;而蓝色弟弟走过时,挽起裤脚管,踮着脚,小心翼翼地、皱着眉头蹑手蹑脚地走过去。他那个黄色小哥不停地在旁边催促他:"踩下去啊!你踩下去啊!"伴随着震耳欲聋的鼓励,他仍旧保持自己的步伐移到门边,然后停下来松了一口气,急忙观察自己的脚底,并找了块干净地方不停地搓着他的小鞋板。感叹啊!同父同母,竟制造出如此天差地别的兄弟!

> 蓝色性格喜欢将东西摆放得整整齐齐,世界松散的一面令他们感到沮丧,并有强烈的意愿要去调整,将这些无序变成有序,这样蓝色性格才能感受到些许的满足感。

这就是蓝色那么喜爱收拾东西的原因,在将不规则变得规则的过程中,他们感觉到世界需要他们,而他们也感觉自己似乎成了影响世界的一分子,即使那是微不足道的。

在一个蓝色掌权的家庭里,家里的规则是非常讲究的,比之刘姥姥进大观园的头晕目眩,也许有过之而无不及。这位蓝色家长规定:家里的筷子是分层次和部落排列的,银色金属的筷子专供客人使用,红木的筷子专供长辈使用,只有竹制的筷子才是平时一家人吃饭所用，如果用错，那可是天大的事情；参观厨房间，你永远可以看见有五块抹布列队整齐，专事玻璃、瓷砖、灶台用品、厨房家电、手五大领域，各司其职；卫生间里面，洗发水、护发素、沐浴露、润肤露一字排开，更绝的是——标签一致对外，如果有一个标签朝里，蓝色会不厌其烦地半夜爬起来纠正，检查确认完毕后才睡得踏实。

这位蓝色的规则性让人目瞪口呆，谈及她的母亲，她只说了一句，"和母亲比，我只是小巫见大巫"。

母亲的房间简直就像个样板间，所有的物品都放在属于自己的位置上，哪怕是一本书、一瓶五毫升的香水。我小时候在家，经常会听到这样的对话。

爸爸：老婆，我的裤子呢？

妈妈：哪条裤子，是西裤还是休闲裤？

爸爸：休闲裤，蓝色的那条。

妈妈：你有三条蓝色的休闲裤，一条是4月买的深蓝色的，一条是去年买的藏蓝色的，一条是你女儿刚刚给你买的正蓝色的，你要哪条？

爸爸：那么麻烦啊，随便了，就那条深蓝色的吧。

妈妈：哦，那你去我们的卧室里面，在左边第二个柜子，第三层，从右边数第一条就是了。

爸爸：……

还有一次，我去妈妈的房间找一本书，而且特意记住了书的位置，看完后就放回了原位。没想到，晚上妈妈就问我是否动了那本书。"是啊。"我答道，"你是怎么知道的，我可是放回原位了啊。"她的经典回答是："我知道你放回去了，但是书的倾斜度偏了。"

以我个人而言，我那蓝色父亲对整洁的喜爱，是我在成长过程中慢慢体会到的。我的很多同事一直惊诧于为何红+黄的我会在资料整理上，对秩序和整洁有如此高的要求，现在想来，父母的影响很大。父亲本来就是个蓝色，母亲虽说是个红+黄，然而童年的贫穷和受她蓝色兄长的影响，在生活上也变得出奇地节俭和高标准，我称它为"蓝色标准"。在两个富有高度蓝色特质的人的影响下，我自己也很难容忍生活无序。

蓝色老爸喜欢旅游并收集地图，从上山下乡开始，几十年下来也有数百张，被他视同宝贝一样珍藏在一个铁盒里。在我的青少年时代，一次，一群同学说要去湖南衡山玩，向他借地图。父亲拿出来，叮嘱务必保管好。我一边答应，一边迫不及待地拿着向同学去炫耀手中的宝贝。

两小时后回家，父亲的第一句话就是："地图呢？"我从口袋里掏出来扔在茶几上，只顾自个儿到客厅吃饭去了。等再进房间，发现父亲正埋头用酒精棉球擦拭着地图。过了一阵儿，挤出一句话："我留了三十年的东西都还是新的，你拿出去两小时就弄成这个样子，你以后不要再向我借东西了，我不会借给你的。"

父亲虽说没有老泪纵横，但直到现在，我就是闭上眼睛他那凄凉的面孔也会浮现出来。为了这事，父亲大半个月没搭理我。当时的我除了恐惧和沮丧外，只是认为，犯得着为张地图那么大惊小怪吗？

感谢上苍，让我有机会理解并洞察人与人在性格上的巨大差异。现在，我知道，我当时不以为然的红色行为深深伤害了蓝色的父亲，因为对于一个性格来说不在乎的事情，对于另外一个性格正是最在乎的。"甲之蜜糖，乙之砒霜。"如果你期望别人尊重你的行为习惯，你同样也要尊重别人与你的差异。

6. 讲究精确　迷恋细节

精确是怎样练成的

观察了很多大学的文理科，总感觉文科专业和理科专业的学生气质大大不同。研究性格以后，蓦然回首，恍然大悟。理科对精确严谨和逻辑推理中的滴水不漏要求极高，由此可见，数学是一门蓝色的学问。而文科更重在抽象思维，重在想象，重在创造，这更加吻合红色的性格。

看来红色容易学好文科、蓝色容易学好理科有深刻的性格根源，当然，并非红色不能学好理科，蓝色不能学好文科，只是从天性的喜好和适应程度来讲，各有强项。关于蓝色天性中的严谨和精确性，有就读于幼儿园的佐思先生为证。佐思先生的红色母亲在上完性格色彩I阶课程后，终于明白了她的蓝色儿子是怎么回事。

儿子18个月大时被送进幼儿园，可他并不突出，很容易就被忽视，因为他几乎从来不主动举手回答问题，如果老师叫到他，他回答的声音总是很小。老师还反映，大家一起玩时，他更喜欢自己在玩具堆里找玩具。那时有几件事我觉得很有意思，当时却是我这个红色妈妈难以理解的。

1. 儿子刚会画直线时，尤其喜欢画格子，他会不厌其烦地将一张纸画满。类似的游戏比如排卡片，要排得一丝不苟，非常整齐。现在仍然保留的游戏还是画格子，不过是涂色的、更整齐的。新发展的游戏有排珠子，他用不同的颜色排列规则图案。

2. 幼儿园有不成文的约定，如果谁过生日，家长就要买蛋糕送到幼儿园。记得那是3岁生日，一个月之前大家就开始讨论。他很兴奋，关于谁买、谁送、什么时间、要有漂亮花结等细节都毫不含糊，之后他会不间断地提醒我们。儿子似乎不会忘记我们对他的任何一个承诺。

3. 那时儿子有套书，讲过许多遍，每次我都会读得非常仔细，因为哪怕我少读一个字，都可能会被儿子打断，纠正漏了哪个字没有念。

的确，对于红色来说，真是要小心，因为一高兴，大口一张给了个承诺，对蓝色那样一言既出，驷马难追的人来说，怎会轻易放过？也许这位红色母亲在公司里做事也没这么仔细，但就是这样，也会被这个蓝色儿子影响得说话越来越精细。每个人的个性，就这样被周围亲近或者重要的人潜移默化地塑造了。

> 蓝色性格喜欢准确，这强烈地受到他们完美主义的驱动。对蓝色性格来说，任何值得做的事情必须做到最好。

他们对于标点符号的错误使用和页眉页脚是否对齐很敏感，能够轻而易举地发现问题所在，并不厌其烦地改正；儿时的蓝色与你在宾馆度假时，可能会强烈要求和你互换一只拖鞋，因为他发现，两双同样是白色的拖鞋，鞋面却有不一样的花纹。在大部分时间里，他们的所作所为基本上是正确的，这是他们的生活准则。正因为如此，他们绝对不能接受那些不精确的人，并力图将错误纠正为标准答案。

在一次在《跟乐嘉学演讲》的课堂上，我遇见一个小伙子，他自我介绍正在部队服役，借放假的机会，来参加学习。之后，我在课堂上介绍他时，不断提到他是"陆军战士"来表明他在"部队服役"的身份。在课堂上他没作声，只是很严肃地注视着我。培训结束后，他悄悄找到我，和我说他是"潜艇兵"，和"陆军"分属不同部队，在部队体系里，不同的兵种差别很大。我问他上课为何不说，他说作为军人，不愿引人注目，但担心我之后会一直说错，故课后特地提醒一下。

若这小伙子是绿色，根本不会在意别人怎么称呼他；若他是红色，也许会哈哈一笑，在课上就配合着说："潜艇兵！潜艇兵！"红色要的是开心；若是黄色，的确可能在课上公开质疑，但他的目的主要是挑战老师的专业水平；只有典型的蓝色，才会既注意精确的称呼方式，又不愿引人注目，私下特意提醒纠正。

> 对你来说无关痛痒的词语，对其他人来说并非如此。学会理解并尊重他人感受，学会理解别人，是我们一生的功课。

作为中国近代史上有名的人物，曾国藩是典型的蓝+黄性格。他以中人之资，成就非凡之功。知难为而为之，禀坚忍之性，终于成为一代名臣。史上记载，他有次去视察湘军新造好的战船，问船有多长，答曰一百二十尺。结果他从船头走到船尾，怒曰：明明是一百三十五尺，为何虚报？原来曾一生严格自控，坚持每日踱步，早已训练到每步路的标准尺寸都一样，绝不会有一丝偏差，而刚才行走一趟就知道了船的长度，故对于下属这种极不精确的做法深恶痛绝。

自律精确到这份儿上，连皮尺也自叹不如。

你以为烹饪只是为了吃吗

《细节决定成败》这本书的出版，据说让企业经营管理者们对于细节问题的关注上升到了一定的程度。在细节关注的层面上，日本的企业当属楷模。

一位曾经在日企工作过的学员，对日本公司严谨的作风留下深刻印象。

20世纪80年代末，在日本公司工作期间，我经常主持展览会，很多机器零部件需要报关，然后在很短时间内安装起来。那些琐碎的螺丝、螺帽等配件不能多也不能少，日本人管理得井井有条。他们把那些配件放在塑料袋中，打上编号，再在塑料袋上打金属孔，就像鞋的鞋带孔，用绳子穿上，提取、携带都很方便，又不会损坏塑料袋而使配件外漏。据说，在日本这也是一项小小的专利发明，可见日本社会严谨的工作作风。我本人是典型的黄色，天性当中缺乏严谨和仔细，但是在日本公司工作的经历，训练我做事也具有了高度完美主义和仔细的特点，也就是现在有了很多蓝色的行为吧。

曾做房产代理多年的小A，在性格色彩II阶课程上，也分享了他所见的一个超级蓝色购房者是如何买房的。

一次带上海客户到三亚购房，其中有个李先生，他"蓝"的程度超越了过去几年我所见的任何人。

首日考察时，李先生对每个楼盘都会详细了解，以至于在每个地点总是最后出来，所有人都在车上等他。经过一天，晚上回到这次考察的重点——一家五星级产权酒店，客户们都到酒店去泡温泉，唯有这位李先生没去。他要我们的销售陪他去看房间，每区、每层、每间都看。事实上，每间客房毫无差别，而且晚上也看不出海景的效果如何。即使如此，他还是坚持让销售陪他到晚上11点多，最后还要了购房合同拿回去研究。

第二天一早，所有客户在早餐后纷纷去看客房，选择各自喜欢的房间，大约一小时后，这些客户回来签合同。快到中午时，大部分客户都已办好所有手续，唯有这位李先生刚回来，原来他把昨晚看过的房间又看了一遍。午饭后，签好合同的客户都去三亚当地买特产。而李先生拿出自己的手提电脑和足有一厘米厚的资料（那一大摞资料是从网上打印下来的《购房须知》），同时还有昨晚研究合同时列出的两页问题，要求销售人员对照合同一条一条解释给他听。在解释中，他不时在电脑上查资料,包括契税在内的各种项目,他都一一在网上查看三亚的相关规定。

幸亏销售人员敬业,同时他给销售人员的感觉是真的想买房的客户,否则真会以为是来捣乱的,几年下来从来没遇见过这么仔细小心的人。正要签字时,李先生把合同的页码数了一遍,发现合同里面写的页数是十九页,而合同包括封面封底在内是二十一页,于是要求务必更正该条款。销售人员跟他解释,这是国土局统一的购房合同,但他坚持务必更正。

因为蓝色的关注细节和对于准确无误的苛求,很容易成为让人感觉最麻烦的人。但是不得不承认,因为不会出错,这种"麻烦"带给我们最大限度的安全感。也正是因为这种不厌其烦的精神,蓝色将所有自己正在做的事情做到力所能及的巅峰状态。一个绿色的女儿是这样评价蓝色老爸的:

老爸很喜欢烹饪,他喜欢的不仅仅是每日为了果腹而做菜,而是把它当成闲暇时自娱自乐的一个节目。说自娱自乐也不准确,因为老爸对烹饪每个细节的关注,是需要让观众学习和了解的,而他也喜欢像欣赏一件艺术品一样欣赏自己的烹饪成果。你知道素鸭的做法吗?要把豆皮用调好的腌料腌制好,还要捆扎成形,老爸操作时的专注、享受,当成艺术在经营和投入的那种感觉,让人瞩目。我想起自己,虽然也有几道拿手菜,但每次心里都在嘀咕,做菜的每道程序真麻烦,不知道有没有办法简化,而不是想怎么能做得更好吃。以我这样的心态,做菜的水平可想而知,提高实在是很有限。

让我们再来看看商业机构中蓝色因为关注细节,可以起到的至关重要的作用。在许多组织的管理中,以蓝色为代表的理智主义者都占据着主导地位。他们希望企业的运作清晰可见,控制有方,不喜欢让人感到模糊困惑。规则、条例和政策是他们的思想指导,他们关注的焦点是细节,不给偶然情况留下什么空间。

> 在追求具体数据和事实真相的过程中,蓝色性格似乎只对客观量化的东西感兴趣,所以有时难免会给人冷漠的感觉。

7. 考虑全面　善于分析

谁能成为理财高手

如果你想成功，你就要多和成功的人在一起；如果你想有钱，你就要多和有钱人在一起。照此推断，如果你想学会理财，就要多和会理财的人在一起。

以理财而言，红色当之无愧被推选为最会花钱的人；黄色是最会赚钱的人；而蓝色对于所有购物优惠券的保存，对于每笔账事无巨细的记录，对于小数点后两位的敏感，这些与生俱来的本领，让他们成为省钱的高手。

这里我不用"理财高手"，而用"省钱高手"，那是因为财务实力，不仅仅取决于节省的本事。但是，我们已经可以看到蓝色在金钱上的规划不像红色和黄色那样急功近利，不把所有的鸡蛋放在一个篮子里的风险防范意识，这些不需要传授，蓝色就已经具备了。

> 蓝色性格是最有潜力成为理财高手的性格。

必须补充的是，在四种性格当中，黄色由于他们的洞察力、前瞻性及判断力，在投资上很有自己的心得和大收获。有的时候，蓝色是典型的理小钱很擅长，大资金上因为胆魄不够，不敢下手，会失去一些机会（关于不同性格在投资中表现的分析，详见《性格色彩360行》）。

> 一个训练出蓝色性格行为的人和一个天性是蓝色性格的人，他们是有着细微差别的。红色性格再怎么训练，一回到生活状态中，就很难有蓝色性格这种思维缜密的表现。

多年前,外地好友到上海出差,让我作陪新天地。因那里并非我平日的活动地盘,紧急电话向红色友人二胖求助,请其推荐合适的进餐处。他斥责我老土之后,推荐"天地轩"。问其如何,只是回答非常好。"是否去过?""没有。""没去过,为何推荐我去?""我朋友去过,听说很好,没错的。"如此对话之后,欣然前往,用餐完毕,满肚子气,发誓此生不再问二胖任何问题。

后来类似的事情,我学乖了,寻找了一个蓝色。蓝色听完后,反应如下:"你朋友吃不吃辣?""不吃啊,那你们想吃什么菜系?""喜欢热闹一点的地儿还是清静一些的环境?""热闹一点啊,那要不要乐队伴奏啊?""你的预算是多少?"问的时候让你觉得有点麻烦,问好之后,给你两个地方,并且帮你分析出彼此特点和差别,供你选择。最终让你舒心、称心、放心、省心,而不是像二胖给你的答案让你最终钻入地狱。

蓝色的优势,如果发挥得好,就像围棋高手,每下一个子儿之前,都要先设想一二十步以后的情况。精确地说,决定他们那一盘棋胜负的,并不是面前那一个棋盘,而是他们脑中另外那一个棋盘,那一个肉眼看不见的小棋盘。这种考虑问题的缜密,防患于未然,将所有可能遇见的问题在还没有发生之前,悉数避免。万一还有若干没法控制的,蓝色也事先想好了备选方案。

开枪打死一只鸟引发的分析风暴

蓝色适合做律师,相对应的,律师从业者中的确有不少是蓝色。除了蓝色的责任心、善于理解他人和细腻的原因外,更重要的是他们周密的逻辑和无懈可击的推理分析,往往在辩论的时候坚持原则,而不仅仅是以势压人。

有时你会被蓝色的问题气得七窍生烟,但冷静下来想想,内心里充满了赞叹。在你看来不值一提的事，于他们却是那样重要，也许正是这样严谨和不容出错的精神，才能达到至臻完美的境界。

我曾与一位百事可乐管理质量控制的学员保持联系，在某次的电子邮件当中，我在结尾顺口问了句："最近有什么趣事和我分享吗？"很快，我收到了他的回复："乐老师，请问您对'趣事'的定义是什么？"

我当场无语，晕！没想到更晕的事情还在后面。隔天，我看到一个笑话。

某日，老师在课堂上想看看一学生智商有没有问题，问他：

"树上有十只鸟，开枪打死一只，还剩几只？"

他反问："是无声手枪吗？"

"不是。"

"枪声有多大？"

"80分贝到100分贝。"

"那就是说，会震得耳朵疼？"

"是。"

"在这座城市里打鸟犯不犯法？"

"不犯。"

"您确定那只鸟真的被打死了？"

"确定。"老师已经不耐烦了，"拜托，你告诉我还剩几只就行了，好吗？"

"好，树上的鸟里有没有聋鸟？"

"没有。"

"有没有被关在笼子里的？"

"没有。"

"边上还有没有其他树，树上还有没有其他鸟？"

"没有。"

"有没有残疾的或饿得飞不动的鸟？"

"没有。"

"算不算怀孕的肚子里的小鸟？"

"不算。"

"打鸟的人眼有没有花？保证是十只？"

"没有花，就十只。"老师已经满脑门是汗，且下课铃已响。但他继续问："有没有傻的，不怕死的？"

"都怕死。"

"会不会一枪打死两只？"

"不会。"

"所有的鸟都可以自由活动吗？"

"完全可以。"

"如果您的回答没有骗人，"学生满怀信心地说，"打死的鸟要是挂在树上没掉下来，那么就剩一只，如果掉下来，就一只不剩。"

> 黄色性格用最简捷的方法解决最复杂的问题，
> 蓝色性格用最严谨的语言诠释最简单的问题。

而正因为如此，蓝色经常运用现有的一个观点并使它发展，他们具有发明家的思想和本领。因此，黄色是把复杂问题简单化，蓝色是把简单问题复杂化。

为了让这个令人肃然起敬的蓝色学生的光辉事迹能够在性格色彩的道路上发扬光大，我郑重地将这个不知道是真是假的故事摆放到"乐嘉"抖音号上。之后，我目睹了不同性格对此主题的评论，捧腹大笑。

从网上截取了几个有代表性的对这个笑话的回复点评，没有丝毫的加工。从各人的语气、使用的标点符号和文字上，各位自己感受红蓝黄绿的奥妙和变化吧。

红色1号：酷毙了！！！

红色2号：哈哈，看来以后撒谎啊什么的事情也要看清楚对象才能实施啊……

绿色1号：他想得好复杂，我实在做不到。

绿色2号：呵呵，楼上说得有道理啊。

黄色：必定是无聊的人编的。

蓝色：这个故事稍微夸张了一点，如果这个问题在现实生活中拿来问我，我不至于反问你十五个问题，但我在回答之前至少也会问你五个的。

    黄色缺乏幽默感，同时干脆不屑于去幽他一默；红色是为了快乐而快乐的人，哪怕在无聊中制造快乐，也认为是一件功德无量的事，就连用省略号都是那么夸张；绿色处处配合，惰于思考，可谁也不能低估他们骨子里流露出来的那种善于自嘲的冷幽默；唯独蓝色过分重视逻辑性与关联性，至少从最后一位蓝色的回应中，你可以感受到蓝色把任何一个笑话都做深刻分析的本领，不得不慨叹造物主的精妙。

8. 执着有恒　坚持到底

便秘者，少蓝色性格乎

蓝色之所以容易成为四种人当中最值得信任的人，从各个角度已经讲过很多原因，从另一个视角来看，也因为他们一贯脚踏实地的作风和可以预测到的天性，这种安全感是其他三种性格很难在天性中营造的。在安全感得到保障的前提下，蓝色只要得到适当的支持，就可以完全发挥出内心深处的才智。问题是"可以预测到的天性"如何定义？我将其定义为：规律。

> 蓝色性格可堪信任的重要原因是，他们一贯脚踏实地的作风和可以预测到的天性，也就是做事情的规律性。

前面提到的那对踩甘蔗皮的双胞胎给我的印象太深，所以我一直期待能对他们多做一些观察。在我的恳请下，我跟踪了一天那对双胞胎的生活。

兄弟中的黄色哥哥汤小宝，蓝色弟弟汤小贝，两人共同酷爱奥特曼。黄色小宝拥有不下十五个式样的玩具版本，并且仍旧不停地疯狂增加，见人便绞尽脑汁说服你直到给他购买为止；蓝色小贝只有一个模型"宇宙英雄"，其他一概不喜欢，最重要的是每天同一时间跳到同一场地当中怀抱模型对自己低语："我是宇宙英雄奥特曼！"据说一百八十天如一日，未曾改变，而黄色小宝从来不屑于此。

常见小贝一人于空旷处原地跳高，并口中富有韵律地反复轻呼："多做运动，多大便；多做运动，多大便；多做运动，多大便……"原来小贝谨记母亲的教诲，每日必定按时通便，不通顺时必原地弹跳，加速体内肠道蠕动以达效果，至此，口中真言方知奥妙。

通过对汤小贝小朋友行为的观察，我对蓝色的童年有了进一步的了解。有人质疑，难道绿色没有规律吗？须知绿色"规律"的关键在于不变化，而蓝色"规律"的关键是坚持，似原地起跳促进肠道蠕动这种事，绿色才懒得做呢。

我有时在想，我们是不是可以大胆推断：在所有便秘和痔疮患者中，蓝色的比例相对较少。如果这个推断是成立的，那性格色彩对于人类医学和身体健康的贡献岂不巨大？后面，我还将向各位证明心脏病、高血压、抑郁症、过劳死等生理和心理疾病与人类性格色彩的关系。这里我们可以尝试联想，比如暴饮暴食者，相对容易出现在自控力比较弱的红色而鲜少蓝色。遗憾的是，关于便秘的性格定律还没有小心求证过，只能在此聊做笑谈，仅供参考罢了。

假如勃朗特和曾国藩相识

屎壳郎先生推着一个小小的泥团上山坡，先用前腿来推，然后用后腿，接着改用边腿。泥团一点点向上滚，快到上面时，忽然滚回原地，屎壳郎则紧攀在泥团上翻滚下坡。它又从头做起，重新推着泥团上坡，结果仍是失败。它一次次的尝试，但是一次次的失败。这种恒心和毅力，让我再次想到蓝色的执着和坚持。

蓝色对于自己内心有兴趣的事物所表现出来的巨大狂热，通常不像红色那样，以张牙舞爪的姿态显示给世人，但势必会化狂热为专注。这种专注，不仅是那种一根筋坚持到底的精神，更有那种一旦投入，身上就散发出与生俱来的痴迷、脸上弥漫着如愚公移山般的坚持不懈和执着。《简·爱》的作者，蓝色的夏洛蒂·勃朗特很好地体现了这种精神。

勃朗特姐妹才华卓越，妹妹艾米莉一生中唯一的一部小说是《呼啸山庄》（她也是个蓝色），姐姐夏洛蒂是《简·爱》的作者，她写的《简·爱》中，蓝色的女主人公简·爱，从小孤苦伶仃，在磨难中坚持自我，永不放弃追寻尊严和真爱，被认为是夏洛蒂自己的生平写照。

在《简·爱》之前，夏洛蒂一直默默无名，她经受过数次打击：将诗作寄给大诗人却遭受训斥；她和妹妹们一起出诗集，只卖出去两本；她和两位妹妹一道，每人寄了一本书给出版商，却只有她的书被退回。在这些打击下，夏洛蒂没有放弃，依然保持着强烈的写作激情，终于完成《简·爱》这部不朽之作。

夏洛蒂和妹妹艾米莉一样，都很内向，并喜欢用假名投稿，《简·爱》引起轰动时，人们到处打听作者的身份却找不到。夏洛蒂一生追求真爱，曾拒绝过两次求婚，理由是不认为对方真的爱她，只是在履行娶妻生子的责任而已。她曾被一位法语老师吸引，但一直没有表露心迹，将情感掩埋心底。在妹妹和弟弟相继去世后，夏洛蒂将悲痛完全转化为写作的激情，埋头撰写长篇小说。在她38岁的时候，终于说服固执的父亲，嫁给一个牧师，享受短暂的婚姻幸福后离世。

与那些激情恣意爆发、灵感到处流窜，有则闭门谢客发奋猛攻、无则卧床休息痛苦不堪的红色作家相比，蓝色严格给自己规定每日的写作时间，并且认定了方向就永不回头，一走到底。不像一些红色，被退稿几次后，就开始打退堂鼓，寻思换个路子走，你真的不能不佩服这些在写作道路上勇往直前、坚持不懈的作家。

> 红色性格作家的写作习惯，
> 更像一只从非洲奔来的随时准备发情的雄狮；
> 蓝色性格作家的写作习惯，
> 更像一匹来自西伯利亚的孤独静守着的野狼。

曾国藩（蓝+黄），堪称中国近代史上"立德、立功、立言"集大成的典范。以个人性格来看，曾氏对朝廷肝脑涂地、忠昭日月，对朋友诚实守信、义薄云天，对家人老老幼幼、孝感阴阳，做人力奉圣贤，做事克勤克俭，将蓝色的优势发挥得淋漓尽致。令人敬佩的是，他为后世留下无数精美散文，其中包括一千四百多封家书和二百多万字的日记，直到临终前一天才搁笔。是什么原因能让他在夜深人静、灯火阑珊的军营中、车轿里、城墙边、战船上完成这一千五百万文字？翻开《曾国藩日记》和《曾国藩家书》，在不同的年代至少有十篇文章从不同角度特别提到关于"有恒"的问题，这足以解释"西伯利亚野狼式"写作习惯的真正意义。

《曾国藩日记》（摘选）

查数，久不写账，遂茫不清晰，每查一次，劳神旷功。凡事之须逐日检点者，一日姑待，后来补救则难矣！况进德修业之事乎？

《易》六十四卦，三百八十四爻，一言以蔽之，曰不恒其德，或承之羞。读之不觉愧汗。

余病根在无恒，故家内琐事，今日立条例，明日仍散漫，下人无常规可循，将来茌众，必不能信，做事必不能成。

《曾国藩家书》（摘选）

近年在军中阅书，稍觉有恒，然已晚矣。故望尔等于少壮时，即从"有恒"二字痛下功夫。——谕纪泽

余生平坐无恒之弊，万事无成，德无成，业无成，已可深耻矣……尔欲稍有至就，须从有恒二字下手。——谕纪泽

人生唯有常是第一美德。——谕纪泽

凡事皆贵专。求师不专，则受益也不入；求友不专，则博爱而不亲。——致澄弟沅弟季弟

行百里者半九十里，誉望一损，远近滋疑。弟目下名望正隆，务

宜力持不懈，有始有卒。——致沅弟

凡人为一事，以专而精，以纷而散。荀子称耳不两听而聪，目不两视而明。——致沅弟

凡人做一事……不可见异思迁，做这样想那样，坐这山望那山。人而无恒，终身一无所成。——致沅弟

假若勃朗特和曾国藩相识，从这一角度，或许两人可以神交。为何蓝色可以做到一直坚持，少见放弃？

首先，蓝色不像红色是乐观的自恋主义者，因为红色天性不愿意回顾过去的失败，而把眼光放在未来的快乐上。红色很难正视自己的负面，从过去和现在吸取人生的教训，所以，要求红色先苦后乐，是非常困难的；对于蓝色而言，先苦后甜，是天经地义的事情。

> 红色性格要大快乐，但是小快乐一个也不能少；
> 蓝色性格如果有大快乐，小快乐宁可一个都不要。

另外，红色的人生是"快乐"的生活哲学，害怕苦累，为了确保有足够的快乐体验，会制订很多计划，却很难坚持做下去；而蓝色的人生是"严肃"的生活哲学，人生来就应该体验苦难和坎坷，必须"以专而精"，完成一事才可另起一事。

居里夫人在《我的信念》一文中对此做了最好的注解："生活对于任何一个男女都非易事，我们必须有坚韧不拔的精神，最要紧的，无论付出任何代价，都要把这件事情完成，当事情结束的时候，你要能够问心无愧地说：'我已经尽我所能了。'有一年的春天，我因病被迫在家里休息数周。我注视着女儿们所养的蚕结着茧子，这是我感兴趣的。望着这些蚕固执地工作着，我感到我和它们非常相似，像它们一样，我总是耐心地集中于一个目标。我之所以如此，或许是因为有某种力量在鞭策着我——正如蚕被鞭策着去结它的茧子一般。"

蓝色性格优势总结

○ 作为个体

- 严肃的生活哲学。
- 沉默寡言,老成持重。
- 注重承诺,可靠安全。
- 谨慎而深藏不露。
- 坚守原则,责任心强。
- 遵守规则,井井有条。
- 深沉有目标的理想主义。
- 敏感细腻。
- 高标准,追求完美。
- 善于分析,富有条理。
- 待人忠诚,富有自我牺牲精神。
- 深思熟虑,三思而后行。
- 坚忍执着。

○ 沟通特点

- 享受敏感而有深度的交流。
- 设身处地地体会他人。
- 能记住谈话时共鸣的感情和思想。
- 喜欢小群体的碰撞和互动。
- 关注谈话的细节。

蓝色性格优势总结

○ 作为朋友

- 默默地为他人付出以表示关切和爱。
- 谨守分寸。
- 对友谊忠诚不渝。
- 真诚关怀朋友的境遇,善于体贴他人。
- 能够记得特殊的日子。
- 遇到难关时,极力给予鼓舞安慰。
- 很少向他人表达内心的看法。
- 经常扮演分析问题的角色。

○ 对待工作和事业

- 强调制度、程序、规范、细节和流程。
- 做事之前首先计划,且严格按照计划去执行。
- 喜欢探究及根据事实行事。
- 先评估风险、障碍及状况,尽量排除不可预测的状态。
- 喜欢一切事情都按照预期发展。
- 尽忠职守,追求卓越。
- 高度自律。
- 根据事实执行所有工作上应有的流程。
- 喜欢用表格、数字的管理来验证效果。
- 一丝不苟地执行工作。

| 蓝 | 色 | 性 | 格 | 的 | 动 | 机 |

| 蓝 | 色 | 性 | 格 | 的 | 动 | 机 |

第五章

黄色性格优势

Chapter 5

1. 目标导向　永无止境

一个 MDRT 会员的演讲

若上天有命，让你摊上一个黄色的娃，恐怕你的荷包从此得大大出血。黄色的孩子在童年时代就懂得，如何在大庭广众之下，运用各种手段以达到购买玩具的目的，他们不像红色那样容易放弃。就算你狠下心来，没让他此刻得逞，可回到家里他们懂得曲线救国，最终将家里的阿爷阿娘搞定，还没等你反应过来，他们的玩具已经到手了。

> 以目标和结果为导向，不达目标，誓不罢休，
> 是黄色性格一直就知道的。

黄色朝自己目标前进的过程中，若有谁敢表示丝毫怀疑或不信任，对黄色的能力不啻莫大的侮辱和挑战。由此引发的结果是，黄色在心中埋下一颗发狠的种子，这颗种子在黄色心中不断孕育，直到目标达成的那一天。

在保险行业的 MDRT（百万圆桌会议）顶尖会员演讲中，有人提到自己能做到今天的成就，得益于两件事情：首先是他的母亲和周围朋友的打击，当他决定加入保险行业时，他的母亲和周围的朋友都极力反对；其次，就是他曾经最爱的女友在两人苦恋数年后，投入了一个阔少的怀抱。他之所以咬牙做到现在，唯一的动力就是，有一天他要向母亲证明"我是对的，你们是错的"；让女友知道"你离开我是你一生最错误的选择"。他毫不掩饰地表示，他最大的梦想，就是让那些认为他不能成功的人对他的预言永远都实现不了。

黄色一旦长大成人，他们与生俱来的动物凶猛和那种执着的原始野性，自然而然地就转化为对目标近乎疯狂的坚定，所谓的"不成功，便成仁"，并不是健康的黄色会寻求的人生轨迹。的确，他们会为了实现目标想尽办法并不遗余力，不停地唱诵着英特尔总裁格鲁夫"只有偏执狂才能生存"的口号前进。一旦目标不能实现，他们就会立即调整方向，从另外的角度对目标发起进攻，而非愚蠢得如堂吉诃德般冲向大风车，也不会像茨威格或屈原那样以死明志。塞林格在《麦田里的守望者》里说："一个不成熟的男子的标志是他愿意为某种事业英勇地死去，一个成熟的男子的标志是他愿意为某种事业卑贱地活着。"这正是他们内心最真实的写照。

> 信念的坚持，至少也是生命延续的理由。虽然黄色性格和蓝色性格都是坚持的，但在坚持信念的同时不受外界的干扰上，黄色性格把蓝色性格甩到南天门。

黄色的思维模式非常简单，简单到只有一句话："如果我没达成我的目标和我要的结果，努力再多也是白搭。"正因为如此，他们的眼睛里永远不会计较自己的付出有多少，因为付出的不管是1还是100，意义是一样的。如果没有达到目标，都等于零。

这与蓝色略有不同。在付出的过程中，假设蓝色最终没有达到自己的目标，他的心态会很复杂。一方面，他会反思为什么没有达到；另一方面，他也会因为自己在过程中所付出的艰辛和坚持而觉得，自己已经尽力做到完美了，无论结果如何，还是要尽百分百的努力，这是正确的。而对黄色来说，这只不过是有情调的小资在那里调侃情操而已，黄色会认为"做到了是龙，做不到是虫"。

吾生有涯而目标无涯

全球收视率顶尖的电视系列片《幸存者》的传奇制作人马克·伯耐特,在他的自传体小说《挑战成功——如何在生命游戏中生存和发展》的封面上,写了迈向成功的七个要素:只重结果;勇于面对失败;明智选择合作伙伴;毅力中见品格;无论对错,速做决定;设置可达到的目标;努力向上,超越,再继续向前。七个要点剑锋全部直指黄色。按照法国总统戴高乐的说法是:"唯有伟大的人才能成就伟大的事,他们之所以伟大,是因为决心要做出伟大的事。"

> 黄色性格少有知足,总是给自己定目标。成大事的黄色性格,不能容忍平淡无奇的生活状态,渴望体验斗争的乐趣。

这种"置之死地而后生"和"知其不可而为之"的意志与气概,是很多黄色大成就者的共同点。他们能够知难而上,以弱抗强,由弱转强,扶弱制强,创造奇迹,赢得永久的辉煌。

从事销售的朋友,每月都有指标等待完成。假设红色和黄色两种性格的销售员都提前五天完成了当月的销售目标,他们分别会有什么样的反应?

大体上,红色那位兴高采烈,邀上一群狐朋狗友大开庆功宴,下月到了再来过;而黄色虽已完成目标,依旧埋首苦干,如果发现同僚中有人超过他的业绩,不会善罢甘休,定要弄个冠军。

进攻就是最好的防守

任正非:"做企业要时刻保持危机感,十年来我天天思考的都是失败。"

马化腾认为:"没有竞争对手出现时,没人会认为他是失败的。

中国的互联网变化非常快，不管企业做到什么样，都要保持一种诚惶诚恐、非常担心的心态才行。"

以安全感而言，红色每日沉浸在"今朝有酒今朝醉，明日再担明日忧"的快乐和幸福中，就算有时会忐忑不安，也很快就会被生命中的嬉戏和突如其来的喜悦冲淡；而绿色守着自己的一亩三分地，以老婆孩子热炕头的心态享受着恬适的生命，因为本身需求无多，对于环境自然容易随遇而安；从理论上讲，蓝色才是四种性格色彩中最缺少安全感的人群，那是来自他们的过度敏感和杞人忧天的倾向，他们总是担心会有未曾预测到的意外发生，即便做好了所有的防范工作和战前准备，也难以掩饰心中莫名的担忧，因而推动自己不停地进步。

来看看黄色吧，为了强化自己的竞争力，保证自己永远独占鳌头并傲视群雄，他们会付诸行动来继续巩固和加强。黄色认为，安全就是不断地占领和蚕食敌人的地盘，这正好验证了现代足球理论中一个精髓的方针："进攻就是最好的防守。"对于蓝色来讲，最好的安全就是不断地修筑防御工事。鉴于此，当蓝色停留于思想的恐惧或未雨绸缪时，黄色已经拔脚冲了出去。黄色为了得到安全保证，有时会自己制造出一些假想敌。正是在这样一种"居安思危""不进则退"的推动中，黄色取得的成就越来越大。

> 红色性格：今朝有酒今朝醉，明日再担明日忧；
> 蓝色性格：天下本无事，庸人自扰之；
> 黄色性格：居安思危，不进则退；
> 绿色性格：无论风吹雨打，我自岿然不动。

2. 求胜欲望　战胜对方

不能甘居第二

"以和为贵"和"和气生财",对所有性格来讲,只有绿色是无须学习就可明白其三昧真义;而"胜者为王败者为寇"则是专为黄色量身定制的。黄色似乎无须任何指点,天性中就具备识别强弱的能力,与此同时,他们以此为自己人生的座右铭,并乐此不疲地每日教诲自己"强者生存,弱者淘汰"。

作为一名战士,在战场上所能做的只有两种选择:胜利或者死亡。他们每天睁开眼的时候,无时无刻不将自己置身于这样一种心态中,凡事一定要选择胜利,否则就是死亡。他们做事不死守固有的游戏规则,而是常常创造游戏规则,心态是"我命由我不由天"。

作为一名运动员,以竞争精神立身职场。他们重视"排名"和在同等职位群体中的位置。最优秀的运动员,追求一种"只有第一,没有第二"的冠军境界,得不到冠军就是失败,他们早就已经过渡到"将军"的心态:要么胜利,要么死亡。

由此可知,"宁做鸡头,不做凤尾"的说法绝非空穴来风。总而言之,言而总之,对于黄色来讲,若能成为第一和领头者,的确是人生的一件快事。这可不像红色,领不领头不重要,有没有快乐最重要。

我观察过许多黄色孩童,发现他们更乐意和比他们年长的大小孩一起玩耍,而胜过与同龄小孩玩;假设与同龄人在一起,势必要成为"孩子王",率领这支队伍与另一支队伍开始激烈的"厮杀"。

当发现领导同龄的一群小小孩没有太大的成就感时,黄色小孩便趋向于寻找大小孩,这样做可以使他们学到更多的东西,或者进一步期待在大小孩中寻求自己的霸主地位并验证价值,而他们自己并没有注意到潜意识里这样的感觉。

这就像黄色女生逛街不喜欢和女生而宁可和男生一起。黄色女性天生的强势与果断，让她们更倾向于与男性接触，这就导致黄色女性的闺中密友并不多。

在非洲草原上，常年生活着一到两头流浪的雄狮子，漫无目的地游走在别人领地的周围。它们不属于任何狮群，随时寻找偷袭的机会。它们一旦察觉狮王年老体衰，便会发动出其不意的进攻。胜利后，会毫不犹豫地杀死狮群所有的幼崽，并占有老狮王留下的"妻妾"；一旦战斗失利，它们就会被咬死或者离开。在丛林法则中，它们不相信道德和眼泪，只相信实力。但丛林法则也是法则，所谓"盗亦有道"，它的核心原理就是"弱肉强食"，说好听点就是"优胜劣汰"。它的残酷性在于，抢不到手固然性命难保，抢到手如不枕戈待旦、奋发图强，迟早会身死国灭、祸及子孙的。"落后就要挨打"这个粗浅的常识，看来黄色早就知道了。

> 黄色性格要求自己成为生活的强者，与此同时，他们也尊重强者，他们认为与强者相处可以使自己变得更强！通过与成功者相处，自己可以更快地找到成功的捷径。

嗅取帝王和领袖诗句中的黄色性格味道

在人类的文明进程中，抛弃以笔诛伐的篇章，若论对于历史推进的作用，非黄色莫属。在大多数政治领袖身上，我们都可以嗅到黄色的味道。中国改朝换代的帝王和领袖中历来不乏文治武功之辈。我们尝试通过他们所作的诗词，窥一文而知全人，看看他们的共通性。

西楚霸王项羽《垓下歌》：力拔山兮气盖世，时不利兮骓不逝。骓不逝兮可奈何，虞兮虞兮奈若何！

汉高祖刘邦《大风歌》：大风起兮云飞扬，威加海内兮归故乡，安得猛士兮守四方!

魏武帝曹操《观沧海》:东临碣石,以观沧海。水何澹澹,山岛竦峙。树木丛生,百草丰茂。秋风萧瑟,洪波涌起。日月之行,若出其中。星汉灿烂,若出其里。幸甚至哉,歌以咏志。

隋炀帝杨广《饮马长城窟行》:借问长城侯,单于入朝谒。浊气静天山,晨光照高阙。释兵仍振旅,要荒事万举。饮至告言旋,功归清庙前。

唐太宗李世民《句》:雪耻酬百王,除凶报千古。昔乘匹马去,今驱万乘来。

大周女皇武则天《曳鼎歌》:天下光宅,海内雍熙。上玄降鉴,方建隆基。

宋太祖赵匡胤《初日诗》:欲出未出光邋遢,千山万山如火发。须臾走向天上来,赶却残星赶却月。

金海陵王完颜亮《题临安山水》:万里车书一混同,江南岂有别疆封?提兵百万西湖上,立马吴山第一峰!

明太祖朱元璋《咏日》:东头日出光始出,逐尽残星并残月。骞然一转飞中天,万国山河皆照着。

据《大明英烈传》记载,朱元璋做和尚时,一日,寺僧关了山门,朱元璋无法入内睡觉,露宿在外,当场口占一绝:"天为罗帐地为毡,日月星辰伴我眠。夜间不敢长伸足,恐怕踏破海底天。"似我等山野村民,若是如此,兴许只会在门口念叨着:"天灵灵,地灵灵,土地老爷快显灵。若有一床棉被盖,给你叩首到天明。"

在历代知名开国君王中,除了周文王姬昌、唐高祖李渊外,其余开国者几乎都是黄色。而这两位能够最终成事,也是靠着各自的儿子姬发、李世民在后面推动,而这两位儿子恰好都是黄色。

由此可见,市面上随处可见的"成功学"书籍中,总是诲人不倦地指示人们"要想成功首先要会做梦,做大梦,做千秋大梦",以

"梦想"激励人们。殊不知,自古英雄出少年,举凡成功人士,有多少是靠阅读"成功学"而一举成名的?至少打天下之王者风范,绝非后天锻造而成。

想起南唐后主李煜降宋以后,太祖赵匡胤赐宴群臣,席间问李煜,最得意的诗是哪首。红色的李煜想了想,傻乎乎地背诵了自己《咏扇》诗中的一联:"揖让月在手,动摇风满怀。"而怀抱超级美人李师师,也是红色的宋徽宗赵佶,翻来覆去的则是:"玉京曾忆昔繁华。万里帝王家。琼林玉殿,朝喧弦管,暮列笙琶。"这两位治国能耐不行,难怪会被人家欺负,最终国破家亡。但南唐后主以词作传世,宋徽宗以独创的"瘦金体"书法名闻江湖也是不争的事实。

> 从历代黄色的开国帝王和领袖中,我们可以发现,他们普遍最喜欢用"日月""天地""风云""山河湖海"等词;描述数量,动辄千、万,口气巨大,给人以气魄恢宏、主宰尘世之感。

3. 斗天斗地　敢说敢做

打架积极分子与领导力潜质

"色眼识人到高手，人间百态皆可明。"何出此言？盖因性格色彩不仅可解释工作中上下左右的关系，还包括结婚、离婚、恋爱、分手等每日发生的爱恨情仇，更可诠释子女教育中令家长苦恼的种种麻烦，诸如什么性格的孩子会离家出走，什么性格的学生会在学校打架，发生早恋的可能性最大的性格是什么。假若我们了解了他们的动机和行为表现，很多问题便可迎刃而解。

小学时，外班男生调戏本班女生。乐嘉同学奋勇向前，英雄救美，每逢此时，小胖总在身后"东风吹，战鼓擂"，并信誓旦旦，定将上阵亲兄弟，与我同抗外侮，然而每每动起真刀真枪来，小胖早已逃之夭夭。不像大胖，正式开打前话语不多，真正好戏上演时，袖子一挽，立马就上。盖因小胖是红色，大胖是黄色。

> 人生打架重要定律：啦啦队员要抓红色性格助阵，打架的同伴还是黄色性格妥当。

黄色的胆识，后面将详细论述。在打架的勇猛上，我算是彻底领教了黄色的无畏。要知道，那次是在对方与我们整体战斗力呈现2∶1的状态下发生的。少时，我在北方长大，流传着"狠的怕愣的，愣的怕不要命的"的说法，恐怕这不要命的就是指黄色。黄色胆大，敢说敢做，舍得一切，甚至玩命。无知者无畏。初生牛犊不怕虎，不是因为虎不食牛犊，而是因为牛犊未见过虎，所以不知厉害。蓝色的有知者，因为对权威的敬畏，被经验束缚，胆子越来越小，做事情越来越谨慎，失败的概率小了,成功的机遇也少了。

来看黑道电影中的巅峰之作《教父》:马龙·白兰度扮演的教父维托·科里昂(黄+蓝),和艾尔·帕西诺扮演的儿子迈克尔(黄+蓝),一度成为黑道大佬们学习的楷模。从性格角度分析,即使冲动的大哥桑尼(红+黄)不被枪杀,毫无疑问,最终教父让迈克尔接班也是明智的选择。两者相比,迈克尔的黄色比大哥的红色更适合领导这个庞大的家族。

由小时的打架,我们可以进一步地窥探子女教育的入门之术,比如,所谓的叛逆和离家出走。常被问到,什么样的小孩容易离家出走?其实如果你洞察了所有性格色彩内在的核心动机,答案就不言自明(详见《性格色彩识人》)。

绿色因为追求稳定的天性和动机,在所有人中最具乖乖相,与你行走在外,始终抓住你的衣角不离半步。即使一人在家独自玩耍,也可自娱自乐,赶他出去也不出去。

蓝色轻易不离家出走。蓝色太看重责任感,故总是迟疑犹豫,在离家出走的问题上会很谨慎。

红色受不得委屈和压抑,稍有如此,便使性子。红色内心期待周围众人能哄几下,便可好转,若没人理他,便号啕大哭,惊天动地,并信誓旦旦要离家出走,此等做法与跳楼有些相似。蓝色跳楼前从不说自己要做甚,总是待死后,你才发现遗书一封。而有些红色却巴不得路人皆知他将以死明志,结果狂呼数次,却始终只是抓住窗帘。若果真离家出走,放心,不出三天,红色自行归来,原来,吓吓长辈便是他的目的。若是红+黄的孩子,或者在外面受到什么诱惑,就保不准会有什么事发生了。

反叛与勇气

黄色没有上面三个好弄,以黄色的叛逆,一旦出走,绝不回头。

如果你不能理解黄色在天性中的这种反叛意识，也许身为父母的你，将会付出代价。

一位黄色的母亲对她黄色女儿谈的对象极为不满，定要拆散，列举了诸般不适合之处。黄色女儿誓死不从，继续我行我素，相处一个月后，果真发现并不合适，然而在黄色母亲的巨大压力下，不退反进，稍后成婚。原来黄色是通过成婚的方式来表达内心深处对于自己掌握命运的强烈欲望。对于他人对自己的指手画脚，黄色异常愤怒。她半年后离婚，这下黄色母亲开始重提"不听老人言，吃亏在眼前"的古训。黄色女儿只有一句回应："离婚没什么不好，只不过是人生的经历而已。"

黄色的刚烈由此可见，又想起王宝钏小姐的事迹。

王宝钏为相府千金，抛绣球选婿，砸中了家徒四壁的薛平贵。父亲不允，意图悔婚。而王宝钏认定为天意，与父亲三击掌，断了所有情分。王小姐以相府宦门之女，跟薛平贵搬入寒窑冷洞之中，直到薛氏"投军别窑"，仍旧至死不变。在老娘来看她的《母女会》片段中，她恩怨分明地唱道："倘若老娘百年后，儿就是披麻戴孝的人。倘若是爹爹身亡故，女儿不去哭半声。非是女儿不孝顺，他把儿夫不当人，宝钏心志早已定，贫困至死也不回相府的门！"

净身出户，这需要什么样的勇气呢？只有王宝钏这种执着坚定的个性，才有毅力死守十八年。这种为了恋爱和婚姻自由而历尽千辛万苦，不惜与父亲决裂的勇气，实在是很多红色的人需要羞愧的。

女子篮球史上最能赢的教练，同时四次荣获全美最佳教练的萨米特（黄色），一直以来秉持着这样的信条——"你既然坐在了那张最大的椅子上,你就必须做出坚决的、不受人欢迎的决定……你既然是领导者,就必须负责任"。萨米特怀孕时有一次开车回家,路上堵车很严重。这时,一个文身胖男人试图利用空隙超她的车。她一下子把车别到男人的汽车前面,迫使他倒回后面去。男子大怒,朝她做了一个下流手势并骂了句脏话。她立即拉门下车,挺着肚子径直走到他的车前,伸手戳着他的胸膛,严厉地告诉他:"如果你再做刚才那个姿势,我就把你的车废了。"

以上尚不能完全称为勇敢,但勇气实在令人钦佩。勇气里最崇高的,并不是由"发达的肌肉"散发出的,匹夫之勇的"勇"充其量只能算是黄色过当的莽撞。希伯来英雄参孙赤手空拳杀死一头狮子,固然比多带着一根哨棒的武松出色。不过,这种事情对他那巨人一样的躯体来讲,实在算不了什么。如果壮汉打老虎是值得歌颂的,那么侏儒打老鼠也一样值得歌颂。真正的勇敢到底是什么?

在男人应该看的十部电影中,《勇敢的心》名列前茅。"战斗,你可能会死;逃跑,却是苟且偷生,年复一年,直到寿终正寝。你们!愿不愿意用这么多苟活的日子去换一个机会,仅有的一个机会!那就是回到战场,告诉敌人,他们也许能夺走我们的生命,但是,他们永远夺不走我们的自由!"也许英雄并不是无所不能的神明,但英雄一定是无所畏惧的勇士。从下面巴顿将军战前动员令的演讲词摘要中,你能感觉到"勇敢"的意义。

弟兄们:

……当今天在座的各位都还是孩子的时候,大家就崇拜弹球冠军、短跑健将、拳击好手和职业球员。美国人热爱胜利者。美国人对失败者从不宽恕。美国人蔑视懦夫。美国人既然参赛,就要赢。我对那种输了还笑的人嗤之以鼻。正因如此,美国人迄今尚未打输过一场战争,将来也不会输。一个真正的美国人,连对失败的念头都会恨之入骨。

你们不会全部牺牲。每次主要战斗下来，你们当中只可能牺牲百分之二。不要怕死。每个人终究都会死。没错，第一次上战场，每个人都会胆怯。如果有人说他不害怕，那是撒谎。有的人胆小，但这并不妨碍他们像勇士一样战斗，因为，如果其他同样胆怯的战友在那儿奋勇作战，而他们袖手旁观的话，他们将无地自容。真正的英雄，是即使胆怯也照样勇敢作战的男子汉。有的战士在火线上不到一分钟，便会克服恐惧。有的要一小时。还有的，要几天工夫。但是，真正的男子汉，不会让对死亡的恐惧战胜荣誉感、责任感和雄风。战斗是不甘居人下的男子汉最能表现自己胆量的竞争。战斗会逼出伟大，剔除渺小。

在我的学员中，有一位曾经指挥过无数战役的74岁的老将军，在演讲时提到，"英雄主义""军令如山""绝对服从"这所有的教导，都在不停地强化军人们的黄色特质。即便不是黄色，从军几年训练下来，也都必须被训练出黄色的行为。日久天长，女兵个个出落得像花木兰，男兵则有《亮剑》里的味道了。

勇气在上面所彰显的，更多的是对抗外侮强敌和压力恐惧下的反应。在后面关于蓝色的章节中，你会发现在生活的重压下，很多蓝色会极端选择以死亡代替活着。但有时，比起死，活下去需要更多的勇气，在这点上，黄色表现出了前所未有的坚强和勇敢。

尼采在《查拉图斯特拉如是说》里这样解释："我告诉你们什么是超人。人是要超越自身的某种东西。……我的兄弟们！别信那些传说来世希望的人！"这个自懂事起就被病魔蹂躏的伟大天才，这个孤独一生的伟大灵魂，假如他不能赋予生存以意义，那他实在没有理由在这个世界存活下去。想想看吧，一个人5岁起就患上眼疾，一度看不到三步以外的东西；一个人5岁起就头痛，以致整夜无法入睡，这样的人生究竟还有什么值得留恋的？这个最后终于疯狂的超人曾这样说:"昨天,新年里的头一天,我展望未来不寒而栗。生活是可怕而有风险的——我羡慕所有那些可以平静安详死去的人。可是我依然决定活下去,否则我这一生将碌碌无为。"

在欧美影视作品中,常看到有美女对男主说"you are my hero"(你是我的英雄),男主受此鼓励,激素分泌立即加快,豪气陡生;而在中国的文人士子中,则有"芳草烟中寻粉黛,斜阳影里说英雄"的说法。人类社会或许可以没有国王,但不能没有英雄。

4. 坚定自信　毫不动摇

几近狂妄的自信

黄色内心深处的相信，不仅是对信念的坚定，更多的是对自己的信心。

按照软银国际总裁孙正义的说法："最初所拥有的只是梦想和毫无根据的自信而已，但是所有的一切都从这里开始。"而自信的要义是，当你什么都没有，也没有任何征兆显示你将成功的时候，你就能够坚信一切即将到来。

古往今来成大事者，莫不需要此种特质。市面上关于成功者和企业家的书籍已经太多，几乎所有企管人物或者成功人物的传记中，随处可见他们坚持那些他人认为不可能的目标，直至成功的案例。红色的梦想再多，如果没有这种信念，也只是漫天飘逸的肥皂泡而已。蓝色的蓝图再详尽和完整，如果没有这种信念，也只是海市蜃楼的美丽幻影罢了。

哲学家叔本华一向以"狂"著称，但最不买账的就是他的母亲。其母倒也不是平凡角色，而是19世纪末期德国文坛十分有名的女作家。她从来不相信儿子会成为名人，主要是因为她不相信一家会出两个天才。两个人最终彻底决裂，叔本华愤而搬出了母亲的家。临走前，他对母亲说道："你在历史上将因我而被人记住。"狂言后来果真变成现实。叔本华的私家弟子尼采继承了其师的这种狂劲。在论证"上帝死了"时，尼采说："世界上没有上帝——如果有，我无法忍受我不是上帝。"狂中带有几分周星驰式的无厘头味道。

国学大师章太炎一生孤梗，半世伴狂，持论偏激，行为怪诞，不愧为"民国之祢衡"。他自称"章神经"，颇有自知之明。早年在日本，东京警视厅让他填写一份户口调查表,本是例行公事。章太炎十分不满,所填各项为:"职业——圣人,出身——私生子,年龄——万寿无疆。"这与另一位"洋傲哥"的表现有异曲同工之妙。那人是谁?是英国文学家王尔德。此公赴美演讲时,海关检查员问他有什么东西需要报关,他说:"除了天才,别无他物!"真是神气非凡(说明:章太炎和王尔德,都是典型的红+黄,并非黄色)。

在追逐爱情的过程中,黄色虽不浪漫也没什么情调,但是骨子里因狂妄而散发的那种自信足以征服他的对象。

1927年的一天,毕加索在巴黎地铁站的人群中,发现了一个天蓝色眼睛、浅黄色头发的女学生。他上前一把抓住她的胳膊,肆无忌惮地说:"我是毕加索,我和你将在一起做一番伟大的事业。"经过六个月的交往,少女终于向毕加索"投降"了。或许口气越大,就越能征服女性。英国作家劳伦斯曾这样对有夫之妇弗丽达说:"我将会改变这个世界未来一千年的历史进程。"而他的"勾引"计划同样得逞了。

你称之为狂妄也好、狂傲也罢,不得不承认,在黄色这里"信念无敌,狂傲有理"。

> 黄色性格对于目标的执着,让他们认定逆境是一个伟大的教师。他们笃信那些一生都走平坦大道的人是培养不出力量的。黄色性格通过逆着潮流而不是顺着潮流游泳,来培养自己的力量,也许这就是所谓的"越挫越勇"。

5. 控制情绪　抗压力强

黄色性格，不相信眼泪

西方有句名谚："藏起受伤的手指。"指在遭遇挫折时，要暗吞苦水，尽量不要显示于人前。这正是黄色的一种处世态度和做人谋略。

控制情绪外露，到底能有什么好处呢？它的好处很多，比如，可以掩盖自己的软弱，以免自身形象受损；可以隐藏自己的实力，以免对自己寄予厚望的人失望而去；可以显示自己的强大，以免引来落井下石者。我观察了很多黄色的孩子，小时候即使被父母打了或者在外面受了什么委屈，也很少哭，你认为是被父母教导的吗？也许其他性格的少儿需要知道"莫斯科不相信眼泪"，但黄色从小就认为眼泪只代表软弱，生活只相信实力。黄色深明此理，不论遭遇任何挫折，宁可暗咽苦水，也绝不向人痛哭流泪。

以销售人员的心理素质为例，黄色虽然不具备红色与生俱来的那种揽得众客归的热情，也不如蓝色坚忍持久，但黄色具备的"大雪压青松，青松挺且直"的强大心理素质，让人好生羡慕。

当红色与蓝色面对客户的拒绝时，红色可能会情绪化而放弃；蓝色可能多看了几次脸色，就因过分自尊而导致愤世嫉俗而无法行动。当他们已经蔫了的时候，黄色完全没有痛苦的感受，即便碰了灰、撞了门、贴了冷屁股，也丝毫不会影响他们的工作情绪和目标，这是什么原因？王朔曾经在接受电视采访时表示，对于内心痛苦，他有自己消化的方法，而不会任由情绪发泄影响自己和他人。

说黄色没有"痛苦"是不公平的，"自我消化"就是黄色可以采取的招数之一。黄色咀嚼和反刍痛苦的能力强，是因为在你看来痛苦的事情，他们不觉得痛。显然上天赋予黄色的敏感少得可怜，这种特性的缺失，造就了黄色的坚定。他们对于痛苦的不在乎，或者能够迅速从痛苦中恢复的能力,能够更多地集中精力于如何做成下一步,而非总在过去的阴影和失败中沉迷堕落。

《南方人物周刊》有一次对李敖的采访中,李敖就谈到他面对痛苦时,能够把自己控制得很好,不会像林黛玉那样,发现花落了就一边葬花一边哭。显然,李敖先生并不了解性格色彩的基本法则:蓝色的林妹妹边葬花边流泪,只是因为触景生情,这只是蓝色表达情绪的一种方式,未见得就是错误的情绪,对性格不同的李敖(红+黄)而言,自然很难理解和认同。你可以说,遇见困难要有积极思维,但人家流泪,未必一定是有问题的。在李敖身上,我们能清楚地看到黄色的"有为主义",显然,黄色坚信行动可以改变一切。《和平年代》里说:"当幻想和现实面对时,总是很痛苦的。要么你被痛苦击倒,要么你把痛苦踩在脚下。"

> 黄色性格告诉我们:"受苦的人没有悲观的权利,远征的人没有流泪的资格。"

"皮厚"——人言可畏的免疫宝

来看看王小波对自己的评价:"我自己像20世纪初的爪哇土著人,此种人生来勇敢,不畏惧战争;但是更重视清洁。换言之,生死和清洁两个领域里,他们更看重后者;因为这个缘故,他们敢于面对枪林弹雨猛冲,却不敢朝着秽物冲杀。荷兰殖民军和他们作战时,就把屎橛子劈面掷去,使他们望风而逃。当我和别人讨论文化问题时,我以为自己的审美情趣、文化修养在经受挑战,这方面的反对意见就如飞来的子弹,不能使我惧怕;而道德方面的非难就如飞来的粪便那样使我胆寒。"

如果说蓝色是四种性格里脸皮最薄的人,那黄色就是脸皮最厚的人。蓝色在外人的评述中，很容易有精神上的问题，蓝色常用"士可杀，不可辱"作为自己忍受不了道德非难的退路。他们对于韩信能忍胯下之辱的做法，打心眼里钦佩，然而轮到自己，是做不出来的。

而黄色"皮厚"的好处是——感受疼痛的阈限值极高。当感受到五分疼痛，蓝色已经无力承受的时候，黄色只是觉得隔靴搔痒。所以，黄色可以轻易抛弃王小波遭遇的苦恼，做到"走自己的路，让别人去说吧"，而蓝色很在乎别人的评价，任何一点风吹雨打，都会使蓝色冥思苦想。而那时黄色在暗示自己："你们怎么评价我，对我来讲不算什么！我的成就与你们的评价毫不相干，重要的是，我做出一些什么来证明！"所以，恭喜黄色，"皮厚"是人言可畏的免疫宝啊！

从性格的角度来说，郭敬明可谓这方面的典型代表。对他来说，不管有多少争议和批评，只要是自己认定的事情，他就有自信做下去。你可以说他现实主义或者自我中心，也可以说他充满目标感。总之，无比现实和理性。

艾伦·纽哈斯，国际传媒巨鳄，《今日美国》的创始人，退休后写了一本自传。在书中，作者说自己当时为了竞选学生领袖，定下很多计谋干掉对手，并且他毫不在乎把这样的事拿出来炫耀。敢于说别人说不出口的实话，需要"不害臊"，这是成功者重要的心理素质。这里的"不害臊"正是我们这里强调的不在乎他人的评价。

在四种性格里，红色尤其在意别人的评价，很容易因为他人的负面评论而感到巨大的委屈和伤心，从而情绪低落，停滞不前。可对黄色来讲，他人的评价都不重要，没有必要因为毫不相干的人的评价而伤害自己。只要定下目标，一万个人反对，也是别人的事情，和自己毫无关系。如果因为不相干的人的污言秽语让自己受到伤害，那才是大大的亏本买卖。这也正是黄色内心强悍的地方。

相比之下，黄色的武则天做得更绝，她的陵前立的是一块"无字碑"，也许她有意在身后留下一片空白，任由褒贬，随人评说。事实上，在我看来，她根本不在乎你们这群俗人说些什么。

现在，你要怎么选择

学驾驶的时候，黄色教练曾严肃地对我说：如果有一只猫跑到你的车前，一定要狠下心来把它轧死。不可为了救一只动物而调整方向盘，以致危及自己或其他乘客的安全。对于悲天悯人和喜爱动物的人来讲，这实在是非常残忍的。你尝试过采纳这位教练的建议吗？但是你必须承认，黄色是在让我相信他恪守的一条准则——永远区分什么对你是最重要的。事实上，以结果而论，黄色提供的这条建议绝对是真知灼见。很多人在面临情感和理智挑战的关键时刻，经常会让情感战胜理智，从而产生不可挽回的后果。

现在，让我来问你一个问题。假如你是一个士兵，驾车在崎岖山路上去执行任务，左侧是峭壁，右侧是深渊，正要转弯时，一个美丽的小女孩突然跑到路中间。这时，你有三种选择：一，继续开车但是会撞死女孩；二，打方向盘但是你会掉下悬崖；三，急刹车但是车会打滑，结果两人一起死。问：如果你只能选一种，你如何选择？有很多人会选择二，即使错误是女孩造成的。

然而，在同样的情境下，假设你的车上还有十名其他战士，你会如何选择呢？再假设车上的确只有你一个人，可是你身上携带着决定着整个军队是否能取得战斗胜利的情报，这时你会如何选择？你越被问题的答案困扰和抉择的痛苦纠缠，你受到情感影响和道德影响的可能性就会越大。

战场上有种治疗类选法（根据紧迫和救活率来选择优先治疗对象）更能说明问题，战地医院的医生必须在伤员中进行挑选，哪些须立即手术以挽救生命，哪些稍后治疗可以康复，哪些无法挽救只能死亡。这些选择不能出错，如果他不愿意或者不能做出判断并承担责任，他就是在推卸责任。在选择医生的时候，我曾经提到，蓝色的医生是人们心中的偶像。但是，在战地这样的特殊环境下，黄色显得那么重要。

> 黄色性格具备克制情感的能力，能够头脑清晰、不失理智地判别和抓住重要的事物，这在成就大事的过程中尤其需要。

有太多的历史，证明了意气用事造成的千古恨。电影《教父》里，老爸有一句经典的台词"keep your friends close, keep your enemies closer"（"和你的朋友保持亲近，但要和你的敌人更亲密"）。黄色可以为了报仇卧薪尝胆，克制自己的痛苦情感，并通过这种做法使敌人放松警惕，伺机行动。

从前一直不能理解，勾践怎么会去服侍吴王。其实对于黄色来讲，舍不得孩子套不住狼，他们永远知道最重要的是什么，为了目标的达成可以忍受一切痛苦和折磨。中国历史上最大的商人当以吕不韦为冠，吕氏在公子异人流落时，投入重金，扶持其成为秦庄襄王，最终的回报是国相之位。经营整个国家的生意，吕丞相事先投入的当然也不小。

影片《英雄》里最后有一个镜头，荆轲在关键时刻放了秦王嬴政一条生路，最后，秦王在挣扎的痛苦中仍旧挥手下令射杀了荆轲。我们可以尝试进入秦王的思维，情感上他想放掉荆轲，然而从原则上和国家统一大业的角度来看，一旦放掉，军令皆无，威严何来？在事业和情感中，秦工即使背负天下痛骂的恶名，还是痛苦地选择了前者。他并非不知道当中的关系，只是黄色的他能够将事业与情感截然分开，情感归情感，事业归事业，两不影响。后人自当痛骂秦王冷血无情，好在黄色知道自己做的是什么，黄色这种不受情绪干扰的能力，在推进事业的过程中尤其重要。

19世纪伟大的战略家、统一德国的领袖人物俾斯麦首相有言，"切不可为了感情而结盟，因为我方所做的牺牲，将被对方视为一种完成高尚目标所应当付出的代价"。的确，建立在交易基础上的友谊，比建立在友谊基础上的交易更为可靠。这也正好从另一个侧面验证了，为什么出色的政坛人物和那些卓越的商业精英大多数都需要很多的黄色。

> **黄色性格不受情绪干扰的能力，在推进事业的过程中很重要。**

6. 坦率直接　实用主义

谁在微信中最不喜欢打文字

问：在微信中最不喜欢打文字的是什么性格？为什么？答：黄色。原因一，浪费时间；原因二，太麻烦。

黄色没什么情调和情趣，正所谓"不解风情"。自从有了微信，在工作上，同一屋檐下的同事相距五米之遥，明明两句话可以搞定的事情，很多人偏要你来我去，发个半天，效率低下。而黄色更喜欢用语音或电话交代事情，也许道理就在其中。对黄色来讲，用最快的方法把问题搞清楚并解决掉，才是最重要的。

蓝色一直一厢情愿地认为，自己的心思别人应该能了解，所谓的默契、所谓的心照不宣、所谓的一点就通、所谓的……后来头破血流，才发现周星驰的名言真是有理："你要，你就说；你不说，我怎么知道？"是啊，人和人的想法千差万别，更不要说那些微妙的感受了，怎么能要求别人与自己保持同步呢？当你与蓝色相处感到非常疲倦时，换个黄色试试，逐渐发现，黄色的坦率和直接会让人感觉非常轻松。从前觉得坦率至少不那么褒义，起码有三条"罪证"：不懂变通，不懂含蓄，不懂体谅别人的感受。现在突然发现，坦率可以让你不用费任何脑细胞地去了解对方的真实意图。

对绿色来讲，"言不由衷"这四个字经常在他们的行为中出现，甚至成了习惯。用不在乎掩饰在乎，用微笑掩饰失望，用平淡掩饰情绪。两个绿色一起相约逛街，都很在乎彼此的感受，都从自己以为的对方需求的角度出发，从而会提出一些建议。比如，一个绿色以为对方想坐下来吃点东西，即使并不饿，也会提出这样的提议。而另一个绿色事实上可能并不饿，但是以为提出建议的人想吃东西，因此欣然同意。

蓝色会掩饰自己的内心，不让人窥破。而绿色会违心地做一些事或说一些话，让场面上过得去，哪怕只是假象。红色因为希望别人喜欢自己，总会更趋利避害一些。如果说红色和黄色都属于说话直接的，两者相比，黄色也许更甚。

> 红色性格说话希望大家都开心，如果红色性格觉得说出来对方会不开心，就会缄默；
> 黄色性格说话是为了传达信息，黄色性格是最富有效率和最不拖泥带水的。

两点间直线最短

两点间直线的距离最短。理解黄色以后，才发现这个基本的几何原理无处不在。

一个丫头从未品尝过辣椒酱的滋味，故大声吵闹着要吃。家人百般劝阻，唯有黄色母亲拿起筷子蘸了辣椒酱后说："姑娘，来试试吧。"此后，女孩不敢再吃，见辣椒如见虎。

年少时看《洛克菲勒传》，有一个情节觉得实在匪夷所思。相传老洛先生启蒙他孙子的商业智慧时，这位石油大王让小孙子沿着扶梯爬上天花板，并声言有重奖。待到小朋友即将爬上去，他猛地抽掉梯子，让小儿从半空跌落。待小洛哭毕，老洛语重心长道："不要轻易相信任何人，包括你的爷爷。"那时，还以为有钱人是否钱多了所以心理变态，现在才发现是自己孤陋寡闻，原来那是人家黄色的独门教育方式，让小孩避免痛的最好方法就是——首先明白什么感觉是痛。

黄色小哥训练妹妹练习电脑打字的方法是，直接扔给妹妹一张报纸,命令她从头到尾打一遍,并告诉她:有问题不要问,自己解决,全部打完,问题就解决了。这样一可训练能力,二可避免小妹浪费时间去看动画片。就是这位小哥,当他离开湖南老家到深圳创业时,临行前家中泣声一片,唯超黄色父亲只扔下一句话:"没事不要总打电话回家,一定要学会独立,干一番事业!"而此位老爹当时为了教育兄妹二人,在经济尚可的情况下,直接请了五个私人家教。

黄色男士在与绿色女友谈了若干年恋爱后,准备结束这种没有婚姻的形式。你以为黄色会用多浪漫的方式来表示他们的海誓山盟吗?现在已经是他妻子的绿色告诉我说,当年他们所有求婚的对话只有两句。某个慵懒的早晨,黄色醒来以后说:"哎,我们什么时候去登记啊?"绿色更绝:"你定好了。"于是对话结束,酷!

对手是绿色,当然容易搞定,来看另一个黄色男士如何搞定一个蓝色女孩。黄色没有任何多余的浪漫动作,只是千方百计打探到女孩喜欢巧克力和百合花。于是从那天起,周一到周五,每天就巧克力和百合花交互式地用快递狂轰滥炸,直到女方的办公室在整整365天内,全部被这两样东西包围和充斥。

黄色粗犷而不解风情,谈恋爱是为了什么?是为了结婚生子,传宗接代,安家立业,稳定后方,所以,自打一开始,黄色的目标就很明确,逮到机会,直奔主题,表明我想干什么。

人们很少从黄色的脸上看到温柔的表情,他们往往带来让人畏惧的印象。有时,你甚至会觉得黄色的直接,简单得可爱!因为黄色一根筋思维,他实在不知道如何来表达内心深处的情感。一位黄色男士告诉他的未婚妻,结婚的时候要送给她一枚更大的钻戒,原因是他老爸当时送给他老妈一枚很大的结婚戒指,他认为送一枚更大的钻戒就是代表更多的爱和情感。

即使对自己喜欢的人,黄色性格也不是通过柔和的语言来传达,而是以行动保护对方来表达自己的情感。他们认为支撑爱情的是责任,爱情就是保护对方,给对方提供安全,其他都是没有实际意义的。

7. 快速决断　敢冒风险

黄色性格商人的阿拉斯加嗅觉

好机会只是在事后才被证明是好机会。当它刚刚来临时,谁也看不清它的面目是和善还是狰狞。而黄色能在情况不明时,专注于其中的利益,勇于决断,所以他们会抓住机会。

在1867年之前,阿拉斯加尚属俄国所有。俄国在与土耳其交战中失败,发生财政危机,急于将这片"没用的冻土"卖给美国。当时美国的南北战争正打得如火如荼,经济状况也不好,一再表示对这块土地不感兴趣。有一天,俄国驻美大使深夜求见当时的美国国务卿西沃德,表示如果美国愿意接受阿拉斯加,只需要支付七百二十万美元,这意味着每平方公里的地价只有4.8美元。西沃德知道再也找不到这么便宜的买卖了,在未请示总统和未经国会同意的情况下,擅自做主,成交了这笔生意。后来,他的越权行为遭到国内舆论的强烈抨击。四年后,美国在阿拉斯加发现了金矿;接着,这里不断发现的丰富资源给美国人带来一个又一个惊喜,人们开始意识到西沃德做了一笔多么聪明的交易。而现在,这块占全美领土六分之一的土地已珍贵得不能再珍贵了。

抓机会跟古董交易相似,只有当大家都不清楚它的价格时,你才可能以极小的代价得手,但是也可能买错。一旦它的价值被大家公认,固然没有买错的风险,但也不会有意外的收获。黄色深明此理,所以他们敢在机会来临时当机立断。

来看看官渡之战中,曹操是怎么扭转局面的。

袁绍的谋臣许攸献上劫粮之计,这时"左右疑之",曹操却敢于一搏,亲自前往。乍看去,曹操把全军成败系于来投的敌将,实为孤注一掷,与赌徒无异,但按照《三国志》的记载,如果考虑到当时的情况,我们就可以理解他了:"公与绍相拒连月,虽比战斩将,然众少粮尽,士卒疲乏。"可见若不用许攸之计,等于坐以待毙,与其这样,倒不如赌上一把,尚有取胜的机会。从这件事情中,足见曹操当机立断决策之明,比之优柔寡断的袁绍,高下立判。

在曹丞相归天的1000多年后,我梦游天国,对当年他为何能如此不怕风险、快速决断一事,做了采访。曹大人说:"虽说快速,但是确实经过了非常仔细的思考。后辈拿破仑总结得很好——三分之二的决策过程是基于分析和情报,另外三分之一永远是闪现在黑暗中的灵光。"这种灵光,有时的确需要敢于承担责任的勇气。王健林也是商人中快速决断的一把好手。一度背负巨额负债,王健林开始"断臂求生",不断抛售资产,快速、果断,沉寂几年后又重回了富豪榜。

> **对黄色性格来讲,工作能力是他们的财富。追求进步使黄色性格成为成功路上的王者,他们比其他性格更容易取得胜利。**

红色需要黄色督促他们,并且随时把有可能偏离轨道的目标拉回来;蓝色需要黄色给予一定的强迫,以促使他们勇于行动而非止于思考;绿色需要黄色帮他们订立目标,并且推动他们完成。这些都已经预先在黄色的内存中安装好了,只需黄色自己开机,一切就都可以完成。

8. 抓大放小　高效行动

出名要趁早，并购要速决

健康的黄色在商业领域里发挥得好，敢于为未来做"长线投资"，所以他们容易赢得未来。在处理和判断问题时，黄色抓大放小，能够舍弃眼前以求长远。

> 黄色性格做决定不费力，归根结底，完全是因为他永远知道，什么才是最重要的。他们能够抓大放小，永远关注结果！结果！！结果！！！

微软创业初期，IBM有意合作开发软件。合作前，IBM要求盖茨在一份保密协议上签字。协议规定：与这次合作有关的一切内容都必须严格保密，如发生泄密，由微软负完全责任。但IBM对微软的任何秘密都不感兴趣，因此不负任何保密责任。在常人看来，这是一份完全不平等的条约，但盖茨毫不犹豫地签了字。因为他知道，跟强大的IBM合作，意味着当时弱小的微软得到了一个大展宏图的机会，其价值远远超过所谓的公平合理。正是这次合作，为微软的霸主地位奠定了基础。

为何外人感觉黄色在做类似决定的时候并不费力？这是因为，红色在思考问题时，容易受到太多外在信息的干扰和诱惑，无所适从；蓝色最大的麻烦在于他们的较真，蓝色会因为鞋上有灰而万分痛苦，一定要全部擦掉，才能穿鞋出门；黄色心里也许会痛恨鞋上的灰，但他知道今天最重要的是出门见一个人，灰可以想办法在路上擦，如果人见不到，一切作为全是白搭。事实上，当红色为穿哪双鞋的选择而焦灼，绿色在为是否应该出门而思索，蓝色正在擦灰的时候，黄色已经走在了路上。索罗斯的行为就是最好的写照。

金融大鳄索罗斯与巴菲特齐名，但两人的投资风格截然不同。巴菲特愿意长期持有一只股票，耐心等待其价格上升。索罗斯则擅长快速决策，发现机会，便大胆买入。当索罗斯发现一个有价值的粗略投资想法时，他会立马意识到别人也有可能想到，于是迅速行动。因为他认为："完美的认知是不可能的，所以没有必要追求细节。"他在瑞士度假时，从《金融时报》上看到英国政府援助劳斯莱斯的计划，立马给经纪人打电话，让他买英国政府债券，而这时候，那些金融专家还纠缠在研究细节上。索罗斯有一句名言是："先投资，后调查。"

从前看到张爱玲说："出名要早呀！来得太晚的话，快乐也不那么痛快。"总觉得她有点急功近利，岂不闻"少年得志者，人生多悲凉"的古训？后来突然明白，原来黄色只想说明一个意思：办事要争取时间。

身为犹太后裔的埃里森，似乎秉承了犹太商人的精明与胆识。他对收购痴迷有加，而几次成功的收购使业界为甲骨文叫好。以收购仁科软件为例，这笔交易使甲骨文停滞近两年的股票一天之内上涨了6%。当有媒体问到成功收购的秘诀时，埃里森回答道：速度是成功的不二法宝。看来，对帆船运动情有独钟的埃里森，将追求速度的运动宗旨贯穿到自己的事业征程中。也正因为如此，甲骨文一贯奉行的收购要诀是：以驾帆船的速度并购、并购，速战速决。

伸缩自如，软硬兼备

"CCTV中国经济人物"中有位仁兄，个人资产数十亿元，是远近闻名的黄色。据说此君还曾在公众场合坚定地推出口号"哪里有钱哪里有我"。该君很久以前尚未发迹时的一件小事，便能再次证明——举凡成功人士，必是卧薪尝胆之辈，能忍他人所不能忍。这些人，你可用"黄色"一言以蔽之。

此君年少清贫，娶妻家境殷实，形成鲜明对比。靠老丈人支撑，凭借一些本金，招上三四个虾兵蟹将，开始了惨淡经营的小买卖，与普天下白手创业者相同，初期艰辛异常。某年春节前，急向客户讨债三万元，应付公司营生。当时，客户的会计小姐把持付款先后顺序大权，电话中，会计态度尖酸刻薄，大意为："年关将至，我自己连回家的火车票都买不到，哪有心思管你们这些事啊，所有供应商的款节后给付，此前勿再骚扰，如有违者，唾沫伺候。"哐当一声，挂断电话。此君不愿向丈人开口，连夜骑单车到火车站，与民工等同排队一宿，直至晌午买到票后，冒着瓢泼大雨赶到客户办公室，将车票递给会计……结果，他是25家供应商中唯一在节前拿到款项的。

有趣的是，在某些情况下，尊严和面子对于黄色来讲，可以转化。譬如，这位老兄已经功成名就，身价亿万时，与某副处长外出，会亲自替人提包、开车门，彼时，在影响力上，他早已盖过副处级干部，只是他的头脑清楚得很，知道自己想要的是什么，知道何时该伸，何时该缩。

遇事考虑来考虑去、过于关注小节的人，成不了大事。而一根筋、直扑目标而去的黄色，具有动物原始的生猛，犹如《狼图腾》中所述：没有捕捉不到的猎物，就看你有没有野心去捕；没有完成不了的事情，就看你有没有野心去做。

读懂盖茨和马斯克成功格言的奥秘

1995年，比尔·盖茨成为世界首富；2021年，马斯克成为世界首富。作为两个年代的成功企业家，创业者心目中的英雄，他们在创业上的心得对人们影响深远。

研究这两人金句语录背后的性格规律，充满了趣味和启发性。

在比尔·盖茨写给大学毕业生的书里，有一张单子上，列有学生没能在学校里学到的事情。对于即将走入社会的学生，他提出自己的建议做参考：

1. 生活是不公平的，要去适应它。

不要去抱怨生命中的不公平和遭遇的不幸，要用行动去改造。这里的"适应"是主动的"改造"，并非单纯被动的适应。同时告诫人们要学会接受现实，所谓"改变你不能接受的，接受你不能改变的"。

2. 这个世界并不会在意你的自尊。这世界指望你在自我感觉良好之前先要有所成就。

对于蓝色，这可真是当头棒喝，面子值多少钱一斤，撕下来扔在地上踩一踩，没有成就一切都是空谈，所以，要学会控制自己的情绪而去行动。

3. 高中刚毕业的你不会一年挣 4 万美元。你不会成为一家公司的副总裁，并拥有一部装有电话的汽车，直到你将此职位和汽车电话都挣到手。

不要奢望一步登天，但是面包会有的，一切都会有的，这些东西只要你去行动，迟早都是你的。

4. 烙牛肉饼并不有损于你的尊严。你的祖父母对烙牛肉饼可有不同的定义，他们称它为机遇。

"不管白猫黑猫，抓住老鼠就是好猫""条条大路通罗马""英雄不问出处"。国人早有无数精辟的用语阐述，而盖茨这么直白的话，就是一个意思：做什么都是做，只有最后做成最重要。现在就行动吧。

5. 在你出生之前，你的父母并不像他们现在这样乏味。他们变成今天这个样子，是因为这些年来一直在为你付账单，给你洗衣服，听你大谈你是如何有个性。所以，如果你想消灭你父母那一辈中的"寄生虫"来拯救雨林的话，还是先去清除你房间衣柜里的虫子吧。

"千里之行，始于足下""治大国若烹小鲜""不积跬步，无以至千里"。先从小事开始，马上行动。

6. 生活不分学期。你并没有暑假可以休息，也没有几位雇主乐于帮你发现自我。自己找时间做吧。

耻于休息，勤于工作。不停地做、做、做，在行动中发现和寻求自我表现的价值和机会。

7. 电视并不是真实的生活。在现实生活中，人们实际上得离开咖啡屋去干自己的工作。

不要在一些无聊的不产生任何价值的事物上浪费时间，同时切记，电视中营造的虚幻影像将误导你，使你停留在幻想上，并且腐蚀你的意志，所以，立即行动，去做你该做的事情。

这七条法则，条条都和行动力有关，从多个角度号召人们"坐而言，不如起而行"。

* * * *

在马斯克的各种版本的自传中，马斯克也有各种人生格言，比较有代表性的，包括：

1. 当某件事足够重要的时候，你就要去做，即使机会并不在你的掌握之中。

这句话的意思是，首先你要判断这件事是否重要，是否是你真正想要的！如果这个事情足够重要，是一定要而非可要可不要，那么，无论你怎么思考，迟早都要去行动。所以，不用对自己说"现在时机不对啊，没有资源啊"，这些都是自己给自己找的借口。机会是需要行动创造的，没有行动，机会都是空谈。

2. 你必须确保你在失败后立即向前冲。

这里的重点不是"冲"，而是"立即"。这就意味着，你没有让自己痛苦的时间，你没有自艾自怜的缓冲时间。已经失败了，难道你还要在里面持续打滚吗？难道待在里面就能有好日子过吗？不，赶紧去想怎样翻盘，怎样反败为胜，怎样解决问题。只有弱者才会在痛苦中挣扎，只有失败者才会让自己长时间停顿。如果你是强者，你不能有情绪，无论有没有痛苦，你都要立即行动。

3. 我宁愿乐观而错误，也不愿悲观而正确。

黄色在决策时倾向于高风险高收益，假如失败，黄色已经想好了接受可能的最坏后果。蓝色则相反，尽可能采取低风险低投入，以博取合理的回报。人生犯错在所难免，睡觉的人不会犯错，做事的人不可能不犯错。悲观的正确，就是啥都不做，坐吃等死。

但是只要乐观，只要相信，就终能到达彼岸。而不犯错，意味着从来就没有过行动。重要的是，犯错就是试错，只有尝试足够多的错误，才有可能取得最终的正确，这是乐观的正确，行动的正确。

4. 坚持是非常重要的。除非迫不得已，否则你不应该放弃。

黄色的成功与坚持密不可分。黄色不会像红色那样容易受他人影响，也不像绿色那样缺少动力。与蓝色相比，蓝色坚持的是过程，黄色坚持的是自己想要达成的目标。

5. 如果规则是这样的，你却不能取得进展，那么你就必须对抗

规则。

黄色是四种性格中的破坏大王。红色充其量只能算得上是调皮大王，做做小动作可以，而要做出真正惊天动地的大动作，需要有黄色的勇气做支撑。从儿时开始，黄色就在设想如何不受规则的约束，打破规则，成为规则的制定者而非遵守者，这是黄色与生俱来的本能。

相比之下，蓝色具有强烈的规则意识，一切以遵循规则为最优方案，假如规则有问题，蓝色需要长时间的推敲才可能去更正规则。但黄色一切以目标和结果为导向，哪个规则阻碍了他的目标达成，就是垃圾规则，要马上推翻。

6. 把鸡蛋放在一个篮子里是可以的，只要你能控制这个篮子会发生什么。

四种性格中，赌性最强的性格是黄色。他们的人生信条是"要么大赢，要么大输再重新来过，人生没有中间路线"。把鸡蛋放在一个篮子里，虽然说在外人看来是孤注一掷，但人生苦短，哪能几回搏？黄色相信自己强大的控制力，可以尽可能地控制事态的发展。

7. 你必须非常有动力才能实现它。否则，你只会让自己痛苦。

没有欲望的梦想一文不值，因为梦想的实现过程，有太多意想不到的痛苦。你的欲望越强，你的痛苦会越低，远方的梅子会让你忘记此刻的干渴。

盖茨的七条建议，条条都与行动力相关；马斯克的七条心得，有一半和行动力有关。不管你周围的某人此刻是否算得上是成功人士，判断他是否黄色，一个明显的特征就是——黄色的日程表总是排得满满的，工作以外的时间，会被学习和运动等活动填满，反正必须要做事。对黄色而言，什么都不做，让自己空闲下来，不仅极其不健康，而且是一种恐怖，浪费生命的恐怖。

黄色性格优势总结

○ 作为个体

- 不达目标誓不罢休。
- 不停地给自己设定目标以推动前进。
- 把生命当成竞赛,求胜欲强烈。
- 行动迅速,活力充沛。
- 意志坚强。
- 自信、不情绪化。
- 居安思危,不退则进。
- 独立性强。
- 有强烈求胜的欲望。
- 不畏强权,勇敢,敢于冒险。
- 不易气馁,不在乎外界的评价。
- 危难时刻挺身而出。
- 敢于接受挑战并渴望成功。

○ 沟通特点

- 以务实的方式主导会谈。
- 能够直接抓住问题的本质。
- 说话用字简明扼要,不喜欢拐弯抹角。
- 不受情绪的干扰和控制。
- 坦率,直截了当,一针见血。

黄色性格优势总结

○ 作为朋友

- 给予解决问题的方法,而非纠缠过去。
- 迅速提出忠告和方向。
- 直言不讳地提出建议。

○ 对待工作和事业

- 能够承受长期高强度的压力。
- 有强烈的目标趋向,善于设定目标。
- 高瞻远瞩,有全局观念。
- 善于委派工作。
- 坚持不懈,促成活动。
- 行事作风明快。
- 天生的领导者,富有组织能力。
- 竞争越强,精力越旺,越挫越勇。
- 寻求实际的解决方法。
- 以结果和完成任务为导向,并且高效率。
- 当机立断,善于快速决策并处理所遇到的一切问题。
- 富有责任感。

| 黄 | 色 | 性 | 格 | 的 | 动 | 机 |

成就

| 黄 | 色 | 性 | 格 | 的 | 动 | 机 |

第六章

绿色性格优势

Chapter 6

1. 中庸之道　稳定低调

中国的传统文化号称五千年灿烂辉煌,实际上是一种十足的绿色文化。中国文化历来受儒家影响,根深蒂固,传承下来,奉行中庸之道仍是祖宗之训,深入民心。先来分析一下先秦百家争鸣时各学说的性格色彩。

中国传统文化的性格

● 先秦百家的绿色性格文化

墨家墨子主张"兼爱"和"非攻",被称为中国最早的和平主义者,这种特质明显属于绿色。可惜墨家思想同时有浓厚的黄色的实用主义特征,以当时社会的有用无用、有利无利为唯一标准,反对一切无用的理想主义治世观,对儒家多有抨击。他们用这种实用主义来抨击他人就太不明智了,活该被早早地挤出了主流文化。

法家韩非子则大不相同,他们主张积极进取,大搞权谋,此文化也属于黄色,结果自己多半死于非命,学说也多遭后人诟病。

兵家韬略中勤懒参半,最得人青睐的则是"上兵伐谋""不战而屈人之兵""以逸待劳"等策略。中国在思想启蒙不久,所有鼓吹黄色的思想几乎全军覆没,就难怪以后绿色文化会发扬光大了。

● 儒家的绿色性格文化

孔夫子精通"六艺",年轻时是个官迷,壮年时周游了列国。他本人是个大红色,但他的学说是:提倡学累了去当官,官做腻了再学("学而优则仕,仕而优则学")。此外,"仁者爱人""和为贵""忠恕""己所不欲，勿施于人""君子和而不同""矜而不争"，几乎所有的思想都是围绕着"绿色"的性格特点。

孟子提出"仁政"，称"人皆可以为尧舜"。孟子也有非暴力思想，他说，"善战者服上刑"，他反对战争的原因是"争地以战，杀人盈野，争城以战，杀人盈城"，倒霉的总是人民。这种非暴力思想，和印度圣雄发起的"非暴力不合作"运动颇有相通之处，都属于标准的绿色。

● 道家的绿色性格文化

在中国文化中，道家与儒家相辅相成。其祖师老子主张"无为而治"，而在《道德经》中，老子更把"水"作为道家文化非常重要的一个载体，将水的绿色文化发扬到了巅峰状态。

《道德经》第八章曰"上善若水"。水的不争在于它的柔弱本性。无论高处有什么样的无限风光，它都淡淡而过，顺其自然地向下游而去。涓涓细流不恋仙境，义无反顾地奔向大江的怀抱；蒙蒙细雨静静地滋润干涸的土地。它帮助万物，却从不与万物争名夺利。水最大的道在于，以柔克刚，以退为进，用不争达到争的目的。蒙蒙细雨会变成狂风暴雨，涓涓细流会变成滔滔洪水，滴水可以穿石，水能载舟亦能覆舟。

道家的庄子提倡宽容、多元化、反异化、反暴力的思想——他提出"宽容于物""兼怀万物""天地与我并生，而万物与我为一"；"物物而不物于物"，控制外物而不被外物所控制；破除"成心"，结束"日与心斗"。

由此来看，绿色那些大事小事与世无争、超然度外的人，一般被视为软弱的、呆傻的、平庸的人，其实不然，与世无争的人不会轻易被名利左右和被金钱诱惑。在一段时间里，他们也许一无所获，但他们最终会得到道德和良心的丰盈，还会拥有平淡从容的生活状态。

● **佛家的绿色性格文化**

中国的士大夫还嫌儒家懒得不够,多数还会学学道家,以至被称为"外儒内道",即里外一起绿。对中国文化有重要影响的还有佛教。这样儒释道的影响加在一起,清一色的绿色文化就成了中国文化的主流,从此发扬光大起来。

> 绿色性格文化的精华说到底就是一种追求和谐的文化,不讲究过度的文化,点到为止的文化,得饶人处且饶人的文化,留得青山在不怕没柴烧的文化,强调平衡的文化,颇有中华民族文化之风。

懒人有懒福

绿色爱静不爱动,在做人做事上就成了一种恒持的定力。不像蓝色进入一个陌生场合,会找个角落站着,冷眼旁观周遭的"敌情"。可爱的绿色始终奉行"能坐着绝不站着,能躺着绝不坐着"的原则,不放过每一个可以松弛一把的机会。

绿色坐下来就不爱四处走动,绿色遇事以不变应万变,在失去了许多机会的同时,也少犯了不少错误,还用不着费劲去改正错误。公司不景气,绿色也懒得跳槽,大有同老板共存亡之意,既博得一个忠诚的名声,又少了许多颠沛。

现任香港一家保险业内翘楚公司最高主管的 Bill,超级绿人,大学工程专业毕业后进入了通信行业,没几年公司变革被裁员,当年懵懂之际也无其他机会,就进入了保险业。一年以后,保险公司内乱,群雄揭竿。他的直属主管联合其他一些中坚,跳槽到另一同行公司,临走前打算带他走,Bill 最终没去。在课堂上,他自我洞见没去的原因是：其一，刚到新公司才熟悉，又要变化太麻烦；其二，不清楚那边公司情况如何，至少现在的情况还不算坏，那就先留下来再说。在绿色怕麻烦喜欢稳定的动机下，他成了公司当时为数不多的坚守岗位的员工。因为核心力量缺失，黄色大老板只能起用资历不深的忠诚的Bill。若干年后，当年跳出去那些人的公司倒闭，而原来准备带他离开的那个上司，重新回到这家公司，成为Bill下级的下级。

"天上掉馅饼"的前提是，Bill本人也付出了非常辛苦的努力。他告诉我当时不跳槽的两个理由，让我在理解绿色"追求平稳不喜欢变化"的动机上迈进了一大步。四种性格中，显然最不容易跳槽的性格是绿色。绿色的稳定性对大多数需要平衡的机构来讲，弥足珍贵。

绿色清和平允，水像是他们的吉祥物。他们无孔不入地流过、绕过生命的险阻，而非铲除路上的障碍。绿色和善的天性充满了温柔的吸引力，他们对所遇之人几乎都保持着仁慈和柔软。

> 绿色性格宁静愉悦的气质，是任何容纳他们的家庭、企业、组织的一笔财富。

婚姻稳定的性格规律

家有绿色，人生之福。绿色有了配偶后，懒得去找情人。婚姻当中，不同性格找绿色做配偶各有各的原因，然而有一个共同原因是千古不变的，那就是——绿色天性具备一种平缓情绪的功能。无论你在外面受了多大的委屈和折腾，只要见了绿色那张和颜悦色、平静的面孔，再暴的脾气和再大的嗓门也会化作乌有，他们是绝佳的情感缓冲器和摩擦润滑剂。

当红色厌倦了婚姻的平淡或得不到对方的认可，当蓝色在默契上的需求始终得不到满足，当黄色发现得不到尊重或无法拥有绝对掌控权时，都有可能被婚外恋吸引。相对而言，绿色最为稳定。绿色对花样翻新作壁上观，不轻易凑热闹，刺激绿色的神经非常困难。他们对什么明星绯闻、飞短流长通通一笑置之，因为容易满足，本身需求无多，所以不容易受到外界环境的诱惑。

一对绿色，家里卫生环境也许糟糕一点，生活毫无激情，但也各得其所，相安无事。若是两个黄色或者蓝色，则往往会是"1+1＝0"。你要忙东，他要忙西，劲儿使不到一块儿先不说，甚至相互指责，谁也不服谁，只好劳燕分飞。有绿色的家庭往往要比其他性格的家庭离婚率低，的确是一条颠扑不破的真理，故夫妻双方只要一方是绿色，婚姻的稳定度就相对要高。

若是女性，绿色的一生，颇像苏东坡的诗句"事如春梦了无痕"的感觉。绿色女子也许并非世间最美丽的女人，但做人恬淡纯真，胸怀旷达。我们仿佛看到中国处世哲学的精华，在她们身上闪耀着熠熠光芒。若你认她是朋友之妻，可以出入其家，可以不邀自来和她夫妇吃饭。或者当她与丈夫聊天之时，你打起了瞌睡，她会拿一条毛毯把你的腿脚盖上。她在这个世界上并没有留下什么特殊的建树，只是欣赏宇宙间的良辰美景、山林泉石，同几位知己谈天说地，过着恬淡自适的生活，虽常受坎坷之愁，但仍不改其乐。

> 红色性格给我们激情和快乐；
> 蓝色性格给我们稳重和信任；
> 黄色性格给我们勇气和坚定；
> 绿色性格给我们轻松和安静。

2. 乐天知命　与世无争

几本书、几场梦和一个女人

亨利·米勒在《北回归线》中写道："我对生活的全部要求不外乎是几本书、几场梦和几个女人。"而村上春树则说："我的梦是拥有双胞胎女朋友，带上双胞胎姐妹一起去参加晚会，左一个，右一个，多么石破天惊。"如果说米勒的梦是一个爱情亡命徒的真实告白，那村上就是狡猾的，顽皮地讲了一个永远的红色白日梦。

其实，在真正的红色看来，村上的白日梦也太小了些，算不上什么正点的红色，带上双胞胎姐妹又算得了什么？很多红色的梦想是："在女子十二乐坊的伴奏下，到八大胡同坐定；品着大长今做的小菜，与妲己侃侃大山，和女娲摆摆龙门阵；谈累了就同莎拉波娃打打球，特别指定要库尔尼科娃做球童；心情好的时候就帮西施、昭君、貂蝉、玉环她们做做心理咨询，心情不好的时候让秦淮八艳来个全身指压；主要工作是担任环球小姐和世界小姐的首席评委。"

绿色的想法，亨利·米勒早已道出了他们的心声，唯独把"几个女人"变为"一个女人"就可以了，因为周旋于几个女人之间，会让绿色感到无比麻烦。

绿色也许是四种性格中最为平淡不会做梦的类型，他们常用下面的哲理安慰自己。

有一个穷汉在海滩上晒太阳，有人劝他："你该做点什么啊。"问："做什么呢？"答："比如说，可以弄条船去打鱼呀。"问："打鱼干什么？"答："挣钱啊。"问："挣钱干什么？"对方耐心地开导他："你有了钱，可以买再大一点的船，可以捕捉更多的鱼，挣更多的钱，这不比你现在受穷好？"穷汉又问："挣了钱最后干什么？"答："你有了钱，可以过上悠闲的生活,享受这海滩上的阳光。"最后穷汉说:"得了吧,折腾了我一大圈,最后不还是晒太阳吗?我现在就已经做到了。"

绿色认为这个故事并不是教人不思进取,晒着太阳饿死。要认识到,人有时忙忙碌碌,但并不知道自己真正需要什么。直到都不知道要忙些什么的时候,才发觉在忙碌中早已失去了自我。等下决心找回自我的时候,才发现自己所需要的正是多年前因为忙碌而不得不舍弃的东西。为了避免这样的尴尬,你不妨学学那位穷汉,决定做什么之前,先以绿色的心态问一下:"这件事值得我去忙碌吗?"绿色,也许就是你的守护神。

> 绿色性格能将生命的危机摆在适当的透视下,知足又没有脾气。他们对生命提出的要求不多,经常能不吝啬付出,且带着温柔的肯定。

阿甘——八百年后的郭靖

让汤姆·汉克斯扮演阿甘,实在是个明智的选择。汤姆·汉克斯也是那样不动声色、儒雅、敬业、认真,像普通人一样,总在最值得的地方,闪烁出非同一般的光芒。更重要的是,风格低调,从不带任何绯闻,也从不刻意炫耀。所有以上特质,无一例外地与绿色惊人地吻合。

绿色的行为,经常让人认为傻、笨、容易被骗、该争取的不争取,是否果真如此呢?我们把《阿甘正传》中的阿甘和《射雕英雄传》中的郭靖对比一下,来观察一下他们的共通点。

阿甘,人称"八百年后的郭靖",仁慈、健康、平衡、宽恕,他身上有这个世界上每个人都需要的东西。

阿甘同学入伍后，被问到参军的目的。他毫不犹豫地喊道，自己来到军队就是为了服从上级命令。这答案是智商为75的阿甘同学的真实心声。有点心计的人，恐怕需要绞尽脑汁才能想到，这个答案才是上上之选。于是，阿甘同学被热泪盈眶的上级认为是个天才，是最优秀的士兵。

战场上，阿甘同学毫无主见，人行则行，人止则止，被通知要逃跑时，就拿出豹的速度把同伴远远地丢在后边。他后来救人的逻辑更简单：战友落在后边，作为朋友，自己当然必须回头找他。寻找途中偶遇伤员，就"顺手牵羊"地救了，非常自然。于是，阿甘同学成了战斗英雄。

养伤期间，阿甘同学练习乒乓球的方法简单得惊人，他只需牢记"眼睛不离开球"，然后心无旁骛地把球回击过网即可。于是，他很快成了优秀的球员。

退伍后，阿甘同学仅为了一个随口的诺言，就开始冒冒失失地买船捕虾，阴错阳差，靠着运气及一根筋到底、不知回头的韧性成功了。于是，他一举成为富翁。

郭靖，有人把他的人生称为"阿甘闯天下"。无论如何，他成为第一大侠和娶了黄蓉是不争的事实。

郭靖同学在草原上长大，4岁了还不会讲话；然而最后精通汉蒙两种语言，被封为金刀驸马，最后更成为金庸笔下的第一大侠。

郭靖同学厚道仁义，很多事他虽明知道吃亏，但为了别人，还是愿意做。特别表现在对待杨康的态度上，他知道这是个什么样的人，但因为兄弟情，仍旧帮他。

郭靖同学跟七个师父学习武功，怕师父着急，越急越学不好；和老顽童、马钰学时，不当回事，反而学得最好。七怪都是江南的精明人，和憨厚的郭靖不是一路人。郭靖同学武功的高超程度，最终到《倚天屠龙记》中借张无忌之口说明得很清楚："我太师父言道，武学钻研到后来，未必聪明颖悟的便一定能学到最高境界。据说郭靖大侠资质便十分鲁钝，可是他武功修为震古烁今，太师父说，他自己或者尚未能达到郭大侠当年的功力。"

因为厚道，郭母死前对郭靖说："人生百年，转眼即过，生死又有什么大不了的？只要一生行事无愧于心，也就不枉了在这人世走一遭。若是别人负了我们，也不必念他过。你记着我的话吧！"于是郭靖同学的三个仇人，他一个都没杀。在他的心目中：段天德就是乱打人的小人；欧阳锋不能当坏蛋看；完颜洪烈以他的帝王身份，所作所为情有可原。

当成吉思汗意欲取中原时，郭靖同学对成吉思汗说"死后能占多少地"时，就表现出聪明了。不管做什么工作，最后是要一个做人的结果，就像郭靖最后悟出了做人的道理，郭靖绝不是仅仅因为纯朴才悟到的。

从阿甘与郭靖的行为中，我们可以看到典型的绿色的优势显现：

朴实（天真的、本能的与人为善），守信（一根筋），按惯性做事（没有高智商，所以没有能力想得更深、更广、更全面），重视人际关系（心灵始终生活在妈妈慈爱的叮咛和教导之中）。

两个绿色的楷模始终遵守这些基本的简单规则，对于更复杂的人生道理，他们没有能力去领悟。善有善报恶有恶报的规律，让他们生活得成功和幸福，也就顺理成章了。还是电影《手机》中的严守一说得好："做人要厚道啊！"

机灵人、聪明人、精明人与明白人

我曾在性格色彩Ⅱ阶课上，对完成Ⅰ阶课程的学员提出过如下问题："大智若愚、大智若智、大愚若智、大愚若愚，分别如何对应四种性格？"假设"智"在此处更多地象征"智慧"而非"聪明"，我尝试用四部古典名著中的四个人物来诠释绿色的"大智若愚"。

● 机灵人（红色）：脑瓜灵嘴也灵，能说会道，人前显人后白，假设是个喜欢占便宜的红色，一般自我感觉良好，时有才高八斗、怀才不遇的感觉，容易患得患失，情绪波动大。典型代表：《西游记》中取经路上那位爱闹腾、好耍小聪明的八戒先生。

● 聪明人（蓝色）：思维缜密，天才多出自此。才华不外露，锋芒倾向内敛；重长远，不争一时先后长短；善于控制但不善于调节自己，心胸不广同时拘泥于形式，过于执着对错，缺少豁达。典型代表是《三国演义》中聪明反被聪明误的周瑜先生，遇见更蓝性格的天才诸葛亮，一步三计，算计太多，最后把自己给气死了。

● 精明人（黄色）：精打细算，不肯吃亏，对于利益把握准确无误，有一万个心眼。精明人往往才华外露，锋芒毕露，好斗，他们是生活中活跃的一群。典型代表：《红楼梦》里机关算尽、出尽风头的凤姐。

● 明白人（绿色）：大智若愚，善于藏拙，返璞归真，真人不露相。明白人可以独善其身，世事洞明，淡泊明志，进退自如，宠辱不惊，生死泰然，心静如水。典型代表：《水浒传》中为数不多功成身退、没去打方腊的人之一"入云龙"公孙胜先生，可以算是梁山的第一明白人。

老子说："知人者智，自知者明。""明白"是人生的最高境界，许多英雄人物、天才巨星终其一生也难企及。机灵人、聪明人、精明人始终离明白人一步之遥。让我们再来看看在人生道路上，四种性格追寻智慧中常见的状态。

红色性格是机灵人,心思灵敏,反不及愚钝之人,难以专心;
蓝色性格是聪明人,有追求,但过于执着,无法豁达;
黄色性格是精明人,心眼多,容易忽略了愚人的灵光一闪;
绿色性格是明白人,善藏拙,真正的大智慧之人。

3. 毕生无火　巧卸冲突

"三不"政策与自动屏蔽功能

"不反抗、不吱声、不回应",我把它称为绿色的"三不"政策。

绿色的老孟,娶了一个红+黄的太太。成婚三十五年,太太一直辛苦持家,这些年来,老孟从未做过任何一件家务事,甚至毫不夸张地说,连碗也没洗过一次,太太可算得上把这位孟公伺候得周体舒畅。然而就是这样,两头的亲戚从来都评价说,小孟他妈前世修来的福分,找到一个好老公。却从未有人说是老孟命好,找了一个好媳妇。这引起了我极大的好奇。一个男人三十五年不问家中大小事务,享尽大老爷们儿之福,还落得好名声,这种美事一定要弄个水落石出。

清查半天,方知原委。原来红+黄的太太时常为一些小事发脾气,结婚几十年来,脾气一直维持在更年期的水准,每次爆发时犹如洪水猛兽,天崩地裂,有河东狮吼的风范。这在外人看来,芝麻大的事情就这样频繁地给老公脸色看,让对方下不了台,是绝对不可理喻和难以接受的,而老孟同志这些年居然能忍辱负重下来,真不容易。外人看不见的是家里孟夫人的辛苦操劳,偏偏盯准了老孟抵抗山洪暴发的能力,这正应验了"好事不出门,坏事传千里"。孟夫人若知,恐怕是有泪无处流。

有趣的是,像老孟这样的绿色,对常人无法忍受的狂风暴雨却消化得很好。就这样,一辈子福也享了,好名声也有了,优哉游哉。

仔细想来,婚姻当中,黄女绿男的比例相当高,这种搭配的状态容易出现一方独霸的家庭格局。她们有时会大声训斥绿色的男人,绿色只会低头认罪,接受改造。然而,绿色"不反抗、不吱声、不回应"的"三不"政策，有时反令她们拂袖而去。总之，不管怎样，绿色就是有这个能耐，很少发火，也不会被你激怒。绿色甚至认为，被别人激怒是件很累的事情，犯得着吗？

学员飞瑛，单位中坚，英姿飒爽，能力突出，工作上呼风唤雨，却因为和老公的关系头痛得要命。飞瑛家庭中的对话常与上面老孟家的如出一辙，但经济地位不像上面那样女依附于男，两人是完全平等的。对绿色老公的懒惰，飞瑛经常忍无可忍，时常出现的一幕是：

冲到房间将懒惰的绿色老公臭骂以后，绿色低头不语，黄色继续攻击，发现绿色口也不还，索然无味，扭头便走进卧室，搬了铺盖准备睡客厅。绿色老公紧急附和："你不要走啊，要走我走，要骂什么你尽管骂。"飞瑛气愤道："和你这种人有什么好说的，骂你连个反应都没有。"

黄色无论如何都难以想通：世上怎么能有这样没有骨气的人呢？为什么骂了毫无反应呢？绿色的无动于衷，让黄色感到生平从未有过的"一拳打在棉花上"的郁闷。

受飞瑛所托，肩负改造她老公的重任，在她绿色老公来参加课程时，我与这位受到班上同学广泛喜爱的绿色老公交流："被骂了，你为什么不生气？"他的回答绝妙："生气多累啊，为什么要生气啊？多大的事，值得生气吗？以前她骂我还听听，后来发现每次说的东西都差不多，大概听多了，我自己也不知道怎么回事，只要她嗓门一大，我就突然什么都听不见了，只要她停下来，我又恢复听觉了。"

原来，绿色可以做到自动屏蔽，这个功能要生效，首先要在倾听系统上，安装"选择性倾听"的驱动程序。当对方发出进攻的信号时,绿色开始自动运行驱动程序。凡是对方面目狰狞、咬牙切齿时说的话,绿色将启动耳膜保护系统,一概将其作为垃圾处理;凡是对方心平气和、慢条斯理地说话,绿色又回归到正常对话状态。

> 红色性格可以"选择性遗忘",会忘记那些痛苦的记忆,从而在自己的头脑中一直保存美好与快乐;
> 绿色性格可以"选择性倾听",将很多其他性格无法忍受的冲突回避了,只选择听使自己心情舒畅的。

绿色的"选择性失聪",红黄蓝三种人恐怕一辈子都很难修炼出来。从本质上来讲,绿色不仅在外在的器官上避免了争斗,在内心里,他们也从来没有争斗的意识。

说到底,绿色并不仅仅是在"选择性倾听"和"礼貌性回复"上表现出不冲突,绿色要"文斗"不要"武斗",准确地说,绿色根本就不要斗,在一片祥和、万事宁静的和谐环境中,寻求轻松。有时候想想,明明很轻松的事情被黄色一弄反而收拾不了,看看人家绿色是怎么漂亮地化解的。

平息一场吃鸡风波

我儿子是典型的蓝色,相处时,用说服来正确地引导他才有用。有一天我儿子一定要吃肯德基,不肯放弃,而我红+黄的妈妈就不给他买。儿子不说话,我妈也气得心脏病发作,最后到我解决的时候,我只是告诉孩子现在鸡生病了,鸡妈妈带它去看病了。结果孩子忽然不哭了,反而说:"那小鸡多可怜呀。"这时候,我把他的思想引导到另一个话题上,解释了科学原理后就过去了,而我那红+黄的妈妈吃了好几天药才好。

为了一顿简单的争吵,让自己心脏病发作,绿色打死也不会做。而黄色这种喜欢争斗的天性,有时斗来斗去,反而成了竹篮打水一场空,可惜自己还沉浸在斗争的快感中。

有一次,我在路上拦出租,一前一后来了两辆。后头的那辆想抢生意,不管三七二十一就从外道猛超,结果"哐当"撞到前面的车了。前头那辆车本来按着规矩开得好好的,没想到祸从天降,这个郁闷啊,下来就和那人理论。结果,后面超车的反倒恶人先告状,倒打一耙,于是两人干上了。我一看不对,又要赶时间,这时第三辆车刚好来到身旁,赶紧上车走人。

我用这次经历来描述我对绿色的感受,作为本段的结尾。前头那辆车,我们可以叫作"螳螂捕蝉,黄雀在后";后头那个,正所谓"人为财死,鸟为食亡";而我当时以"我不杀伯仁,伯仁却因我而死"的心态匆匆离去;唯独第三辆车,才真正是"鹬蚌相争,渔翁得利"。深得绿色的精髓,"绿"啊!

> 绿色性格是自得而悦人的个体,能够接纳任何人,能够契合所有不同性格,不用担心行为上的南辕北辙。绿色性格和善的天性及圆滑的手腕,为自己赢得许多忠诚的友谊。

4. 镇定自若　处事不惊

理发店的血案

看到一条朋友圈：

妹妹不喜欢原先体制内的工作，所以我辗转托朋友给她介绍了一份她喜欢的舞蹈老师的工作，妹妹欢天喜地地去了，我也觉得我这个哥哥没白当。可是上午和妹妹聊了聊，她说爸爸不喜欢这份新工作，连带对我也质疑了，看到妹妹迷茫的样子，我的心情瞬间又跌入谷底。

回家后和妻子聊了聊，她劝我："不要让别人轻易左右了你的心情。"我想是啊，真的是这样，我太容易因为别人的开心而开心，因为别人的不开心而不开心了，这样活得太辛苦。可性格使然，没办法啊，试问世间谁能做到不以物喜，不以己悲呢？

仅仅通过这条朋友圈，我就可以判断，我这位朋友，红色成分肯定不少，他的疑问我可以回答，绿色确实能够做到不以物喜、不以己悲。按照禅诗"春有百花秋有月，夏有凉风冬有雪。若无闲事挂心头，便是人间好时节"的标准，绿色正是这样常无闲事、心如止水的高手。绿色在面对压力和突发事件的时候，能表现出非同寻常的平静，他们不会像红色那样陷入无助的呐喊，也不会像蓝色那样在痛苦和沉思中自责，当然黄色立即解决问题的态度也与他们无缘。

当他们和你聚会的时候，即使他们有重要的事情，因为怕扫大家的兴，也绝对不会先行告退。如果他们和你说"不好意思，我先走一步，家里出了一点事情"，那么，这所谓的一点事情必是天大的事情。一打听，原来是家里着火了。你不能不敬佩的是，绿色在描述自家着火时的悠闲和那份笃定，让你觉得不是他们家着火，似乎是别人家的事情。

我与一个哥们儿老周,相识二十年,从未见过他有任何激动的表现,说话从来都是那种慢悠悠的语速和笃定的嘴角,别指望你告诉他"病毒到了小区门口"时他会有啥反应,"激动"这两个字在他的字典中是没有的。我对他能够长期保持"敌军围困万千重,我自岿然不动"的平稳情绪,表现出极大的敬佩。力图从他成长的经历中挖掘出一些事件,以证明是外力和训练导致的。结果,意外地发现一段奇妙的历史,同时让我深刻认识到,绿色那种镇定自若完全来自天性中的平静。

请先想象一下,当你目睹有人在你面前暴毙时,你的反应是什么?恐慌?无语?紧张?……20世纪80年代后期,当时19岁的老周就经历了这样一种真实的体验。

老周与黄色友人A合开的发廊,初期常受到地痞骚扰,于是A在店里备了两把菜刀自卫,时间长了反而和混混成了朋友,"武器"并未用上。那时,有个红色女孩因为迷恋上A的手艺,就隔三岔五地找到这里玩儿。没过多久,事情传到了女孩的男友B那里,时常搞出些不愉快。某晚,B又带着他的朋友来到发廊寻事,坐在店内,许是口里不干不净地说了几句。这次还没等B反应过来,已经窝气很久的A一把将B揪下椅背,迎面朝他脑袋狠狠一砖,当场拍得B神志不清,上来几人拳打脚踢后,不知是谁一刀刺进B的肋骨。动手的几个立即逃之夭夭,B从血泊中挣扎到门口,眼睛眨了几下后,一命呜呼。

半分钟,一切来去迅猛。老周在旁边目睹了全过程,还没等他去劝阻,滋事者已经倒下,凶手已经逃亡。

110很快就来了……老周再次接受了考验。因为凶手全部跑掉,无人能证明现场的他不是凶手。他开始接受完全与外界隔绝的禁闭审查。二十九天以后,当时的四个犯案者回来自首,老周终于重获自由。

当我问到那段经历对他有何影响时,他告诉我说,最大的感受是——看过和经历了这些事情以后,他比以前更加平静了,在这个世界上似乎没有什么更难的事情,一切总会过去。而每每讲起当年那段生活,我问他:"每天有度日如年的感觉吗?"答案是:"没有,好像只过了一天,因为每天过得都是一样的。"那时他最大的梦想就是:怎么弄到一根烟抽,然后每天想象着出去后有红烧肉吃。

我问老周,在那二十九天禁闭中,难道他不感到委屈和恐惧吗?他唯一的回答是:"恐惧有用吗?既然我也想不出什么招儿,什么都不能做,自寻烦恼是多痛苦的事情啊,问题总会解决的。"绿色想的居然不是如何得到自由,而是对香烟和红烧肉的美好憧憬。

那一刻,我突然明白,绿色那种"宁可居无竹,不可食无肉"的心态完全存在。他们信奉的准则是:没啥急的,一切事情,都是"车到山前必有路,有路必有我出处"。

狼人游戏高手

玩过推理类的"狼人游戏"吗?后来据此还衍生了影片《天黑请闭眼》。参与者先通过抽签决定分属猎人、狼人或平民的角色,之后通过推理和辩驳找出当中的狼人,而少数狼人也要通过种种手段保护自己。排除游戏技巧的熟练程度,到底什么性格做狼人,才是立于不败之地的高手呢?让我们来回忆一下自己的表现。

红色抽到狼人牌,容易激动和兴奋,喜形于色、激动难耐,坐立不安,还没开始,便被发现。稍微好些的,抽到一次狼人签,被快乐冲昏了头脑,心跳加快,手指动作紧张,很容易露出马脚。或不敢与他人对视,或为表现无辜而过分对视;刚才还口若悬河,现在说话突然减少,或前言不搭后语,逻辑混乱;当有人指认自己时,面色迅速泛红,不能用合理的逻辑来反驳。还没等自己反应过来,已被众人发现,迅速败下阵去。

蓝色狼人向来不露声色，蓝色将情感控制在内心而非脸上的特点刚好帮了大忙。加之老谋深算、思维缜密，有章有法，恰好游戏中常需要通过高度的逻辑推理来说服众人，故蓝色熟练运用正反逻辑、顺逆向推导、排除法、反证法等技巧，似乎完全是其天性所致，他们是富有计谋的狼人。

黄色在狼人游戏中的最强项在于他们的直觉和判断力的准确。这往往使他们不像蓝色那样可以通过蛛丝马迹推理出来，却每每可以一点一个准，让狼人胆战心惊。

然而蓝色与黄色共同的麻烦在于，因为他们的强大，不管是或不是狼人，通常容易被民众优先盯上。我的朋友广东卫视主持人王牧笛，拥有十七年"狼龄"，开了一家游戏俱乐部，还投资了中国最大的关于"狼人游戏"的 App。可我和他玩"狼人游戏"，他却常常最先出局。总之，精明强干者在"狼人游戏"中似乎都占不到什么便宜。

唯独绿色，大多数人认为绿色没有进攻性，几乎每次都可以留到最后，因为他在这个临时的社会里没有什么作用，大家容易忽略对他们的关注。事实恰恰是，绿色稳定的心态和素质让他们拿到狼人身份时，自始至终都能保持心如止水。对他们而言，是或不是狼人都无所谓，一切不过是游戏罢了。绿色天性中的很难投入和旁观者心态反而衍生出平静，一种恒定的状态。他们那样从容地保持直到最后，从而赢得战斗。

小小的一个狼人游戏，包含人间百态。如果说那些真正的间谍特工都有蓝色和黄色的诸多特质，那么在虚拟的狼人游戏中，除了能力外，更需要的是那种悠闲的气质，这刚好让绿色占了便宜。下回你再玩这个游戏时，要注意那些厉害的绿色。

5. 天性宽容　耐心柔和

你走你的阳关道，我走我的独木桥

"将军额上能跑马，宰相肚里能撑船！"绿色能成为马场和码头，是因为具备了两个条件。首先，不干涉。不干涉他人自由，知道每个人都是独立的个体。其次，原谅。尤其是对于那些曾经伤害过自己的人给予原谅。先来看"不干涉"的意义何在。

"不干涉"在企业管理中，代表了每个人都可发挥自己的积极主动性，而不是每天被吆五喝六地去做这做那。绿色做老板不愿加班，宁愿多享天伦之乐，下班后也疏于无谓的应酬。员工自然也很少加班，工作上只要完成该完成的事就好，这种轻松的感觉和氛围让人舒心。

"不干涉"在婚恋关系中，代表了男女双方彼此有个人独立的空间，而不是天天黏糊在一起。比起那些成天要死要活，恨不得二十四小时都合而为一的爱情来说，这无疑是健康的。

"不干涉"在子女教育中，代表了真正给孩子独立的成长空间，让每个人做自己人生的决定，走自己的路。孩子会走了，也不去抱；孩子自己能做的事，绝对不去干涉，由他自己做主。所以在绿色环境中长大的孩子，身心健康，个个活出了自我，少有在黄色与蓝色家庭环境中成长的孩子压抑的状态。绿色父母总是笑眯眯地说："天要下雨，娘要嫁人。孩子们大了，由他去吧！"

对黄色父母来讲，你必须按照他们设置的人生路线行走。如果不肯，势必触怒龙颜，年少时，罚跪、罚站、打屁股；成年时，发现你的翅膀硬了，已经超出家法伺候的范围时，便大骂："父要子亡，子不得不亡。不孝逆子，竟敢以下犯上，家门不幸啊！"然后拉开架势，要和你断绝父子关系。

对蓝色父母来讲，你按照他们希望的人生路线去走，是最让他们欣慰的；如果不肯，他们势必苦口婆心，动之以情晓之以理。最后，要么把你磨得无可奈何含泪答允，要么你够坚强，他们只能使出撒手锏，黯然落泪："怎么生了你这么个儿子？你这样固执，伤了老爸老妈的心。"你若不坚强，就在稀里哗啦的泪声中，违心地答应了父母的请求。坚强的主儿呢？睁大眼睛看着父母，心里想："好奇怪哦，难道你们就不固执吗？好像你们比我还固执啊。"

待你屈服之后，强硬父母最后总要来一句总结性发言，中心思想无外乎"你现在小，还不懂事，老爸老妈是过来人了，这么做，知道你现在会恨我们，长大了，你就明白了"。我告诉我的朋友说，我就是被这样一路教育过来的。他还不相信，说他绿色老妈的教育就是八字方针"顺其自然，自然而然"。结果一看，人家爸妈那是不一样的"品种"，绿妈红爸，幸福啊！

> **绿色性格为何会宽容？源于绿色性格对生活本身没有什么特别多的要求，因此也不会对别人苛求。**

比如说，有洁癖的人大多是蓝色，而非绿色。人有洁癖，就得勤快，不仅总要衣冠楚楚，要无休止地修饰自己，而且多了洗漱的工夫。这样，他除了自己没有了"不清洁感"外，也怕别人的"污染"，无形中就跟人有了距离。而绿色不然，别人的什么特点都可以包容，无论你文身，还是打七个耳洞、两个鼻环，和我都没有什么关系，那是你的自由，是完全可以理解的。不像蓝色，如果觉得你的打扮装束不符合基本规范，心里的第一反应就是对你有了负面印象。绿色自己的东西随便放，所以，当你把东西乱七八糟摊成一堆的时候，他们也觉得一切都是正常和自然的。绿色诸如此类的做法，不但容易与人融洽相处，也容易长久交往。

超级免洗垃圾桶

缺乏耐心的现象,在我们这个世界比比皆是:无论是开车、等飞机、办公、待在家里、购物,还是休假,不管在哪里,红色和黄色都很缺乏耐心。总而言之,凡是用时超过预定时间,他们都会怒形于色。但是,红色和黄色的镜子永远只照别人,对自己的缺乏耐心或过高期望视而不见,死死盯住那些他们认为有问题的人和事,同时争辩:"哪怕你提高点效率呢……"

在过去二十多年,我曾经目睹无数组织为提高员工的沟通技能,将"沟通技巧"定为员工培训的必修课,在大多数同类训练中都会提到"倾听"的训练。遗憾的是,绝大多数人在训练结束后,倾听能力原本出色的依然保持优良传统,本身有问题的依然故我,未见变化。为何?

我们可以从性格色彩角度,发现人生中一些有趣的事实和问题的答案。

● 红色性格倾听与黄色性格倾听——不听不听就是不听

红色和黄色因为在表达上得天独厚,倾听的功力自然大打折扣。一个红色的主持人在做了午夜节目《心灵访谈》半年后,不堪重负,宣布退场。按照他的说法,每天接受人间灰暗面,让他近于崩溃,每晚回家一定要摔东西。当面对面地交流时,红色总是迫不及待地希望你来听,让他们有更多说话的机会和空间。

在"以自我为中心"这点上,红色与黄色有得一拼。唯一的差别是,红色更多的是希望得到关注和认可,说话的时候很容易用到"我",抢谈自己感兴趣的话题;而黄色更多的则是,你们都不用说了,一切听我的就可以了,反正你说的和我的观点不一样,最后还是要听我的,所以没必要说了。从这个意义上来说,黄色的自我中心,凸显的是"天大地大唯我最大,老子天下第一"的感觉。与此同时,那些健康的黄色虽然没有这样的毛病,可是他们更习惯于直接给出回馈和意见,表示同情并不是他们的风格。

> 红色性格更希望得到人们的关注和认可,
> 黄色性格更希望人们都听自己的,按照自己的意见去做。

当年我失恋,痛不欲生。红色的我为了将痛苦化解,必须通过"垃圾转移法"来清仓。

找到红色倾诉,谁知倾诉到一半,许是触到了这位"红兄"的痛处,结果那一晚我没说多少,他倒将历史往事的种种伤疤尽情揭开,到头来,两人抱头痛哭。走出房间时,好像我是倾听者,安抚他那颗受伤的心灵,接收了他的一堆垃圾。我该说的什么都没说,憋了一肚子的话在心里,真是欲哭无泪。

心里不爽,找到黄色倾诉,正声泪俱下时,黄色起立踱步于房间,正色告诫:"兄弟,哭什么哭,哭有什么用!我告诉你,人生最大的胜利,就是找到更好的人让她后悔。这个世界三条腿的狗不好找,两条腿的人多了去了!"

愕然!原来黄色只对解决问题的方法有兴趣,啼哭让他们觉得你是弱者,而他们鄙视生活的弱者,他们不能容忍自己是生活的弱者,也不能容忍周围的亲人和所关注的人是弱者,他们必将调动一切能力和气势,摧枯拉朽般地击毁一切有可能的懦弱。

想起当年我向黄色老板汇报紧急状况,他听到一半就打断:"行,不用说了,我都知道了,现在你打算怎么做?""这些理由你不用讲给我听,我不想听,我只想告诉你,这个事情一定要做,你现在怎么办?""你的意思是说,你解决不了,那好,我来做好吧!你不是说做不了吗,如果我做出来了,那你打算怎么办?"在黄色这样咄咄逼人、富有进攻性的压迫下，你没有机会诉苦。这时，你会很期待有一个绿色的老板，不打断你，与你民主协商，并且表示充分理解，那种态度会让你有被尊重的感觉。

● **蓝色性格倾听——舍己救人**

蓝色的重点器官集中在脑部，在发表意见前，必须首先确保接收到全部信息，同时已经消化。蓝色可以帮助你分析问题，遗憾的是，蓝色有时会陷入其中不能自拔，仿佛自己成了故事的主人公。"只能入世不能出世"的思维，往往使蓝色在咀嚼了他人的痛苦后，自己反而陷入绝望。这样，我们就不难理解，也难怪有很多心理医生在帮助了患者以后，自己最后走上绝路。

倾诉给蓝色之后，你的痛苦减轻，可痛苦转给了蓝色，因为蓝色排泄功能差，好比肠胃郁结又不做腹部按摩，结果变得更糟糕。现在唯一的重担只能落在绿色身上。

当你来到绿色面前，寻求一条可以倾诉和发泄的管道时，即使绿色正在做一件重要的工作，看到你来了，也会立即放下，陪你畅谈。这总比到黄色家里好，你刚进门，她在厨房做饭，会热情地号召你到厨房，一边帮她剥毛豆一边聊天，美其名曰"提高效率，工作生活两不误"。

● **绿色性格倾听——超级免洗垃圾桶**

在经历了红色以泪洗泪（你倾诉给他，他马上反倾诉给你），黄色以骂止泪（你倾诉给他，他不听倾诉只给你建议），蓝色以死殉泪（你倾诉给他，他去自虐）的三种折磨后，我们才体会到绿色这个"超级免洗垃圾桶"的好处。

人类器官中，肠的长度恐怖得惊人，我总怀疑绿色的肠子的长度似乎比其他性格的要短，我想象的到他们的肠子是直的。绿色一方面和颜悦色地与你同喜同悲，间或真诚地表示关怀；另一方面，绿色将你刚才倾诉的那些垃圾立即排泄掉。这样的"即食即排"，从生物进化的角度来讲显得低级，始终无法吸收有用的物质，茁壮成长。然而，从心理健康的角度，正是因为天生的排泄负面情感的能力，无论发生什么，绿色都能屹立不倒。

绿色是我们最好的倾听伙伴和对象！有了绿色朋友的存在，你可以拥有"超级免洗垃圾桶"。如果你期望找到问题的解决方法，请立即去找黄色，如果你只是为了让自己的心灵得到休憩，绿色就足够了。

> **绿色性格并不重视利益交换，乐于倾听所有的事情，擅长使别人感觉舒适，他们会鼓励朋友们多谈自己。**

6. 笑遍天涯　冷而幽默

四种性格的幽默度大比拼

● 蓝色性格幽默

蓝色，最有哲理和思想的人是属于这个人群的。对于蓝色而言，恨不得每句话中都包含深刻的思想，从而引发心灵的激荡，而激荡本身是苦涩的历程。对于蓝色来讲，长远持久的痛苦力量，比短暂的欢愉重要得多。这个世界上，显然悲剧更容易让人记住，而喜剧往往是一带而过。对于蓝色而言，让人们受到启迪和引发对生命的思考比快乐更有意义，所以大多数悲剧作品产生于他们的笔下。

蓝色如果有幽默，他们注定是"黑色幽默"的大师。这种阴沉而痛苦的幽默，阐述周围世界的荒谬，以一种无奈的嘲讽来看现代人与社会的冲突，并将这种冲突夸大、扭曲和变形，显得荒诞和好笑，但本质上仍旧让人有酸涩的感觉，在整体上属于讽刺类型的幽默。这当中，登峰造极的人物首推导演伍迪·艾伦。他本人也说："我是个不折不扣的悲观主义者。我觉得真正的幸福是不可能得到的，对于这一切，你唯一能做的是让自己尽量不去想它。"在"不去想它"这种小小的阿Q精神背后带来的温情，是蓝色永恒的基调。

● 黄色性格幽默

如果推选幽默感最差的性格，黄色，我肯定是双手双脚投上四票的。黄色对于速度和效率的要求，导致了他们思维的必然直线化。当聆听会心会意的文字时，黄色将那本来就为数不多的幽默，囫囵吞枣般匆匆嚼下，什么都没有感觉到。更有甚者，发现众人皆笑，便询问周遭的人群："你们在笑什么呢？"犹如八戒问悟空和沙僧"这人参果到底是什么味道"。待到隔壁好心解释了一番以后，黄色觉得下不了台，于是鄙夷地说道："这有什么好笑的！"借此来掩饰自己的虚弱和刚才没听出来奥妙的尴尬。

当然，这里还有一个极其重要的因素，黄色的天性是那么不敏感，对于人和文字的感受阈值远低于对事务的判断。对于黄色而言，让人们得到实惠，感受到历史和时代的进步，比单纯的快乐更有意义，所以改朝换代、伟大的历史转折总是和他们相关。

● 红色性格幽默

关于红色，严格意义上，我更倾向于用"搞笑"两个字来概括他们的能量。综艺节目《康熙来了》的主持人小S就是这样的人，她的古灵精怪让节目熠熠生辉，时常没有顾忌地调侃节目中的嘉宾们。这样的风格对于绿色的人来说很难做到，可对于红色而言信手拈来，而且的确能让大家开心。还有《快乐大本营》里的谢娜，她活泼大胆，不怕自嘲，有辨识度的搞笑风格自成节目中的一道风景。

红色搞活气氛和吸引注意的能力，做得漂亮，是语不惊人死不休；做得过头，就变成讲完笑话自己哈哈大笑，人家却觉得无甚稀奇。典型红色有着热情的天性，为了赢得大家的掌声和赞誉，有时甚至愿意适当让自己出丑。

● 绿色性格幽默

幽默在紧张状态下是永远都无法发挥出来的，绿色因为有随时轻松的状态，因而比其他三种性格更能在幽默上技高一筹。绿色的幽默和红色的幽默区别在于：红色的幽默是张扬、引人注意、无时无刻不想拿出来的；而绿色的幽默总是不经意的、状态放松的、让人细细回味后才会突然发笑的，甚至有时比红色引起的哗然效果更为显著，我们称其为"冷幽默"。

蔷薇不太安定，每隔两三年就换一份工作，且每次都是跨行，她抱着多学习新东西的想法，说服家人支持自己。两年前，蔷薇从一家管理咨询公司的顾问跳槽为保险公司的销售，身边的朋友都非常不理解，但蔷薇相信有实力的人在哪儿都能开花结果。当蔷薇和绿色老公探讨是否应该不断发展的问题时，绿色老公面无表情、不露声色地说："我们家发展靠你，我是你的保险。"让蔷薇当场大笑起来，可过了一段时间，当她再次换了一家公司，和老公说的时候，绿色老公又说："做你的保险倒霉死了，保险，保险，'越保越险'。"这让从小在父母的批判和抱怨下长大的蔷薇备感温暖。

由此公布幽默排行榜：黄色最末，蓝色倒数第二，红色老二，绿色排第一。红色与绿色到底功力高下如何？关系有点像当年相声鼎盛时，姜昆和李文华的关系。这两人一热一冷，相反相成。犹似"一位慈祥的老妈妈带着一个淘气的孩子"，与性格色彩描述如出一辙。

> 红色性格是热幽默；
> 蓝色性格是黑幽默；
> 黄色性格是硬幽默；
> 绿色性格是冷幽默。

7. 先人后己　欲取先予

时代华纳老板与绿色性格中介高手的生意经

在美国《财星》杂志七十五周年特刊的专访中，记者采访了一些杰出的财经界人士，请他们谈对他们影响最深的人和他们这一生最受用的建议。其中，56岁的时代华纳公司董事长兼执行长帕森斯说了这样一句话："在谈判桌上留点余地。"

我得到的最佳建议是史蒂夫·罗斯教我的，他过去经营这家公司，也是我的朋友。那年，我出席时代华纳董事会，我是从金融业转到这家公司的，在会议中谈到如何把事情做好。史蒂夫对我说："迪克，记得每笔生意都是小生意，但人生很长，你会一再碰到这些人。你在每笔交易中如何对待他们，都会有长远的影响。你在交易时，要留点余地，做到皆大欢喜，而不是吃干抹净。"

我遵循此忠告不下一千次。企业界大部分人不吃这套。我想，我们总要和顾问、投资银行家、律师等人周旋，每次都是一场拔河，看谁能在交易中占到一点便宜。但大家往往忘了，这些顾问会继续进行下一场交易，山不转水转，你我总会再碰面的。

绿色因为天性中不喜欢与他人争的特性，在生意场上能得让人处且让人，而非据理力争，也很少有要置人于死地的想法。本着"夹着尾巴做人，老老实实过日子"的精神，如同帕森斯的经营哲学，绿色在做生意的过程中也奉行"你赚我赚大家赚"的基本原则，而且有时宁可自己损失一些，来赢得长远的合作机会。

因为长期与中原地产的合作，我有幸与获得年度冠军的绿色中介高手交流他是如何做生意的。如果时代华纳的董事长让我们领会了绿色在角逐中留有余地的江湖风范，那么在以下对答中，我们可一窥绿色是如何平衡双方关系的。

问：你的绿色在化解你生意中的矛盾时如何起作用？

答：做中介这一行，常易碰到买卖双方很对立的时候，或是真的以前有过节，所以，我通常会引导双方站在对方角度上看问题。通常我会先告诉其中一方，首先我是很支持他这一方的意见的，然后我会把对方的难处和考虑的东西，一一分析给他听，其实，也就是在引导换位思考。通常，在我这样诚恳的"软化"下，他们会思考。如果这是一个双方互惠的项目，在我的两边"撮合"下，项目就较容易有进一步沟通的可能。另外也许是我的不紧不慢，不容易有什么太大的喜怒哀乐，双方都愿意在我这个中间人潜移默化的影响下坐下来谈。

我做生意，有一点很重要：就是什么事情都是可以摊开来说的，没什么好隐瞒的。该是什么样就是什么样，没有花招。这样买卖双方都会相信我是真心为他们着想的，即便眼前的这个生意不能做，交个朋友也是好的。

问：做中介很容易碰到狡猾的买卖方，当你的利益受到影响时，你怎么办？

答：我不会在一开始就想着自己要赚多少，一件事情能帮忙总归是好的。所以，这方面的压力对我来说不是很大。话说回来，就是因为我的赚钱欲望不是太强烈，时间久了，大家都愿意和我交朋友，所以到最后，可能就变成朋友间的合作了。当然，诚信还是最最重要的。

> 如果说黄色性格是凭借自己的努力奋斗和不屈不挠的精神及能量，达到职业生涯的巅峰，那么绿色性格则是凭借与人相处的技巧和与世无争的心态，来实现自己的辉煌。

目送你去和别的男人约会

在一对夫妻共同参加了我的性格色彩 I 阶识人课程以后,绿色的老公分享了当初蓝+黄的太太在恋爱期间"摧残"他的意志和自尊时,他是以何种心态安然度过的。

我和小澜恋爱一个月后,小澜的朋友要为她安排与一个男生相亲。按照小澜的解释,这个男人在我们恋爱前就已经安排要见面,只是因为当时那个人突然受伤而没见,所以现在出于礼貌,还是想见个面。你说,我能不同意吗?我送她上了出租车,去往他们约定的地点。在这以后,小澜又和那个男人见了两次面,理由和最初的一次是相同的。不过对我来讲,让我心里比较安慰的是,这三次见面,她都事先告诉我了。

其实,我当时完全知道她是想选择和比较一下,这是她真正的想法。当然,对小澜来讲,在对我没有承诺之前,她完全有选择权。而对我来讲,只有我在这件事情上表现得很有气度、不计较,最终,才有她选择我的可能。因此,在她与该男生三次见面之前,我并没有阻拦,并表示同意她的想法,当然在她面前要稍微表现出一点点不开心,这样能让她明白我心里完全是有她的,而且她的感觉也会很好。最终,我胜出了。

什么叫"欲擒故纵"?这个成语原来是这么来的。不少人认为绿色经常做傻事,上面的事情就是对绿色表面傻却内心亮堂的最好陈述。如此看来,恋爱技巧的确与生意技巧一脉相承,万法相通!

8. 领导风格　以人为本

优秀绿色性格领导的两种类型

以人为本的绿色管理风格，显然完全不同于以目标为导向的黄色。如果说，黄色的领导给民众的感觉更多的是尊重、敬畏与崇拜，那绿色的领导使人们感受到的则是亲切、温和与爱戴。在黄色优势的章节中，我列举了一些黄色的领导。显然，在政治舞台上的领导者，无论从数量还是历史作用或载入史册来说，黄色从古至今都是数目最庞大的。绿色因本身性格对于名利的淡泊和不争，数量上不可能和其他性格相提并论。举凡优秀的绿色领导，基本分属于以下两种类型。

第一种类型：你打江山我来守

典型代表人物是马来西亚前总理巴达维。从历史来看，开创者多需有黄色的勇气，绿色在攻城拔寨中杀气不够，显示不出功效。当打下江山需要保持稳定发展时，绿色的一贯性和持续性最能够给组织或者国家带来平稳过渡和持续发展。

巴达维在马哈蒂尔宣布隐退后，接过他执掌了二十二年之久的权杖。对于这位素有"好好先生"之称的新总理来说，治理"后马哈蒂尔时代"的马来西亚恐怕并不轻松。与一向坦荡直言、不畏强权的马哈蒂尔相比，巴达维属于温和派，一贯保持低调。寡言少语的巴达维为政清廉，思想开放，富有团队精神，因而为他赢得了"好好先生"和"廉洁先生"等诸多美誉。

第二种类型：我不入地狱谁入地狱

这种人在外界看来，基本上是"圣人"，是用自己的肉身来超度世人的。典型代表人物是印度圣雄甘地。

甘地是一位热爱和平的绿色人物。他发动全体印度人采取不合作、不妥协的和平反抗方式，凭着"以柔克制""打不还手，骂不还口"的本领，和平革命运动在国际上赢得广泛同情，最后使印度脱离英国独立。

南非的第一位黑人总统曼德拉与甘地同门同法、同道同术，属于同道中人。第二种类型，与前者不同，起到前无古人后无来者的作用，完全凭借绿色的"忍功"和"柔功"。所谓忍，就要有忍常人不能忍之志和充分持久战的准备，比如，老曼那样坐二十七年牢的耐心。所谓"柔功"，一句话："以柔克刚，不战而屈人之兵。"

绿色性格优势总结

○ 作为个体

- 爱静不爱动，有温柔祥和的吸引力和宁静愉悦的气质。
- 天性和善，做人厚道。
- 和任何人都充满人际关系的和谐。
- 奉行中庸之道，为人稳定低调。
- 知足常乐，心态轻松。
- 乐于平淡。
- 有松弛感，能融入所有的环境和场合。
- 从不发火，温和、谦和、平和三和一体。
- 追求简单随意的生活方式。

○ 沟通特点

- 以柔克刚，不战而屈人之兵。
- 避免冲突，注重双赢。
- 心平气和且慢条斯理。
- 善于接纳他人意见。
- 最佳的倾听者，极具耐心。
- 擅长让别人感觉舒适。
- 有自然和不经意的冷幽默。
- 松弛大度，不疾不徐。

绿色性格优势总结

○ 作为朋友

- 从无攻击性。
- 富有同情和关心。
- 宽恕他人对自己的伤害。
- 能接纳所有不同性格的人。
- 和善的天性及圆滑的手腕。
- 对友情的要求不严苛。
- 处处为别人考虑。
- 与之相处轻松自然且没有压力。
- 最佳的垃圾排泄处,鼓励他们的朋友多谈自己。
- 从不尝试去改变他人。

○ 对待工作和事业

- 具有润滑人际关系的天性。
- 善于从容地面对压力。
- 巧妙地化解冲突。
- 能超脱游离于政治斗争之外,没有敌人。
- 缓步前进以获得思考空间。
- 注重人本管理。
- 尊重员工的独立性,从而赢得人心和凝聚力。
- 以团体为导向。
- 创造稳定性。
- 用自然低调的行事手法处理事务。

| 绿 | 色 | 性 | 格 | 的 | 动 | 机 |

| 绿 | 色 | 性 | 格 | 的 | 动 | 机 |

过当篇

《孟子·离娄下》有曰："仲尼不为已甚者。"意思就是，圣人不做过分的事，凡事要适可而止。然而，中庸之道，谈何容易。

对常人而言，谈到自己的性格优势，内心总是欣喜的；可强调每个人的性格局限时，总会本能地反弹，由此，深深阻碍了自我认知。故此，性格色彩将性格的局限称之为"性格过当"。

"性格过当"一词，源于法律术语"防卫过当"，当某种性格的你，优势发挥过头，要么伤害自己，要么伤害他人。须知，性格本身无好坏，但每种性格都各有两面性，当我们的优势发挥过猛，必将转为性格中的过当，过犹不及，乐极生悲。例如：

- 红色有个优点，兴趣广泛，别人觉得多才多艺；但因为过于追求兴趣的宽度，每样都蜻蜓点水，给人博而不精的印象。
- 蓝色有个优点，记忆超强，但这种记忆容纳了所有该记和不该记的，包括对昔日仇恨的记忆，然后一生沉重，持续折磨自己。
- 黄色有个优点，坦率直接，这让人们沟通时无比高效，不需揣摩。但因为他们说话太直接，批判又不留情面，常让别人受伤。
- 绿色有个优点，乐天知命，知足心态贯穿一生。他们可在小小的舒适和常规生活中找到喜悦；但一不小心就不求上进，碌碌无为。

我在本篇以下四章，会带你浏览你的性格让你自我毁灭的种种可能。每种性格列举的八个核心过当，有的是让你破财消灾的皮外伤；有的却让你情感破裂、反目成仇或与重大机遇失之交臂，足以让你痛彻心扉、遗憾终生。

如果你看完本篇，有点捶胸顿足追悔莫及，不必悲伤，不必彷徨。所谓"朝闻道，夕死可矣"，比起那些自以为很了解自己的人，你是那么明智、那么勇敢、那么幸运。

现在，请开始你的软肋扫描之旅。

第七章

红色性格过当

Chapter 7

1. 聒噪咋呼　惹人厌烦

有她在，我就不用抽烟来提神了

红色富有极强的表现力和感染力，由于无比渴求被关注和被欣赏，当红色无法遏制自己的这种欲望，就会被人们贴上"爱出风头"的标签，这在童年时便可见端倪。

去一个朋友家串门，他红色的儿子充满热情地把零食全部贡献出来让我尽情享用，然后抓住我开讲幼儿园里学来的搞笑故事。讲完后，我称赞他讲得无比精彩。十五分钟后，他又跑来重复开讲之前的故事，且比前次更加投入。过了一会儿，他表哥来了，小家伙又去讲给他听，而且是一遍又一遍。一个晚上，我听到的同一版本的故事就重复了六遍。看来，这孩子的"求点赞"，症状不轻啊。

红色带动气氛的能力毋庸置疑，恰如其分地发挥让人喜爱，可惜红色缺乏分寸感与尺度的判别，不知孰轻孰重，不知控制。有一次，一个兄弟带他的新女友和大家聚会，红色唱念做打、逗乐耍宝，甚是开心，但他的一个又一个节目使整个聚会只有他的声音。这个女孩先是羞涩，然后变色，最后愠色，朋友也有些尴尬，可这位红色仍旧毫无感觉，兴致不减，滔滔不绝，结果可想而知。红色一旦成为"表现狂"，就会不分场合地表现，事后自己也会捶胸顿足，可没多久又旧病复发，故技重演。

红色喜欢听自己讲话胜过听别人讲话，他们的倾听能力极差，与黄色有得一拼。那是因为：第一，红色的注意力容易分散，如果你讲的东西不能吸引他，红色立即会被突然嗅到的其他事物所吸引；第二，红色太沉迷于自己的表演和那种被人们关注的感受了，以至于迫不及待地抢过你的话头，要秀给你看。上天赐予红色吸引听众注意的能力，如果善加运用，红色会是天生的演讲者；如果滥用这种能力，不停地喧嚣，就会非常惹人讨厌。尤其对于蓝色，那将是一种灾难性的感受。

有一次，我们部门一起出去爬山，下山后大家都觉得很累，上车后大部分人都睡觉了。只有一个助理一直在大声说话，后来发现没什么人理她，看到旁边的主管睡得很香，就先用相机把他睡觉的样子拍下来，然后哈哈大笑。她发现还是没把那人弄醒，于是拔了根头发，在主管耳朵里弄了几下。主管被她弄醒了，说烦死了，她却开心地笑个不停。她发现经理还在睡，就用自己的手机不停地拨打经理的电话。结果一车人都被她吵醒了，差点引起公愤。司机说了一句经典的话："有她在，我就不用抽烟来提神了！"

爱也红娘怕也红娘

当年我在银行工作时，一个红色客户经理就是因为过于热情，客户嫌其话多，不够稳重，不敢信任，故谢绝合作。真冤啊，比窦娥还冤。

这种热情让自己大大吃亏，有的时候也让别人哭笑不得，"电灯泡"，就是红色不小心做出来的。一个红色女孩很热心，人缘很好。她的一个朋友交了男友，每次两人吵架，她都当和事佬。结果人家和好后，她还一块儿跟着去吃饭、游玩，到最后，她的朋友因为她的存在经常和男友吵架。不知道红色是否能感觉出来？怕就怕不但感觉不出别人的意思，还以为自己做了大好事，是个大善人。

红色乐于助人，的确让人们心存感激，为之感动，但有时红色并不能判断出这个事自己是否应该帮，而且在方法上过于热烈，有时适得其反。一个学员告诉了我关于他红色父亲的逸事：

我爸爸是一个超红的人,将关心和帮助别人视为己任。某次他无意中听妈妈说到,我姑怕上高一的女儿独自睡觉有坏人(因曾有小偷摸到她的房间偷东西),在那次事件发生后,她就提出陪女儿睡觉,然后夫妻分居长达两年多。我妈对我爸说起来,也就是感慨姑姑对她女儿的迁就。而爸爸一听就情绪激动了,拍案而起,说我表妹(姑姑的女儿):"太不懂事,怎能这样?一点也不为父母考虑,太不人道了,我一定要和她谈谈。"

于是,我爸主动找来我表妹:"你也大了,该懂事了,该为父母着想,怎么这么大的人还要你妈陪着睡……"我这位蓝色的表妹一声不响,听了我老爸热情感慨的一番话,答应回去就自己睡。结果回家后,把自己关在房间里大哭,被她妈妈问了三天,才说出大舅与她恳谈的事,还责备妈妈怎么能够把这件事情告诉大舅。姑姑当场就破口大骂,嫌我爸多管闲事,自家的事用不着他来管。

结果是,姑姑气得发狠,说以后什么事都不让我爸知道了,然后继续和女儿睡。而这番话最后传到我妈这里,我妈也不敢告诉我爸了,省得他又激动地再找表妹谈话责问,这样下去事情会越来越复杂。这事只有我老爸不知道,他依旧非常得意于自己的"丰功伟绩"。幸亏是这样,否则还不知道会出什么事情呢。

我始终坚信,"红娘"这个职业非常需要红色的特质。据我的观察,优秀的"红娘"至少有大半来自红色,盖因红色乐于助人、成人之美的性格特点在此行业可全方位大放异彩。红色的存在,成就了很多姻缘。遗憾的是,有不少速配中,蹩脚得令人喘不过气的组合,也与红色脱不了干系。

红色普遍的操作手法是:我认识个女的(男的),先将彼此优点大大包装一下,让双方都充满了憧憬和遐想,心里被撩拨得痒痒的。一见面,男女双方都如坐针毡,心里大骂红娘。当婉转地向红娘表示感谢并拒绝时,红娘便开始促膝谈心:"你不能先看外表啊,内在的素质才是重要的，其实他在工作上是很有主见的啊……"结果人家又不好意思挑明，而红娘仍持续地保持高昂的状态，使人烦躁异常，避之唯恐不及。

红色有时总是希望别人全盘接受自己的好心。殊不知，别人也有自己的想法。当发现别人不能接受时，红色会立即觉得受到打击，心灰意冷，大骂好心被当成驴肝肺，其实这大可不必，注意掌控分寸即可。

> **不少红色性格这一生在"分寸"二字上付出巨大的代价，有太多的代价都是欠缺在把握尺度上面。**

2. 口无遮拦　缺少分寸

嘴巴惹祸的三种红色性格

假设红色知道了玩笑不能乱开的道理，他们是否就可以避免其他的问题呢？红色需要随时提防的是，自己的那张嘴巴有时会给自己惹祸。根据程度和性质的不同，又分成以下三种：

第一种：没话找话

红色对人热情，喜欢说话，在与人交往的时候，如果不说点什么，自己就会觉得难过，所以红色有时会没话找话。

一个游泳教练，性格直爽而且嗓门大。一天，他在一家商场里购物。一个漂亮的女士向他打招呼。他定睛一看，是他的一个学员。于是他大声说道："你穿上衣服，还真认不出来！"

某人在街上遇到一个朋友。当他刚问及朋友之妻时，忽然想起她已去世了，便又改口道："她还在原来那座公墓里吧？"

一个男生去洗澡的路上，碰到同班的一个女生，觉得应当打个招呼，可又似乎没什么话好说，却冒出一句："澡堂里人多吗？"

以上三位都属于同样的搞笑红色，只要听话者不是蓝色，顶多觉得你这人说话很怪，或者最多让人尴尬，并没有酿成什么实际的严重后果。可有的红色却不识时务，人家已经开始极度不爽了，还是自顾自地说下去。

第二种：不经大脑

先看看下面这个哪壶不开提哪壶的红色2号司机：

小刘的父亲正在住院，他最不愿听到别人说和生病相关的话。那天小刘和父亲打车回家，刚一上车，司机就非常热情地招呼他们："老爷子今年得有70多了吧？""哪有，才60多。"父亲很不乐意地回答。"您这可真够显老的。"小刘已看到父亲脸上的不满，连忙接过话，希望能止住司机的话："他就是少白头，头发早就全白了，所以显老。""那老爷子的身体可真够差的。"听了这话，父亲的脸已经拉得很长了。小刘只好赶快岔开话题……

幸亏小刘本人是绿色的，若是黄色，恐怕这个红色司机就有苦头吃了。"用得着你来多管闲事吗？怎么说话的啊？那是人说的话吗？没看到老爷子已经不高兴了吗？你就不能拣点好听的说吗？"

上面那个司机还只是对陌生人乱讲话，如果是面对熟人，那就尴尬了。他们属于只想表达自己的观点，说话前不经大脑思考，想当然的话到嘴边就溜了出来。怪不得总有红色抽自己的大嘴巴，然后号啕大哭："我恨死我自己了，我也不知道怎么回事，就是管不住我的大嘴巴。"现在全然明白了，是红色的缺点在作祟。

家底殷实的红色妈妈有次到好友家中，见朋友儿子的钢琴老师正在教学，就聊起老师的费用。聊到自己女儿的老师时，红色妈妈以为朋友的品位高，要求肯定也高，平日里也出手大方，故而推断钢琴老师的费用比自家老师的费用高，所以无所顾忌地当众说："我们家请的老师才一百五十元一小时，很便宜的。"此时朋友已很尴尬，拼命向她使眼色。红色妈妈却自顾高兴，继续评说自己请的老师肯定没有他们家的老师好，云云。后来，朋友打电话告诉红色妈妈："这老师八十元一小时,你怎么问也没问就直接说,让我非常尴尬,无法解释。"事后,这位朋友和红色妈妈的关系直线下降,而红色妈妈也为自己不经大脑思考就脱口而出的行为后悔不已。

第三种:八婆碎嘴

红色乐于分享,在听到秘密的时候,内心有着同样强烈分享秘密的欲望。所以,如果你想让一件事情传遍全公司,只要找到一个红色,然后对他说:"我告诉你一个秘密,只有你一个人知道啊,你千万不要把它告诉其他人哦。"很快,全世界就都知道了。

有一位红色的医生,某次他的好友将自己准备离婚的消息告诉了他,并叮嘱他千万不可声张,因尚未办离婚手续。但就在某次聚会上,他将这消息不经意地透露给另外的朋友,搞得那个准备离婚的朋友十分生气。而另外一位相识的人小李出于对他的信任,在紧急避孕失败的状况下,颇不好意思地向其短信咨询关于毓婷的服用方法和副作用等相关问题。这位红色的医生非常热情认真地回答了全部问题,小李非常感动。没想到,第二天医生就去告诉别人,说:"你知道吗?小李把人家肚子弄大了……"事情传到小李耳中,小李发誓此生再也不想见到这个浑蛋。

在红色"八婆"这件事上,我也算得上是巨大的受害者。2015年底,我在参加央视真人秀节目《了不起的挑战》的过程中,不慎震碎一只蛋蛋,深夜被送到医院急诊。结果第二天,那张"睾丸修补术"的内部手术通知单,被医院内部的一个红色实习医生拍了照片发送给朋友,不到半天,全世界都知道了。此事害得我被铺天盖地的"乐嘉蛋碎"的新闻包围,一时窘迫(详情见这段神奇经历的自剖录《淡淡》)。

红色以为分享秘密与分享快乐是一样的概念，都是分享，并没有什么不同。遗憾的是，他们认为的"快乐"有时是建立在令别人尴尬的基础上的。假使涉及的当事人是蓝色，恐怕一辈子都难以原谅红色的"大嘴巴"了，而红色自己还一直在混沌中，不知道发生了什么事。

港片中的"八婆"，无疑指的就是红色。因为红色的好奇心，他们对一切张家长、李家短的事情有着强烈的打探倾向和章鱼一样的敏锐，也许娱乐版面的小道消息最忠实的读者就是红色了。这也正应验了售价两英镑、搜刮名流生活的刊物《OK！》的基本法则：你OK，我OK；你不OK，我OK！由此可见，自身生活越是烦躁，就越需要八卦他人的生活。

"闲谈莫论人非，闭门多思己过"，大概就是老祖宗发明出来专门警告红色的。红色需要知道事情的轻重和分寸，需要管住自己的嘴巴。

有两种人都很容易伤害到蓝色，而蓝色也因为自身的敏感而容易受到伤害。然而，最容易在说话上伤害到蓝色的正是红色与黄色，差别在于：

对于黄色而言，话说出去可以达到目的是最重要的，所以更直接坦率，而直接的好处是快，节约时间，提高效率。

对于红色而言，话说出去是希望大家开心，如果红色意识到对方可能会不开心，通常宁可不说。只不过大多数情况下，红色因为不敏感和爱炫耀自己，所以管不住自己的嘴巴，结果造成"口无遮拦"。

> 嘴巴惹祸的三种红色性格包括：没话找话，不经大脑，八婆碎嘴。红色性格需要管住自己的嘴巴。

3. 情绪波动　要死要活

猫——红色性格的属相

老舍先生有一篇写猫的文章，里面描述了猫的情绪变化。红色的情绪变化比猫有过之而无不及，如果高兴了，便整天在自己喜欢的人身边腻着，极尽温柔缠绵，直到他人厌烦也不肯善罢甘休；反之，如果生气，就立时变成一座冰山，无论别人赔多少笑脸，说多少好话，也要摆出一脸不妥协和任性的样子。或是柔情似水，或是冷若冰霜，让人今天飞上九霄云天，明日就可落入十八层地狱。

我的小侄子，有一次回奶奶家，因他收到的礼物玩具没有其他兄弟的大，立马翘起可挂酱油瓶的小嘴，当场泪流满面。打开包装后，大人哄他说他的礼物因为颜色最特别所以包装小，他就立马眉开眼笑，到其他兄弟那里去炫耀一番——"我有你们没有的东西"。

在红色的事业进程中，"情绪化"应排名所有红色过当带来的致命伤害之首，相较而言，红色可能出现的粗心、言行不一、缺少计划、欠缺考虑、口无遮拦等行为都不值一提。将这个问题提到如此高度，是因为红色的"情绪化"，会任由情感来指引和操控自己事业的进程，当红色决定把自己的未来和人生交给情绪，而不是交给理智来控制的时候，就意味着他们开始准备"破罐破摔"。

张国荣告别人世那会儿，各地娱乐媒体引为头号大事。话说某电视台娱乐栏目的某知名女主持，是张先生的超级粉丝，在即将上台播报此新闻前，痛哭失声不能自控，导演、摄像、化妆、灯光在旁边为她一个人等候多时，而这位还没开口便涕泪横流导致无法上台，结果被予以严重警告处分。

如果说这种情绪波动是因为当红偶像陨灭这样百年难遇的事情引发，尚可理解；更要命的是，任何一件小事都可能会引发红色情绪的不稳定，而这种不稳定会让周围的人感到恐惧和担忧，从而没有办法把更重要的任务和机会提供给他。换句话来说，红色不仅情绪波动，还把机会给波动走了。

房产中介公司的老周撞上一个要买别墅的客户。在看房首日，客户就表示对房子很满意，并带着家人连续看了四天。当按照客户要求与卖家谈妥一切后，客户在电话中明确表示当天下午2点以前会过来付款，并问清了公司的详细地址和付款方式。电话刚挂，老周就开始"飘"起来，在办公室里面喜出望外地跳，一惊一乍的，搞得整个办公室的人都对他行注目礼。老周得意之际，买了一条新领带，打理了七分头，有说有笑地等那到手的鸭子。可谁知，下午2点以后，客户毫无踪影且手机关机，当时老周就像霜打的茄子脸色死灰。旁边的同事纷纷讥笑之时，只见这位老兄缓慢地拉下领带，当着众人的面用打火机付之一炬，然后转身离去，那个场面要多酷就有多酷。

没想到，第二天上午，此客户重新浮出水面，又主动打电话给老周，说昨天自己有要事被耽搁，手机又没电了，现在立刻就来公司付钱。这下轮到老周神气了，立马到经理处汇报，可没想到左等右等客户还是没来而且再次关机。从那天晚上起，老周的情绪一下降到了冰点。直到事情已过去一周了，整个人还是处于游离状态，也没有心思去做其他的业务。

这是我在给某地产集团做内训时，大家共同讨论在红色的销售身上，可能会经常发生的情况。红色情绪变化过大，在面对打击时，很是脆弱。与蓝色的不同在于，虽然在面临重大打击时，蓝色的心理承受能力也不见得好到哪里去，但至少在喜悦时，蓝色不会像红色那样得意扬扬，因此当打击来临时，红色迅速从高潮跌向低潮又冲上高潮的反差之巨大、变化之惨烈，让旁人叹为观止。

社交媒体动态的变化

● 从社交媒体的动态透视性格

红色的情绪不仅写在脸上，为了表示他们内心的痛苦，红色会用一切手段来宣泄，借以求得心灵的平衡，社交媒体的动态就是其中的一个途径。

> 所有性格中，最喜欢变换社交媒体动态和头像的就是红色性格。红色性格在变换动态和头像的过程中，觉得每天可以发现新的自己，这让内心寻找变化的红色性格充满了兴奋！

除了变换动态，红色在社交媒体动态上还有一个非常显著的特点：经常出现情绪描述。

Joyce，一个红色女性，在九天之内完成了一场轰轰烈烈的情感经历，看看这九天里她社交媒体动态的十次变化（其中有一天的上下午各变化了一次），你可以猜测到大概发生了些什么。

第1天：幸福的方式。

第2天：人善被人欺，马善被人骑！

第3天：当落叶离开树躯的那一刹那！

第4天：那双眼睛触摸到了我灵魂最深处，那双眼睛掀起了我近乎沉睡五千年的涟漪，那是我前世今生的等待！

第 5 天：快要倒下了！！！

第 6 天：越想把握，失去得越快，最终还是昙花一现，凄惨心酸的美。

第 7 天：渴望下午茶的闲淡时光。

第 8 天：用自己手里的钥匙开启幸福的旅程。

第 9 天上午：快乐时身边很多人，伤心时却只有自己。

第 9 天下午：我的天空，为何挂满湿的泪，为何总是灰的脸，漂流在世界的另一边，任寂寞侵蚀，一遍一遍……

需要特别强调的是，在四种性格中，最不会做这种事情的性格首推黄色，那是因为黄色认为受外界影响而情绪化和情感的流露都是软弱的表现。黄色绝不愿意轻易在别人面前流露自己情绪的变化。

而绿色也较少流露，是因为绿色内心的情绪波动远比红色和蓝色要少，加之绿色生怕写出来招来大家的关心和询问，从而带来更多的麻烦。不像红色，大多数的红色将自己的情绪与在社交工具上面，和情绪摆在面孔上，性质相同。他们的内心其实是期待你看见这些变化，给予询问和关心，他们并不介怀自己的情绪被他人知道，这也正是红色内心简单和透明化最好的注解。

单纯的情绪变化表现在动态或头像上，当然构不成致命的伤害和后果，最多在别人眼里只是一个小朋友罢了。然而，麻烦在于，一旦这种情绪波动开始发挥作用，红色就走上了一条"自作孽，不可活"的不归路。

● **和他分手为什么这么难**

"天作孽犹可恕，自作孽不可活"，红色就是这种自作孽的主儿。

阿糖，护士长，是我以前在性格色彩婚恋课上的学员，有一个相恋四年的无比稳定但一马平川、毫无激情的绿色男友。

黄色的老刘算是一个有头有脸的公众人物,因数次往返医院,对红色的阿糖产生强烈好感,之后每次去总是带上礼物,而此女也通通来者不拒,但始终没有对老刘传递的信息给予明确的回复,一直保持数月这种说不清道不明的暧昧关系。

某日两人打车去戏院,在车上男人开始挑逗,红色的阿糖半推半就之际嘴里却跳出"我们还是不要这样吧"。这让老刘憋了几个月的耐心全部化为乌有,黄色的男人内心发狠,从此不再与之联系。不出两天,阿糖犹如热锅上的蚂蚁,大大地后悔,拨打了无数次男人的电话,人家不接,于是换了个座机继续打,结果打通了,男人推说这三个月工作很忙,忙完了会再找她的。

听到黄色男人冷冰冰的语气,阿糖小姐犹如跌入冰窖,发了一条无比感人的短信,大意是"内心很痛,一直割舍不掉你,我以后不会再来烦你了,谢谢你对我的关照"。那位男士一看阿糖放了软档,马上打来电话意欲复合,没想到,这位红色姑娘这下又开始摆起谱来,一边哽咽,一边下定决心和他割断,忍住就是不接。那男人足足打了十分钟,发现阿糖不接,从此以后就再也没有了声音。直到晚上,阿糖小姐实在还是忍不住,电话再打回去,可惜,她再也不会有机会了。

> 红色性格经常做让自己后悔的事情,做事情的分寸感极差,总以为自己可以控制事情的进展,事实上根本不具备这种能力。

这位红色的阿糖小姐起先只是想玩一下心跳,并未想如何发展,当发现老刘带给她的是和绿色男友相恋多年从未有过的刺激,便开始动心,本以为要耍女人的小情绪,可让男人诚惶诚恐,却不知,黄色男人生平最恨女人作:这么麻烦,索性不和你纠缠了。当她发现时,歇斯底里地希望有什么方法可以重新挽救这段情感,甚至设想了直接到单位找他之类的自以为高明的招数。她并不了解,黄色男人最痛恨的两件东西是"愚蠢"+"眼泪",黄色一旦觉得你是个麻烦的人,就会在一秒钟内废掉这段情感,不再啰唆。很遗憾,红色这时仍旧重复在做的是什么呢?

一对恋人在又一次伤筋动骨的大吵之后,扭头别过。次日,女人接到男人发来的微信。

第一条:"一切都结束了,再也不想见到你。"

第二条:"别再打电话来,休想再见到我。"

第三条:"乘坐最快一趟高铁速来,我等你。"

如果只有前两段,没有第三段,两人的关系就结束了,可第三段也发出了,于是又有机会发生更多的故事,红色的人生充满变数,就是因为红色的心意太多变化导致的。

> 你没法把红色性格的话当真。因为太反复无常,而红色性格在没有碰得头破血流前,无法意识到情绪化给自己的伤害。

4. 冲动鲁莽　有勇无谋

人体情绪中心发布的冲动警告机制

人人都知道"冲动是魔鬼",但很少有人知道,这个世界上,冲动是有级别的。初级的冲动,就比如一些单纯的红色,想到就去做,譬如,买了很多类似款式的衣服,堆在衣柜里,标签都没有拆掉,更别说穿了,但还是看到喜欢的就买,克制不住"冲动消费"。单纯的红色因为叶公好龙,喜欢刺激却害怕挑战,内心深处胆子小,除了被人当成"冲头"来斩以外,没有更大的危害。

稍微厉害一些的冲动,多了一种"舍得一身剐,只要把你拉下马"的气概,只可惜,最后的结局总是吹不倒别人,却把自己折断,陷入"没把对方拉下马,却把自己拉下马"的尴尬。

悦子初到一家网站任职编辑,正好遇上组织内人事斗争,几个编辑拉帮结派,唯独晓涛素来独来独往不愿与他们一伙,于是编辑们抱团要排挤晓涛,联名上书说无法与他沟通,要求将他调到其他部门。悦子与晓涛素不相识,只是看不惯编辑们找他的碴儿,拒绝在联名状上签字。主编找悦子谈话,问为什么其他人都签了就她没有签,本意是了解情况,但悦子此时已义愤填膺,拒绝回答,曰:"不签就不签。"主编想调停,编辑们提出,既然只有悦子认为晓涛没有问题,那就让悦子专门负责和晓涛沟通好了,主编问悦子的意见,悦子气愤已极,脱口而出:"你以为可以用你的淫威压我吗?"

结果自是不言而喻。悦子本是个正直善良的好青年,却因为没有控制好自己的情绪,冲动发作,以不恰当的方式和主编对话,毁了自己的职场前途。没过多久,她在团队内就待不下去了,主动辞职。而晓涛也并没有因为她的仗义而受益,在她离开前一个星期就离开了公司。

蓝色的主编在一开始,并没有因为编辑们众口一词而断定晓涛有问题,其实只是想从悦子那里得到更真实的信息,可惜悦子被红色冲动冲昏了头脑,武断地认为主编是站在编辑们一边的,反而让主编认为,悦子绝不可以委以大任。

回头来看红色的当事人,原本是大义凛然,不与他人同流合污,最后却好心办坏事,心中无肠可断。红色一直不明白,热情助人与克制冲动是完全可以不发生矛盾的。

为什么红色在大事上会说了不算?因为他有口无遮拦的特点,心里想到的就随意说了出来,之后又考虑到新的情况、新的问题,改变主意又反悔。红色的这个特点在他的能量越强时,杀伤力也越大。普通人的冲动可能会引起剧烈冲突,让人追悔莫及;而在商海的枪林弹雨中拼杀的红色企业家、政治家,也并非永远理性、利益至上,一旦冲动起来,影响的就是整个企业、市场乃至国家。

> 一个有力量的人不会经常被激怒,
> 被无力感侵蚀的人却常会被激怒。

冲动害死人

如果此人性格中的红色被一再刺激导致冲动升级,这就进入比较厉害的冲动。

红色一生的错误决定和冲动行为皆受情绪所累,假如他们在心情不快与心情愉快时做出的抉择一致,在遭遇坎坷与顺风顺水时做出的抉择一致,那么,一生的成就将高出十倍,生活也会愉快得多。但事实上,他们经常受情绪驱使,做出让自己后悔莫及的事。

2015年发生的火锅店服务员用开水泼顾客事件让人胆战心惊,据了解,服务员和顾客并不认识,更谈不上有深仇大恨,泼开水的原因竟然只是因为顾客骂人把服务员惹火了,红色的冲动真的能把人瞬间变为魔鬼。

按新闻报道,当时客人正要服务员替她加水,服务员告诉客人锅里还有水,客人的态度不好:"快加水,不然烧焦了怎么吃?""你的服务态度不好,怎么这么慢?""把你们经理找来,我要投诉你!"

服务员被这几句话说得很不舒服,回了一句"你不要装",转身走了。可没想到客人真的投诉了他,还发到网上,导致服务员当时就被经理批评了。服务员很生气,找到顾客就问:"我哪里不对,你为什么要发微博?"客人毫不客气地回应:"你有没有家教?跟我这么说话?"让这位服务员瞬间觉得顾客辱骂了自己的妈妈,导致了最终的悲剧。

据事后采访,原来这个服务员从小在单亲家庭长大,很小的时候就没见过妈妈,无法容忍别人辱骂妈妈,这就是点燃魔鬼的那根导火索。他回到后面厨房,拿碗盛满了开水,温度计显示温度是99摄氏度……

骂人的确不对,但后果如此严重的举动居然只是因为被骂人的话刺激了,不得不让人感叹红色冲动的恐怖。虽说这是极端案例,但红色一生的错误决定和冲动行为常受情绪所累。当红色心情愉快、安心思考时,他们常常能迸发出无数令人惊叹的好点子;但是当他们心情不快,或是恰好被刺到心中痛处时,常常无法控制自己的行为。冲动过后,就算以泪洗面、后悔莫及,也无法让生命重来,让平静的生活继续,这是许多红色一生中最大的悲哀。

5. 变化无常　随意性强

变！变！变！

红色首先是"计划无用论"的倡导者，天性里压根儿就不想定计划，有时也知道自己的毛病，就索性装模作样地定了个计划。可谁知定了计划之后，计划不如变化快。刚定的计划眨眼就可以废掉，让人更加吃瘪。你想啊，如果你不定，其他人也就"兵来将挡水来土掩"不准备了；你定了，人家非常当回事地去做，结果，你一变，人家前功尽弃，全部心血白费，这不是耍人吗？

小表妹称周末会从苏州到上海来，原定周五下班后起程。大家在等她吃饭时，她说还在加班，并称周六一定到，要请大家吃午饭。到午饭时间，打电话给她，回答说"早上起晚了，没赶上火车，抱歉，下午肯定到"。大家早已不期待下午到时，果然，又接到短信说另有一同事要求与她见面叙旧。最后半夜回家，一通门铃，满脸红光，兴奋异常，开始列出给每个人的礼物，大聊一天的"奇异"之旅，此时已夜里12点半，红色小妹越谈越勇，我等早已哈欠连天。

为何红色总是高喊"计划无用，变化有理"的口号？原来，红色对于一成不变的痛恨，源于对变化与体验的无限追求，而对死板和程序化感到痛苦万分。小学一年级，老师让学生抄句子，小胖就突发奇想，作业本干吗要从上到下、从左到右地写字？于是代替以从右到左、从下到上，交上作业以后，老师看得莫名其妙。由此可见，人们称之为"少儿多动症"的孩子多属红色。红色如果一味追求变化的快感，不加控制，也不愿意静心专注在一件事情上，长大成人后，势必在事业上一无所获。

某人在美国读书,最早选的是市场专业,可是在找实习单位的时候,却发现此专业对英语口语的要求非常高,于是向校方申请改换专业。一个月后,她换到了同样是商学院下面对英语要求没那么高的会计专业。按照规定,改换专业后,必须重学新专业的所有科目,这就拉长了她的在校时间。

看着同时进校的同学一个个都毕业了,她发急了,觉得会计枯燥乏味,注册会计师证太难考,天天对着那些数字报表简直要疯了。于是,她再次提出了申请,希望能换到人力资源专业,因为听别人说这个专业不需要考证,很容易毕业。

可当她学了一段时间人力资源后,听说这个专业毕业后不好找工作,心里又不安起来。突然,她看到一份应届生薪资调查表,发现上面显示金融专业毕业后平均薪酬高,顿时觉得抓到了救命稻草,立刻提出申请,又转到了金融专业。

就这样,每一次转专业,她都要从头学该专业的科目,当身边的同学开始工作的时候,她还在学校里不停地挣扎在各个专业之间,耗费了一年又一年,却因为一直不停地换,没专注在一个领域,虽然花了很多时间和精力,却没一个专业是她擅长的。

> 因为红色性格太喜欢变化了,他们在职业的选择上,缺少一种安宁的幸福感,经常栽倒在"常立志"而非"立长志"。

红色极端沉不住气,而且觉得固守一份工作非常无聊。在所有性格中,跳槽频率最高的首推红色;而绿色跳槽频率最低,是因为绿色希望稳定而不变化。很多时候,并不一定是工作没有乐趣,而是红色觉得是不是自己该挪挪窝了,他们认为自己既然要体验人生,那就应该疾驶在快车道上面。

很多红色非常有才华,而且急切地希望获得人们的掌声,但是太喜欢台前,不愿意投入时间和精力来赚取他们所要的赞美。红色在刚开始时的出色表现和他们特有的魅力总是能够吸引一大群人，然而只需要一点时间的考验，你终会发现，作为短跑的健将，他们总是无法到达长跑的终点。

为何她要脚踏四条船

红色喜欢变化，除了对一成不变的厌烦外，重要原因是：红色对"不确定"的钟爱。这是红色一生中很重要的旋律。在红色的公式中，"不确定"="可能性"，因为有了可能，人生就有了希望，这恰与红色优势中的积极乐观和充满期待又关联起来。

红色是追求梦想和希望的人群，如果人生的事情完全有了规划和预知，红色总觉得生活缺少或遗漏了一些什么。这种心态，推动着红色对人生不确定的追寻。

蓝色对红色总是强烈抱怨：我希望和你现在就确定具体何时何地见，可你给我的回答永远是"到时候再约"。对蓝色来讲，事先做好计划，可以避免一些不必要的临时麻烦，将生活秩序规划好，就是安全和可预测的，这对蓝色来说很舒服；而对红色来讲，时间一早就全部确定下来，万一那天有其他事，那该怎么办？为了不错过有可能的万分之一的瞬间，红色宁可预留好所有的变通空间。

红色被自己这种"万一有更好的"心态严重误导了人生，因为红色连把握现实的能力都没有，遑论把握将来。假设红色没有充分意识到自己的"不确定"在与他人相处时所带来的麻烦，他们首先会在自己的情感上被自己所害。

> 蓝色性格在自己的意中人出现之前，会以巨大的耐心筛选；红色性格更愿意在情感的不断体验中，去求到自己的真爱。

情感中的变化，蓝色的特点是没有最好只有更好，蓝色在情感的历程中不断搜寻和等待意中人的出现。这与红色的差别是：第一，蓝色认为如果你不是我要找的人，即便你令人心动，他还是会自动停止或者放弃；而红色明明有时知道不合适，可是仍旧会开始一段情感。第二，蓝色在等待自己心目中的人出现之前，会以巨大的耐心慢慢地筛选；而红色更愿意在情感的不断体验中去寻求自己的真爱。蓝色决定放弃，做起来并不容易，但是挣扎之后还是会放弃，这也就是蓝色不轻易言爱的原因；而因为红色喜欢变化和不喜欢稳定的特点，相对而言，红色是四种性格中最容易经历情感广度的。

一个红色女生，曾同一时间周旋于四个男人之间乐此不疲！我很纳闷她每日约会如何设计，更好奇当她面对A时如何处理B、C、D的手机来电，她却正享受这种众星捧月的感觉。

表面上看，她沉浸在被很多人围绕的感觉中，更重要的是，她在享受潜意识中那种"不确定的快感"。这种快感，源于红色"什么都想得到、什么都想尝试"的心态。红色还没有学会"舍得"二字的人生内涵，他们只会在变化的穿梭中寻找那种虚幻的幸福感。这种情况在红+绿身上很少出现，因为他们性格中有绿色的稳定、不喜欢变化；但是如果发生在红+黄身上，有可能因为黄色的征服欲而更加明显（详见《性格色彩单身宝典》和《性格色彩恋爱宝典》）。

遗憾的是，大多数红色以为自己有能力驾驭这样的关系，最后通常都败下阵来，反而沦为自己情感投资战线过长的受害者。极为不幸的是，最终那个红色女孩被其中一位心理不健康的男人，用硫酸终结了引以为傲的容貌，从此活在生不如死的世界。

# 6. 不守承诺　杂乱粗心

没有"比较级",只有"最高级"

以四种性格的可信任度来讲,蓝色最值得托付和信任,红色的可信度在四种性格中最低。究其根源,变化无常固然是一个原因,而夸大其词与承诺无法兑现,是红色不易被信任的致命点。

作为思维相对简单的性格,红色容易被周围的事物感染,有感而发。重宽度而不重深度的特点,又使其喜欢同时操作几件事情,因此浮躁而不愿仔细研究。红色形容一件事情,往往首先是粗糙的、不精确的,从而造成夸张的效果。

红色刚看了一部电影,会告诉你这是他看过的最棒的电影;参加完一次聚会又马上告诉你,这是他有史以来最难忘和最激动的一次聚会。他们的神情和真挚的眼神不由得你不相信,可是当你相信了一次以后,你会发现没隔多久,他又会最难忘和最激动一次,让你觉得自己的相信大受伤害。原来,在红色的一生当中,"最××"的事情发生了多次。当然,他"最最最"喜欢的歌可能也至少有二百首。

> 红色性格的词汇当中没有"比较级",永远都是"最高级"。

怪不得娱乐主持人一上舞台,动不动就说:"哇,今天的表现真是非常非常……""你看,我们的嘉宾今天的打扮真是非常非常……""你给人的感觉好像一直都是非常非常……"似乎语言贫瘠到除了"非常",就再也想不出来其他的副词来修饰了。所以当你听红色的语言时,你要学会有技巧地分辨当中到底有多少水分。

中介老周在别墅交易中的情绪化在本章第三节各位已有耳闻,这次见识一下老周的积极热情所带来的夸大事实。话说老周带客户看楼盘，当客户问到一块空地的时候，其实那里本身只是一条绿化带，老周却对客户说这是一片一望无垠的绿地，并信誓旦旦这必定是规划，当客户核查后发现与事实不符时，老周火速逃避，让经理去做挡箭牌。

为何在很多红色的词汇里，"一条"等于"一望无垠"？不可否认，红色的优势是极强的表达能力与感染力，生来就具备将形容词任意穿插的能力。然而，红色对语言的表达能达成的"效果"的追求超越了一切。只追求语言的感染力，让红色对语言的"精准"完全没有敬畏心，因为"精准"代表了说话的保守和留有余地，这显然是蓝色的最爱。

> 红色性格看重说话的效果；
> 蓝色性格看重说话的精准；
> 黄色性格看重说话的结果；
> 绿色性格看重说话的人际。

你问一个红色，今天晚上演唱会如何？红色可能会和你说："通通坐得扑扑满，别提了，人山人海啊，根本没法描述。我告诉你啊，今天这票可特别难弄啊，唱得特别好啊，没办法形容了！"可实际上同样的场景，到了蓝色嘴里，可能就变成："也就不超过 60% 的座位有人，开场 15 分钟门口据说有很多退票的人，其实我觉得还没有上次唱得好，人明显老了，声音也不够亮。"红蓝两者的描述特点由此可见一斑。注重"效果"者注定有感召力，然而片面追求讲话的效果，不顾事实真相一味地夸张，难免夸大其词。

为什么他的"我爱你"如此容易说出口

"吹牛"与"乱承诺"是红色的好兄弟。在不被他人信任的行为中,如果说"吹牛"只是"违法",那"承诺不兑现"就升级为"犯罪",它们表现的是递进而非并列关系。

某客户服务经理在听完客户提出的要求后,当场给予承诺:"一定会在×月×日前办妥,并会通知结果。"然后随手将事情往手边的小纸条上一写,结果,几小时后,字条也不知去哪里了,事情也全忘记了。若干月后客户上门投诉,造成的损失已无法挽回。

某湖南勇士到上海创业,总对家乡人吹嘘他在上海做得如何成功,结果很多乡亲听到传闻,远道而来投奔他的公司打工。其实就他那屁大点的小公司,根本不需要人,最后,他又不敢直接面对,选择了逃避,只能由他的太太出面做恶人来说明实际情况,给他擦屁股。从此以后,那个太太就被家乡人民一致认为——"上海女人,就是小气和恶毒",这个太太郁闷至极。没过多久,实在忍受不了红色的随性和喜欢吹牛的特点,愤而离婚。

这位湖南勇士简直与《马大帅》中范伟饰演的"范德彪"是一个模子里刻出来的,那种"忽悠要面子"的特性放到这里再合适不过,一句话——"打肿脸充胖子",道破了所有的奥妙和天机。

按照性格色彩中红色不被信任定律,假若红色读到这里仍旧无动于衷,那基本上这个红色必将重复跳五步华尔兹:吹牛,承诺,事情发生硬顶,扛不下去跑路步,挨骂被批后认错。

我们不奢望红色将承诺看作泰山,但显然红色常将承诺当成鸿毛,逼得人们对红色说的每句话都要进行分解。造成红色说话不算数的根源到底是什么?

原因一：考虑不周

姑父是信鸽协会的会员，尽人皆知的热心人。某日见邻居抱着满身痱子的小孩，就说："哎呀！怎么不给他吃点鸽蛋呢？治疗痱子效果很好的！""是吗？那你们家有吗？卖点给我吧？"姑父大人当场自豪地说："送给你，老邻居了，买？多伤感情啊！跟我上楼拿吧。"结果冰箱一打开，一个也没有。"哎呀！真抱歉，让我女儿吃光了，过些天我送过去吧。"最后等小孩的痱子好了，那鸽蛋还在天上飞。

这件事的起因是红色的热情助人，但是考虑不周。

原因二：不负责任，不拿他人死活当回事

绿色的阿汤无奈地向我陈述了一件旧事："我朋友的太太在一家幼儿园当园长，当时我小孩要入托，我和他关系又非常好，理所当然找他帮忙。朋友拍着胸脯讲这些小事包在他身上，让我在家静候佳音。可一星期过去了，也没有等到他的回音，等我再与他联系的时候，他居然说把这件事情忘记了，而那时入托的名额已满，最后只能告吹。为这件事情我痛苦了很多天。"

因为阿汤是绿色，你可以感受到他的宽容，若阿汤是蓝色，必然从此老死不相往来了。这种红色承诺无法兑现的情况，在现实生活中屡见不鲜。

让我们从恋爱的语言中来迂回探寻红色的真实动机。

"我爱你"，常见于恋人中情感的直接传递，依性格不同背景不同，传达方式有很多变式。整体上，红色表达这三个字的顺畅、爽快与直接，远胜于蓝色。

当红色投入热恋，说出"我爱你"，此时的含义是，我希望你能

够理解此刻我的内心所想，我必须借助这三个字来传达我对你的千般柔情、百般蜜意。至于以后怎样，以后再说，人生得意须尽欢，莫使金樽空对月。

蓝色恋爱数年，口吐三字仍难度重重，那是因为蓝色首先想到：如果我说"我爱你"，你并不爱我那怎么办？如果我说爱你就要代表"为你负责"，我现在有能力承担责任吗？如果我说爱你，代表要和你结婚，万一不能和你结婚怎么办？……

两种性格走了两条不同的路线：红色是从心→口的直线，而蓝色是由心→脑→口→脑→口→脑→口的弧线。在这点上，注定了蓝色在深思熟虑上超过红色；另外，蓝色说话喜欢留有余地，而红色，容易说满，出了问题，连补救的话也没有。

> 红色性格欠缺思考、重在当下、不留余地的表达方式，反而让自己成了热情助人的受害者，实在大大不值。学会凡事三思、留有余地，是红色性格应该着力去完成的功课。

"我宁可让你知道，而非让你失望，让我看看我的日程表，想想再给你答复"，这对红色的个性修炼，绝对是有用的话。

马大哈生六子，各有粗心不同

假设红色是只蝙蝠，这只蝙蝠难被信任，从它的生理结构就可找到答案。

蝙蝠的左翼是"吹牛不打草稿"，右翼是"疏于兑现承诺"，左脚"变化无常"，右脚"马大哈"。前面三者已经专门论述过，对于"马大哈"，我们要分开处理区别对待。所谓"老马六子，各有不同"，分别是老大"丢三落四"、老二"心不在焉"、老三"想当然"、老四"得意忘形"、老五"张冠李戴"、老六"粗枝大叶"。

老大：丢三落四

第一类：糨糊脑袋，家常便饭。

只要人别丢掉，丢手机对于红色实在是太正常不过的事情。究其一生，红色用在找东西时间上的总长度，可以以年为计量单位。更重要的是，手机丢失的原因通常是忘在出租车上或者随手放在桌上找不到了……无数红色，信誓旦旦一定要把手机拿在手上，用完装进口袋里，但是到了出租车上，接到电话聊得兴起，聊完后随手往座椅上一放，下车时还是忘了拿。

第二类：一心改错，越想越错。

老大一听说有人批判他没脑子，就激动来气了，但仔细想想，说得也有道理啊，于是下定决心不畏艰险一定要改正过来。比如说，以前用完东西随手搁在某处就再也找不到了，这回一定要在手里抓牢。结果手里拿着钢笔，提醒自己绝不可以随手乱放，走到电视旁关了电视，重新回到书桌，开心地坐下，发现钢笔没了，回头一看，在电视机旁。也就是这位，从北京医院拿到爷爷的胃切片检查报告后，回家取了行李脚不沾地赶到二百公里外的乡下。谁知到乡下老家后，发现竟然把报告忘在家门口鞋柜上没带回来。爷爷正等着检验报告到当地医院治疗。你说这不得把人急死吗？

一生当中红色有十分之一的时间，都是用来寻找东西的。你以为红色不想改吗，很想！并且努力在改！那为何改不掉？红色看了本书以后，就给自己找了个借口，对天长啸"我红，故我在""我终于找到经常丢东西的理由了"……不要被他们蒙蔽，他们只是拿我的书来做挡箭牌，真实的理由只有一个，那就是——"红色，是最容易原谅自己的人"。

第三类：欲罢还休，引狼入室。

为了解决自己的后顾之忧，红色强烈要求买最高级的防盗门，这样可以高枕无忧了。结果是什么呢？关门以后，把钥匙挂在门上，厉害啊，送给贼的钱还嫌不够多；到取款机取钱以后，银行卡却总是忘记取出来。这些都称为引狼入室。

如果是卡取走，钱倒是留在那儿，好像忘记自己是来做什么的，那要么说明你是陈景润，要么你就是老二——心不在焉。

老二：心不在焉

阳光明媚的下午，老二慵懒地拿着一个随身听听音乐，突然发现乌黑的长发有几根分了叉，拿起剪刀咔嚓一刀，分叉没掉，把耳机剪断了。好准的眼神，好高的功夫，佩服啊佩服。若是绿色，屁大股沉，坐在那儿才懒得去管他呢，晒太阳就专心晒太阳；红色，典型的吃饱了撑的，晒太阳也闲不下来，典型的"多动症"患者。

这种红色的表现方式是：做事情不用大脑，明明看他双目圆睁、两耳竖起，其实脑子里已经开始大闹天宫了。如果说红色和绿色都会做事情心不在焉，那么他们的差别是：绿色做错事情是完全按照不思考的惯性去做，根本没用大脑；而红色本质上是希望灵活用脑的，可惜在边做事边想女朋友的状态下，切菜时太激动，从此以后，他的身体上就再也没有左食指这个部位了。

老三：想当然

我与两个红色合租一套公寓。一天出差回来，发现门锁已换，进不了门，第一反应："我得罪他俩了吗？为啥要把门锁换掉，想把我拒之门外？"后来才知，原来我不在的这段时间，他俩有一晚约好了一起去玩，到了外面又是唱歌又是喝酒，快乐无比，等到半夜归家时，发现两人都没带钥匙——我也是服了。最后我问他俩，出门前都没想到钥匙的事儿吗，两人异口同声回答："我以为他会带！"

"想当然"的背后是"不求证"。但凡这两个一起出去玩的红色，其中有一个人事先多说一句，和对方确认一下，就断然不会出现这样的狼狈。红色完全没有严谨的求证心态，就连最基本的确认也疏于去做。但更悲催的是，红色完全不会真的在意这些，等到脱离困境后，你说他的时候，他点头认罪，转眼还是"好了伤疤忘了疼"，依然故我。

老四：得意忘形

这属于那种给了鼻子上脸，不知道东南西北的类型，颇有拿着鸡毛当令箭的风范。

老四，单位任职出纳，每天很多人找她报销，无比开心，会自言自语说："哎呀，我是多么重要，还很吃香的！"明明喜欢热闹和有人找她，却会对着人群大声叫："嘿！你们这样乱哄哄的，让我怎么做事，以后报销一千元以上要预告。"如果今日无人报销，就自言自语："今天怎么没人来呢？不行，我要去通报，谁手里有的要先拿来报掉。"然后就从一间办公室走到另一间办公室去说，或者是一个一个地打电话。此外，每月的报销统计要把单子和发票合在一起对账，她总是一惊一乍："哎呀，怎么少了一万块发票？是谁没交发票，快，站出来！别等我逮到你！""呀！不对不对，没有少，还多了三千块发票呢！""这张一万二的发票是哪一笔呢？想不起来了！"工位靠近财务室的同事不得不天天忍受她的"噪音干扰"。

看来马大哈家找了一个得意忘形的出纳，时常找不着北了。按照《现代汉语词典》的解释，"得意忘形"就是形容浅薄的人稍稍得志，就高兴得控制不住自己。这简直就是对红色过当的完美描述！思想没有深度，稍受刺激情绪就容易兴奋，缺乏自我控制力，样样都是红色。所以，红色要切记："不能得意，不能得意，一得意就要错！"

老五：张冠李戴

学生时代，死党大头给女朋友和女性朋友寄信，写的时候我就让这小子当心点，别得意忘形给弄反了，得到的回应是"开什么玩笑，怎么可能"。信寄出一个月后，两个女人都渐渐不和他来往了，大头现在可以改名叫头大了。

司机小吴负责大老板专车，今天刚换了奔驰，在小车班里炫耀着，正得意时，老板要出车："小吴，锦江宾馆！"小吴问也不问，非常开心地将车开到了浦西的锦江宾馆。结果老板要去的是浦东锦江！

前面老四已经警告他不要得意忘形了，结果还是得意，得意忘形者，大脑必不经考虑。

老六：粗枝大叶

姐姐打来电话，无比气愤地质问家里化妆台上的瓶子里装的是什么东西。原来姐姐早上匆忙，拿了妹妹的发胶水，以为是爽肤水喷了一脸就出门了，在路上发现整个脸绷得紧紧的，如同做了一次拉皮。

朋友从澳大利亚带回羊胎素口服液分别送给老妈和丈母娘，包装里另附有小瓶。有次回家，老妈举着小瓶向他抱怨："这羊胎素怎么这么难吃？"仔细一看，小瓶里装的是羊胎素面霜，他老妈以为是买一送一结果当成口服液硬吃了一大半。这绝对可以入选本年度红人荒唐榜榜首！最搞笑的是，赶紧采访典型红色的丈母娘的情况，原来也是吃了一口，但发现不好吃就停止服用。想起他老妈是个红+黄，不仅粗心，还有黄色的毅力来坚持这种粗心，硬吃了大半瓶。生猛啊！！！

老六秉承了马大哈所有的优良传统，并将它们发挥到极限。相比较情绪波动、冲动鲁莽、变化无常，这马大哈也算不上什么天大的毛病，这样红色终于有了一个可以原谅自己和调侃自己的借口。的确如此吗？糟蹋自己，是你自家的事情，只是有时，这马大哈如果帮你办事，那你可要遭殃了。

柏杨先生的杂文中曾经提道：在纽约大街上，一人晕倒，送到医院，医生一看就以为是急性盲肠炎，一阵大乱之后，把他推到手术室，宽衣解带，就要大动干戈，却在腰带上赫然发现一块小木牌，木牌上写道："敬告医生老爷，我有一种昏眩病，不要理我，过两小时会自然苏醒，千万别当作急性盲肠炎，我已开了七次刀，再不能开了。"

估计这病人也是个绿色的主儿，能任凭他人开错七次刀。然而，不管怎样，总比"一个妇人在手术后卧床不起终于死去，若干年后迁葬时，骨架里赫然发现一把剪刀"的故事要好一些。至少我是害怕红色医生的，尤其是牙医，给你看过牙后，一直皱着眉，然后非常歉意地向你表示："不好意思，我吃不准刚才拔的是哪颗，让我再看看好吗？"晕倒！

> 不要被红色性格"我无法改变"的借口蒙蔽,那些人只是拿我的书来做挡箭牌,真实的理由只有一个,那就是——"红色性格,是最容易原谅自己的人"。

7. 虎头蛇尾　缺乏自控

如何走出"三天打鱼，两天晒网"的深渊

"三分钟热度"对红色来讲也许算不上什么大毛病，红色往往凭兴趣去做事，总是情不自禁地做"喜欢做"的事情，而非"应该做"的事情上。

老马在周一决定要辞去工作，自己开公司创业，第二天晚上开始写起小说，周三宣布提前退休，要专心做一件事情：全部时间投入写作。他把每一个新计划都煞有介事地视为人生最高的目标。而每一个都是在还没有开始之前就已经出局，长久地滞留在空中楼阁痴人说梦的层次。

来探究一下原因。

第一，红色性格的兴趣为什么那么广泛

红色希望自己是全能的，他们不像蓝色那样，喜欢听到别人说"这人做这行已有二十年了"之类的赞美，而是喜欢听到"这人是画画、写字、乐器、芭蕾、游泳样样精通"。对于红色的内心来讲，"博"比"专"更加重要，这是红蓝两种性格，非常重要的人生取向差异。

红色喜欢拥有很多开放的选择，他们的想象力是那样丰富，一旦开始，就感觉已经完成。拥有很多选择让红色在失败的时候有逃脱的理由，别忘了红色会为了避免被你责骂或批评，而为自己寻找理由。

从这个意义上来讲，红色和绿色一样，也会有"掩耳盗铃"的心态，万一不行，可以撤。差别是：绿色会骗自己什么都没发生，红色

则骗自己发生了总有办法解决啊，所谓"车到山前必有路"。

"盖茨最聪明的地方不是他做了什么，而是他没做什么。以盖茨的实力，他可以买下纽约，可以去做房地产，但他专注在自己的操作系统和软件的研发，而不被市场中别的诱惑所吸引。"这是盛大老板陈天桥常说的一句话。陈天桥以此为鉴，向他的团队强调专一方向对事业发展的重要性。

学会理解"舍得"二字的真义，将避免红色什么都会一点，什么都是半瓶子醋的现象。对于红色，"不是做了什么，而是没做什么"，这句话具有同样里程碑式的意义，是劝诫红色切勿"贪多嚼不烂"的有力补充。

> 红色性格需要在人生中明白，因为自己过多的人生兴趣和目标，贪多嚼不烂，重要的不是做了什么，而是没做什么。

第二，考虑片面不周全

小胖是很容易被新想法改变的人，他开了一家小贸易公司，原来在上海浦东租了一间有派头的办公室，总共也就两个人办公。后来他觉得离家太远，无法照顾家里，所以决定买商住两用房，把办公室和家搬到一起。结果贷款70万元买了房子，当时信誓旦旦地对老婆说："放心，最多两年就赚回来了。"搬到一起以后，又觉得女儿在家会影响他做生意，有损他的老板形象，于是又在家的楼下租了一间办公室。同时他还要买车，说可以再贷款。

他去滑雪也是副鬼样子，在没有掌握任何技术的时候，先从网上下载了一堆滑雪器材的资料，然后是从衣服到器材置办全了，之后觉得太难了，就从来没去过一次。

如果说"兴趣太多"导致的是目标的移动和游离，是战略上的问题，那么"欠缺考虑"则是战术上的问题。欠缺考虑的深层原因是：

红色过高地估计了自己的能力，红色强烈的自恋倾向，让他们坚信自己是优秀的，不愿意承认自己可能不行。如果同时做几件事情，即便是失败了，红色也不会感到自己的能力不足，反之，如果专注在一件事情上而不成功，红色则很可能受到打击。

第三，虎头蛇尾，不能坚持

前面滑雪的那位是买了就作废，有的红色比那个稍微进步一点。

胖胖和我说今年一定要去游泳。先是逛街买了游泳衣、潜望镜、耳塞，又办了年卡，我劝他办个季卡就足够了，买多了万一不去多浪费。他严肃地望着我说，就是为了杜绝自己的坏毛病，所以一定要买个年卡来逼迫自己进步，另外年卡比季卡也便宜。但到昨天，我问他"你去了几次"的时候，回答说两次。"为什么只去了两次啊？""忘记了。"再问下去，恐怕连卡都找不到了。

胖胖至少买了还用了两次，如果说前面那位小胖的境界压根就是心血来潮，后面的至少还在潮里扑腾了两下。表面上看，后者比前者有进步，其实只是"五十步笑百步"，两者是"一丘之貉"。

某女访友，于房中见小犬，一见倾心。问知此犬乃房东之物。拜见房东，答曰其子所购，已数月。遂表示求购之意。翁不许，恳求，恳求，复恳求。翁无奈，称需电询其子。翌日再次登门，翁面露难色，称其子不舍。痛苦，夜不成寐，三顾府上。精诚所至，翁复电其子，话毕，曰："可，然价甚高，恐尔无力承担。"大喜，倾尽所有兼友人相助，凑至三万大洋，终得之。此后小犬扔于房内，疏于打理。

费了一番周折到手后，却扔在一边置之不理，这同样是"虎头蛇尾"的另一版本。这都是因为红色兴趣上头，激动一番后热情迅速消退。

总体上来看，"虎头蛇尾"具备的共同特质是：激情在先，平淡在后，少有持续燃烧激情的。

> **红色性格始终是那个"在金矿前五十米的地方停下来的人"，这让他们在人生和事业的进程中，平白无故地被自己损耗着。**

红色苦思不解，为何人人都在玩命，而不懂得选择轻松的人生道路走？由于他们的激情澎湃，红色比其他任何颜色都能着手实施更多的计划，然而他们的完成率却是最低的，这正是因为红色不能坚持。

红色是不稳定和散漫的，因为无忧无虑，看不到自我约束的好处，充满了不能满足的破碎梦想。如果能制订行动计划，并按照计划完成每一步，且对他人负责任，红色将享有无限的美好。

8. 逃避责任　拒绝长大

敌人火力太猛，我只能招了

　　蓝色和黄色在承担责任上面，都充分显示了决心、承诺和勇气，相比较而言，红色与绿色两种性格却很单薄、羸弱、无力。

　　绿色的"不想承担责任与压力"，是因为绿色非常被动，需要稳定，他们可以一生跟定你，而自己完全不用担负做决定的责任，绿色经常以别人作为他们生存的核心，而忽略了发展自己的人生目标和方向。

　　红色的"逃避责任与压力"与绿色的差别在于：红色完全有自己的目标和想法，也有强烈的冲动，可由于低估形势，问题出现了，才意识到严重性，因为害怕被骂，所以，不敢承担责任。孩童时代的红色为了逃避长辈的责骂，就已经开始自动应用"说谎"作为他们的人生利器，以逃避责骂和批评，没有受到正确教育引导的红色，渐渐地也开始演变成为匹诺曹。

　　公司聘请的兼职设计师是红色，很有创意，想法很多，但压力一大就要逃避。近段时间来，公司给到他的设计任务较多，他的拖延现象也日趋严重。一天，主管给了他一个很重要的活，说好第二天下午4点交稿。

　　次日中午，主管担心他不能及时交，打了个电话，希望确认下，结果长时间无人接听。到了下午2点、3点、4点，主管各给他打了一个电话，均无人接听。

　　主管无奈，给他发信息："是不是交不了？交不了也说一声，不要玩儿失踪啊。"还是无回复。

　　到晚上8点，他才回复："不好意思，手机掉马桶里，用不了了，刚修好。"

主管很晕:"那个活儿干好了没有?"他说:"快好了,还差一点点,今晚肯定好。"

结果,主管一夜没睡好,也没收到活儿。

次日,他依旧以各种理由拖延逃避,直到深夜才匆忙完成。

红色最大的问题是不敢正面面对问题,即便完成不了也不敢说实话,其实答应了再逃避,比一开始不答应还要糟糕。

逃避压力在现实工作和生活中的表现有很多方式。

小胖是我们圈中的"活宝",每次聚会的发起人。一次外出旅游,在午饭时,小胖因抢座位与人发生争执,可当我们都要与对方抢起板砖时,这家伙居然人间蒸发了,过后才发现他吓得躲到酒店楼上去了。

有一个红色的房屋中介业务员,前面事情都很顺利,但是在交房环节上出现了问题,因为签合同前没做移交清单,结果出现房屋的质量问题。在此过程中,红色的业务员开始欺软怕硬,言语中总是倾向于强硬的黄色的上家,导致红色的下家极其激动,最后双方矛头都指向业务员。当双方大闹到公司来时,红色的业务员告病逃回家,让自己的经理出面解决。

最搞笑的是我的一位朋友,连锁餐饮店的董事长,某日到商务大楼内新开张的分店巡查。因开张初期,生意爆棚,发现有几个宾客无人照应。这位红色老板充分发挥一不怕苦二不怕死的热情,丝毫不在意自己的地位,来到几人面前主动请缨。点菜完毕送单到后厨,不想半天不见踪影,待到客人催促,红色老板发急跑到厨房一问,结果连单子都踪迹全无。这下可把老板急坏了,这边客人在催促,那边厨房忙得也是一团乱麻,无奈之际,老哥脚底抹油开溜。谁知运气不好,点菜的主儿当中,有个厉害的黄色女人,此人也够执着,到门外的过道上兜了几圈,把他给抓了回来。原来人家早从他的服饰上判断，此人身上有油水，本想抓到个店经理弄点折扣，只是没想到他是最大的老板。红色老板好说话，黄色女人提出要免单，被逼无奈，只能全免！

以上三位，无论职位是高是低，从业背景有何不同，本性都是相通的，自己惹麻烦又怕麻烦。红色本能地逃避压力，习惯于先做让自己感到快乐的事，而把该做的一直拖到最后，哪怕心里有紧迫感和压力。等到发现实在无法回避，告诉自己"打不过还躲得过"，结果是"躲得过初一躲不过十五"。

本质上，红色缺乏对现实中可能到来的痛苦的思考，也就是说，红色内心本能地想逃避痛苦，不愿意承认现实是有痛苦存在的。

> 当痛苦的经验接近时，红色性格逃得远远的，不是采取实际行动，而是沉溺在想象的自我麻痹中。如果逼红色性格去承认痛苦，他们就试着把痛苦合理化，然后逃走。

因为红色的变化多端和不稳定性，在情感中，红色最容易发生震荡。红色女性的变化更多地源于她们的不确定，她们总觉得可以找到更好的，这在前面"为何她要脚踏四条船"中已着力说明；而红色男性除了这个特点，还有"逃避责任"的问题。

陆小凤似乎并没有真正爱过谁，因为他总是见一个爱一个，而且在付出爱之后，常常给自己找一个风流的借口，给别人留一个美丽的回忆后，再悄悄地溜掉。当那女孩子醒来之后，只有一条张牙舞爪的金龙和两行字在墙上陪伴她和她烟花一样的寂寞："轻轻地，我走了，正如我轻轻地来，我挥一挥衣袖，不带走你的云彩。"

红色，有贼心没贼胆啊！年龄带来责任，这种责任，与红色追寻快乐的动机产生根本抵触。红色在天性中不喜欢自己过早地安稳，总之越迟越好。但这种情况在红＋绿身上出现的概率很少，因为：如果你的性格中还有绿色，对于稳定的追求，将使红色天性中的不确定和喜欢变化渐渐趋于平静。

了解自我，对每个人来说都是困难的，对于红色来说，痛苦的心灵探索工作，通常只能放在应做事情的最后。红色更愿意随波逐流地漂浮。红色喜欢新鲜的刺激，会抛弃沉重的承诺，只图一时的痛快。

如果我可以永远长不大

红色的内心总希望自己是个孩子，为什么？

原因之一：人还是孩童的时候，都是很惹人喜爱的孩子，他们被父母和老师宠爱，所以他们不想失去这种被人宠爱的感觉。

原因之二：内心深处拒绝成长。其他三种性格都希望尽早地远离童年，唯独红色喜欢幻想，沉浸在自己的故事里，只需要快乐地享受生活，而不必去承担和面对很多来自现实社会的烦心事和压力。

典型的红色女性因为这个特点，会在情感上吃足大苦头。因为她们内心深处拒绝长大。对红色来讲，最大的人生痛苦，莫过于失去享受人生快乐的机会和感觉，她们总觉得会有人来为她们的人生负责，她们害怕为自己的人生负责！当她们把自己的命运交给别人的时候，她们开始活在别人的影子里。

典型的红色男性爱出风头好表现，年轻时也许还能出点彩。可悲的是，待年华老去，还靠那么一两手的小聪明，没有任何实力地卖弄和调侃。当岁月的痕迹爬满面孔时，他们没有任何自己的财产，因为红色对数字概念的混乱和缺乏，让他们那么不善理财。更要命的是，红色总拿"生命就是活在当下"的话来安慰自己，他们认为那些存钱的人都是不懂得如何享受人生的傻瓜，最后他们自己却活在贫穷当中。红色的男性又不像女性可以随便找个依靠嫁了，心里常怀梦想，现实无比残酷，越到后来，越是"眼高手低"，渐渐变成阿Q，只能用自我解嘲和精神胜利法来挽回自尊。与此同时，又因为年轻时经营人际关系停留在肤浅的表面，真正亲密朋友也很少。

红色啊红色，总是希望人生有一条轻松的轨迹可以让自己沿路跳跃而上，可惜这条路本身无力担负红色生命中不能承受之重，浮夸不负责任之重！

很多红色抱有乌托邦式的幻想，想象有一天自己喜欢的东西会跳到面前，困难会自动消失得无影无踪。这种充满刺激的幻想一旦成为动力和支柱，将永远无法脚踏实地。红色似乎不愿意对负面做任何思考的准备，因为会本能地逃避痛苦。这意味着红色无法从痛苦和挫折中学到更多东西。

> 对红色性格来讲，最困难的事情莫过于为自己担起责任，他们骨子里面一直有个想法，总会有人来照顾自己，管他是谁，反正是会有人的。因此现在要做的事情就是"今朝有酒今朝醉，明日再担明日忧"。

红色性格过当总结

○ 作为个体

- 情绪波动大起大落。
- 变化无常,随意性强。
- 鲁莽冲动,轻信他人,容易上当受骗。
- 虚荣心强,不肯吃苦,贪图享受。
- 喜欢走捷径,虎头蛇尾,不能坚持。
- 粗心大意,杂乱无章。
- 缺乏自控,毫无纪律。
- 容易原谅自己,不吸取教训。
- 不稳定和散漫。
- 拒绝长大。
- 借放纵麻痹痛苦,不认真思考生命的本质。

○ 沟通特点

- 说话少经大脑思考,脱口而出。
- 对于严肃和敏感的事情也会开玩笑。
- 炫耀自己,夺人话题。
- 注意力分散,不能专注倾听,喜欢插话。
- 吹牛不打草稿,疏于兑现承诺。
- 忘记别人说过什么,自己讲过的话也经常忘记。
- 口无遮拦,不能保守秘密。
- 不可靠,光说不练。

红色性格过当总结

○ 作为朋友

- 缺少分寸。
- 只想当主角。
- 只谈自己感兴趣的话题,对和自己无关的心不在焉。
- 健忘多变。
- 经常会忘记老朋友。
- 有极强的依赖性,脆弱而不能独立。
- 热情过度,好心办坏事。

○ 对待工作和事业

- 跳槽频率高,这山望着那山高。
- 没有规划,随意性强,计划不如变化快。
- 没有焦点,把精力分散在太多不同的方向。
- 高估自己的能力,一心多用,但一事无成。
- 觉得没有必要为未来做准备。
- 只愿台前表现,却不肯花精力幕后勤奋。
- 不切实际地希望所有工作都有趣味。
- 只能应付短期压力。
- 很难全神贯注,经常走神。
- 异想天开,难以预料。
- 工作绩效和干劲儿受到情绪极大的影响。

第八章

蓝色性格过当

Chapter 8

1. 消极悲观　迂腐封闭

抱怨让我的生活如此"美丽"

"有两个人从监狱的铁窗向外看,一个看见一堆烂泥,另一个看见满天星光。"在第三章"红色性格优势"开篇,我提到发明了降落伞的蓝色,与之相比,这个只看到烂泥的蓝色是完全颓废的。蓝色在花开的时候,清楚地感受到花谢花败的样子;在月圆的时候,清晰地想象月缺月残的黯淡。蓝色的杞人忧天总有把问题想象得无可救药的倾向,与此同时,可能会借助"怨妇式"的语言为这种倾向推波助澜。

某日偶然得到心仪歌星演唱会的两张票,我便邀同为歌迷的某蓝色朋友一同前往,没想到光是邀请,就已经费了老鼻子劲儿了。蓝色问了一堆问题:"这么难买的票,别人为什么要送给你?""何时送的?""你为何没有早点和我说?""咳,你总是突然袭击,就不能早点安排吗?"好像我请他看他喜欢的歌星演唱会是在为难他一样。

我回答了他所有问题,两人一同前往。等坐下来看演唱会,我看到激动欢喜之处,总会问他:"你觉得怎么样?"他的回答是:"你说呢,这个位置能看得好吗?""空调是不是温度太高了点?这么大规模的演唱会,主办方为什么没考虑到人多对温度的影响呢?""听上去音响有点问题,不知道是不是调试得不适合这个体育馆?"一晚上下来,我的兴奋多次被他浇灭,从此发誓,不再和他一起看演唱会。

你有过类似的体验吗?蓝色从来没有意识到他们与生俱来的消极思维,配合上"十万个为什么"一样的问题模式,足以对其他性格的人产生摧毁性的打击。这种打击的核心在于破坏了他人美好的情绪和热烈的生活向往。在这种负面语言的力量下,任何愉悦的心情都会被破坏殆尽，如果蓝色不能去除"为什么？""如果……会不会更好？""我之前是否和你说过……""是不是应该……""和以前相比……"这类的口头禅，他们自己的生活也将沉陷在一片凄风苦雨之中。

蓝色通常用消极忧虑的态度预测未来，并且觉得这样的结局是注定的，无从改变，进而造成行动上的不作为。不可否认的是，蓝色的韧性很强，但比起红色和黄色，他们缺少那种充满朝气和信心的蓬勃生机。当红色满脑子充斥着美妙的幻想，黄色将大脑分隔为一块块的人生目标，绿色轻松恬适地晒着太阳时，蓝色会因为过早看到了消极面和事物的宿命结局而全身不安，从而导致他们的犹豫、游移和自我保护。

今年的确是第一，那明年怎么办

蓝色比较悲观，什么事都使劲儿朝坏处想，做起事来很慎重，一失败就担忧，陷入自责情绪。而其完美主义倾向又对自己丧失最起码的合理自信，在行为上容易呈现优柔寡断、忧心忡忡、畏首畏尾、踟蹰不前的特点。

David任职五百强企业销售总监，今年又提前一个月完成了销售指标，在朋友为他举办的庆功宴上，所有人都开怀畅饮，唯独作为主角的他闷声不响，可所有人全是为他而去，他一个人不高兴，让大家非常扫兴。后来偷偷问他原因，才知道他的想法："每年都是第一，今年又提前一个月完成，那明年只能再提前，否则就是没有进步，标杆的形象也没有了，明年怎么办？"

担忧和罪恶感对于绝大多数蓝色来讲，是家常便饭的心态，他们自认为经常做错事情，同时永远不停地在洗刷自己。蓝色在天性上追求凡事都要更完美，这无形中给自己上了一道枷锁，直到有一天太紧了，便很容易走向极端。这种强烈的不安全感在《好兵帅克历险记》中是这么被批判的："谁都可能出个错，你在一件事情上琢磨得越多，就越容易出错。"

2002年，丈夫在上海市中心汉口路走过时，发现小户型酒店式公寓发售，单价一万元/平方米，凭直觉马上下了定金。回家汇报后，蓝色妻子面孔一板，开始滴水不漏地质疑："你到底有没有调查过？你又没有仔细了解过，为何那么爽快就付了定金？为什么不先想一想？为什么要这么急？万一以后租不出去怎么办？价格这么贵，你以为转手那么容易吗？报纸的消息怎么知道一定是真的呢？你不知道只要出钱就可以做托儿的吗？"

第二天这位妻子亲自去调查了该地区方圆三公里内所有的酒店式公寓，当晚9点到11点，她伫立在已运营两年的另一酒店式公寓前，观察到住家灯亮仅有两成，据此推断出空置率高、出租困难的结论。凌晨家庭会议，她从政府的不利消息出台，谈到报纸上专家评论的房地产热下调，直至附近一公里内的同类房经营困难，把各种论据洋洋洒洒罗列一通，最终结论：绝不买。为避免更大冲突，丈夫忍痛退掉。三个月后，房价涨为一万五千元/平方米。两年后，丈夫准备去看看在那儿开公司的朋友，人家说："你还是甭来了，我怕你受刺激。现在，房价是七万元/平方米。"

因为典型的蓝色很难去相信别人，加上负面的思维习惯，他们总是会满腹疑虑。如果他去餐厅吃饭，会担心：厨房是否足够干净？食物会不会污染？到超市购物，肉类有多新鲜？鸡蛋放了多久？蔬菜上残留的农药有多少？而且到处都有病菌，谁知道搭乘地铁的人会不会有病毒？禽流感要暴发，所以今后鸡鸭鹅是肯定不能吃了；疯牛病泛滥，牛肉也只能暂停了；口蹄疫肆虐，猪肉必须全部隔绝；羊肉万一买的是"多利"的亲戚，那不是也完了；这样看来只能喝水，水里面也放了太多的消毒粉，味道太重……不健康的蓝色总是不愿面对现实，或者说不愿接触现实，总是对现实中的困难和危险感到恐惧，对未来感到悲观，对自己缺乏信心，一味逃避现实，就像契诃夫笔下的那个装在套子里的人。

人如此复杂，是颜色能分析出来的吗？

蓝色在科学家和研究者的群体中数目最为庞大，也最容易独树一帜，这与蓝色的刨根问底和怀疑精神是紧密相关的。巴尔扎克曾说："打开一切科学的钥匙毫无异议都是问号。"在怀疑理念的驱使下，人类才会不满足于权威的、现存的事物和规律，才能发现问题，找出谬误。所以说，怀疑乃发明之父。同样，蓝色一旦过当，就会觉得"所遇之人必有敌人，敌人我必诛之"，在此心态背后，蓝色会成为疑心病的最大患者。

很多蓝色口中常说："性格怎么可能是天生的呢？"蓝色可能会因为对这一句话的怀疑，将本书全盘否定。蓝色排斥新事物，对新生事物虽然也有兴趣，但缺乏勇气去率先尝试，遇见任何事情先消极思维，容易钻牛角尖，不容易信任别人，有时自己也觉得很累。为此，我建议所有参加我线下课程的朋友，在课程结束后将性格色彩分享给家人，以观察不同性格的可能反应。你能想象蓝色听到后的第一反应吗？

> **红色性格**：是吗，那你分析分析我是什么颜色的啊？
> **蓝色性格**：人如此复杂，是颜色能分析出来的吗？
> **黄色性格**：我还需要分析吗，没人比我更了解自己。
> **绿色性格**：哦，性格分析？不错啊，好的，听听看喔。

即使是正在阅读本书的读者——阁下您，当您第一次接触和听说性格色彩的概念时，您的本能反应是什么？当您去和朋友分享您的感受时，对方会有何反应？经过长期观察和事实证明，整体上，红色和绿色呈现开放和接纳的倾向，黄色和蓝色呈现封闭和抗拒的倾向。

● 红色在天性中追逐快乐和对新鲜事物强烈的好奇心，让他们很容易对这个新的话题产生兴趣。典型的红色常见的反应是："是吗，那你分析分析我是什么颜色的啊？"红色的另外一种反应是调皮式的："嘿嘿，我告诉你，我很复杂的，我是矛盾性格，你分析不出来的。"无疑，红色是四种性格中，最热衷于让别人来分析自己的。

● 黄色免不了教训你。"我还需要分析吗，没人比我更了解自己。就凭你？想分析我？你还嫩了点。得了，甭说了，让我来告诉你星座和面相怎么来看人……"黄色常以老大自居，常通过批判来表示他们的能力和懂的东西比你要多。换句话来说，我教你还差不多，怎么可以你教我呢？

● 绿色够幽默，绿色一边看着电视，一边听你分享喜悦，心里想"人有什么好分析的，还不是一个鼻子两只眼睛"，然后听着听着就睡着了，既不来反驳你，也没多大兴趣——我是什么颜色的，有什么关系呢？你说我是什么颜色，我就是什么颜色。另外一种绿色的反应是："哦，性格分析？不错啊，好的，听听看。嗯，有点意思。原来我是绿色啊，绿色，不错啊，环保主义者，也蛮好的。反正你不给我戴绿帽子就行了。"

● 蓝色的批判性不像黄色那样，只批判别人不批判自己，他们批人也批己。他们批判他人时，不像黄色那样犀利直接，首先以怀疑的面目出现，进而上升为内心的抗拒和挑剔。"人如此复杂，是颜色能分析出来的吗？四种？为什么不是五种、六种？为什么用这几种颜色表示？有什么科学依据？有数据和文献支撑吗？……"

黄色的抗拒，是因为有时会觉得"我现有的东西已经足够好了，用不着你来告诉我什么"，然而黄色一旦发现新事物有极强的实用价值，马上会接受。而蓝色的抗拒是因为"怀疑主义"，他们认为这个世界充斥着虚假的信息，必须用怀疑和谨慎来保持清醒的头脑。蓝色扬扬自得于"众人皆醉我独醒",却不知道自己因为一开始就封闭,拒绝了很多生命的可能性。

只有那些心态开放的蓝色,首先以不拒绝的心态来尝试了解新生事物,越钻研下去,发现其中的内涵,越到后来,越是功力高深。

> 只有蓝色性格的深邃开始释放能量,他们潜藏的积极性才能被调动激活。

2. 沉溺往事　郁闷难解

把痛苦进行到底

除了红色以外，在情绪化惊天动地的大军当中，蓝色是一支毫不逊色于红色的力量。虽然在发作方式上不像红色那样惊天地泣鬼神，忽上忽下左右摇摆，有举座哗然之效，但其"寻寻觅觅，冷冷清清，凄凄惨惨戚戚"的方式，常在莫名其妙中拉下面孔。更有甚者，蓝色一旦沮丧，要想走出，势比登天还难。

初学性格色彩，不少人以为黄色的"情绪化"犹胜蓝色，此乃大大的误区！盖因"情绪化"在性格色彩中的定义是——情感容易波动和受到影响。

蓝色对于原则和尊严的强烈诉求，时常会用"士可杀不可辱"的情绪力量来支配自己的行为；而黄色为了达成目标，宁可如韩信般忍受胯下之辱，或像勾践一样把自己的女人献给对手来换取"卧薪尝胆"的时间。黄色"情绪化"的假象，其实来自黄色对他人不够重视问题的愤怒。

所有"情绪化"的性格，势必要具备一个先决条件——情感高度丰富。正因如此，才会物极必反。在四种性格的对比中，红色和蓝色的情感更加丰富，两者一个侧重在外部表现，一个以内心细腻见长。同样，当情绪化时，红色波动比较显性，容易捕捉和察觉；而蓝色却是持续步入"熊市"，而且颇有一熊到底的架势。

> 红色性格情绪波动快，容易"跳出悲痛外，不在失落中"；
> 蓝色性格情绪波动慢，活在过去，长期无法走出低谷。

在恢复被刺激的神经和抚平心灵创伤方面，红色没那么麻烦，其开放的心态决定了对外界没有太多的戒备心理。所以，并不因受到外界刺激而对外界事物感到恐惧，变得缩手缩脚或不敢轻举妄动。红色照样保持着对外界事物的兴趣，并且能够将兴趣从一件事情（或人）上迅速地转到另一事情（或人）上，情绪也随着这种转移而恢复正常，几乎让人看不到受刺激后的明显痕迹。而蓝色要想恢复，时间一般比较长，而且即便心情平复以后，心底的某个角落总还会留有一小片阴影，久久挥之不去。

蓝色性格情感世界的四个层次

小学音乐课时，老师叫我上台唱歌，结果动作过猛力气过大，裤裆当下爆裂，全场同学立马狂笑，尴尬之下，回家换了行头，下午重返，仍旧意气风发若无其事；而蓝色同学裤子前门有一粒扣子未扣，被台下发现，从此精神萎靡。二十年后，每逢上台发言，立定后总是先低头偷望，方可继续。蓝色对于过去，如果始终无法以宽容的心态来看待，将永远变得"一日被蛇咬，时刻怕井绳"。

一个红色老头和一个蓝色老太结婚三十五年一路磕碰，红色老头喜欢热闹，爱和朋友们聚会喝茶聊天；蓝色老太甚爱整洁，把家里打扫得干干净净，经常挑剔老头的散乱随意。红色老头的朋友们到他俩家里玩，都得对着老太一张严肃刻板的脸，朋友们看到他们家里一尘不染，觉得搞乱房间很不好意思。

这几十年，红色老头家里的访客越来越少，到60岁退休后，老头整日待在家中，面对着老太，又是寂寞又是憋屈，实在忍无可忍，竟提出离婚。这事麻烦就麻烦在，老太事实上非常爱老伴，但口中从来不讲，她无法说服老头改变主意，只能忍痛答应。

离婚之后，老太愣是无法走出痛苦往事。所有的小辈一直和她说

"不要多想啦，你自己过得开心一点，保重身体更重要"云云，甚至有人提出，独处老人寻个异性老人互相陪伴的事越来越多，建议老太再找个老伴儿。可老太听到小辈的话，只是沉默，从不应允，她把自己关在一座黑灯瞎火的小阁楼中，回忆过去，郁郁寡欢。

三年后，某个清晨，老太悄然离世，怀里抱着她和老头的一张合影。

典型的蓝色一旦过当，正如同《红字》中所说："遭受苦难的人在承受痛楚时并不能觉察到其剧烈的程度，反倒是过后延绵的折磨最能使其撕心裂肺。"你对他们进行思想教育："后悔是一种耗费精神的情绪，后悔是比损失更大的损失，比错误更大的错误。所以遇事不钻牛角尖，人也舒坦，心也舒坦。"

这话听起来无比正确，但其实对蓝色说了也没用。因为典型的蓝色具备毫发毕现的记忆和自残自虐的变态凶狠，他们有内在的愤怒、沉默的抗拒和自惩不怠的渴望。

在情感世界中，蓝色首先是"和羞走，倚门回首，却把青梅嗅"，发现自己一旦喜欢上对方，会故意装出回避又偷眼望去的那种感觉，可惜麻烦是——这青梅快被嗅到熟得烂掉了，他依然还在嗅。

之后一旦进入情感状态，开始"似此星辰非昨夜，为谁风露立中宵"，便像一个孤独的人保持着一种望月的思念姿势，也许等待的尽头只是一片虚无，这种思念的幻灭及明知幻灭却仍然不能不思念的心态，颇有"你知不知道？我等得花儿也谢了"之风。

但即使如此，蓝色仍旧坚信"衣带渐宽终不悔，为伊消得人憔悴"！

最后发现此梦已成追忆，但又要重新开始的时候，却总是提不起太大的兴趣，因为过往的历史给他的印象实在太深，别人都明白这小子是活在过去拔不出来，而他却还在暗示自己"曾经沧海难为水，除却巫山不是云"。

> 典型的蓝色性格，情感世界中有四个层次：
> 第一层次："和羞走，倚门回首，却把青梅嗅。"
> 第二层次："似此星辰非昨夜，为谁风露立中宵。"
> 第三层次："衣带渐宽终不悔，为伊消得人憔悴。"
> 第四层次："曾经沧海难为水，除却巫山不是云。"

你能接受无法改变的事吗？

不少典型的蓝色在学校读书时代，最难受的日子不是考试前和考试中，却是考试后。他们考前小腿抽筋的原因是，担心自己万一考不好怎么办。而更加痛苦的是考后的复查，更会让自己懊悔不迭。因为蓝色的记忆力普遍有相当水准，每道题基本都能记着，然后就特执着地在那儿估分，一旦发现很简单的题目被自己做错，立刻沮丧无比，这种状态要一直持续到自己记不清考题为止。

要让蓝色理解"改变不能接受的"还算容易，这只需要积极思维就可以。但要让蓝色学会"接受不能改变的"，那就需要蓝色无比刻苦的后天修炼了，因为他们很难自我控制，总是活在过去。

一个蓝色朋友是上市公司高管。不久前，家里被"时迁"光顾，这让她长时间陷入了巨大的悲痛情绪中，了解完此次她的财务损失，多少让我有些困惑。丢失两万元虽然肉痛，但这也不足以让她一蹶不振，为何她会持续地陷入低迷状态？

当我知道她遗失的物品时，终于理解了她那种心灵被蹂躏的感觉。在"鼓上蚤"翻箱倒柜时，这个蓝色的朋友保存了过往人生二十年的所有来往信札尽数遗失。对于蓝色来讲，这种历史沉淀的记录，足以显示她的成长史，足以证明她的整个生命历程。现在，被拦腰割断，活生生地卡在中间，你能理解蓝色此刻的心情吗？

3. 敏感多疑　脆弱自怜

你这话什么意思

据我当老师的弟弟讲，同事中有位班主任犹如别里科夫——"装在套子里的人"。此公对学生从不放心，这也不许，那也不行，生怕会闹出什么乱子。看到男女同学在一起说话，马上疑心早恋，看见学生进网吧，觉得定是浏览色情网站。

我过往有过一个超级蓝色的老板，当年他嘱咐我查一个家具的尺寸图，我从六楼跑到一楼来回两次向他汇报了完整的数据，可最后仍旧是他自己再跑到楼上去检查一遍。大概他想不到这样做，在当时就像在我的心上用沾满了盐巴的小刀狠割了一刀。

再后来，我负责一家高级家政服务公司的管理工作，目睹无数雇主与阿姨（高级保姆）间的纠纷，大开眼界。某次，一位阿姨回到公司痛哭，死活不肯再回去做了，原来女主人抱个小孩永远跟在她的身后，每打扫完一个地方挑刺倒还算了，最过分的是手里提着一块抹布将打扫过的地方重新擦一遍，这让那位阿姨感觉人格上受到巨大的侮辱，于是愤而辞职。

那位女主人确是少见的神经过度紧张。精神病学中的"神经质"多指蓝色的"疑神疑鬼"，而患此症的核心根源正是"敏感"。举凡"敏感"者，方有捕风捉影的闲情逸致，那糊涂的绿色、马大哈的红色和只想目标的黄色，根本没有那么多的工夫去做这么累心的事儿。

一个红色的女儿是这样回顾她蓝色的妈妈是如何让她手足无措的。

妈妈平时非常在意别人的话，她很少从正面去想别人。有次她来我家，可回去后就再不搭理我，我百思不得其解，以为可能是她要帮我打扫房间，我制止她的语气重了，所以她不开心。后来，我向她道歉那天和她说话语气太重，结果她说她生气不是因为我发脾气，而是因为另一件事。原来，我说我这儿有很多粗粮吃不掉，让她拿一半回家。临走时，我问她："袋子是不是太重了？"她觉得我是在暗示她拿我家的东西太多了，这严重伤害了她的自尊。天地良心，我的本意是想表达"太重我就下次送过去"，我绝对不可能对妈妈有那样的想法！有时想想，真的不知道该怎么和蓝色的人说话了。

> 蓝色性格会将别人的每句话进行技术分解，要命的是，通常最后的结论多负面少正面，多消极少积极，多悲观少乐观。

蓝色是所有性格中最喜欢讲反话的人，这种反话让人感到又酸又嘲，让你难受，像得了风湿关节炎般难受。蓝色的他们，出发点也许不坏，本意也并非蓝色口中说出来的那样，只是旁人实在难以接受。

因为蓝色的这种小心眼，他人和蓝色相处时，要斟酌每句话的说法，生怕有个词说错了得罪他。如果你和他提出来，能不能不要这样较真，他会对你说："你和我说话这么不用心，你真的把我放在心上了吗？如果是的话，你说过你觉得我最重要，这话你还记得吗？"蓝色一旦发话，就上纲上线，提升到一个相当的高度来批判和教育别人，这实在容易令红色崩溃。

林黛玉被自己蓝死的必然性

蓝色集敏感、紧张、关心、怀疑、细腻、防范、批判于一身。他们的焦点更集中于"情绪"而不是"理性"。有很多人一直误会蓝色为理性的人群，这是一个巨大的误区，蓝色行事虽然理智，但内心的感性滋生出挥之不去的情绪，这在所有性格中无可匹敌。因为蓝色无法有效地传递自己丰富和复杂的情感，又强烈希望外人理解自己的需求，当外人无法理解时，蓝色沮丧孤独，进而顾影自怜，再不济，就要由怜生恨，走入死胡同。

《红楼梦》第三回写林黛玉进贾府，关于黛玉的内心独白，特别写道："因此步步留心，时时在意，不肯轻易多说一句话，多行一步路，唯恐被人耻笑了她去。"对于一个少女来说，从当时当地的感受中，能很快地笃定这样一个处事原则，我们不能不为她蓝色的那种成熟和聪明所折服。以后，她整日以泪洗面，莫名其妙地悲泣，都是这种蓝色心态的自然延续。那种寄人篱下、孤立无援的无奈，是一个蓝色女孩释放压力、宣泄情感的最简单的方式。通过这种方式，她感觉到自己灵魂深处的悲剧情怀。蓝色林黛玉本身的敏感，加之她寄人篱下的处境，使她越发容易受伤害到不可收拾的地步。

来看几个关于她超级敏感的细节：

1. 周瑞家的来送宫花，最后送到她那里，她便疑心是别人挑剩下的才给她。

2. 某晚，她叫怡红院的门，晴雯偏偏没听出是她的声音，拒不开门，并说："二爷吩咐的，一概不许放人进来呢！"把个黛玉气得怔在门外。欲要发作，转念却想："虽说是舅母家，如同自己家一样，到底是客边。如今父母双亡，无依无靠，现在他家依栖，若是认真怄气，也觉没趣。"

3. 正在伤心垂泪之时，又听见宝玉宝钗的笑语声，越发动了气，"越想越觉伤感，便也不顾苍苔露冷，花径风寒，独立在墙角边的花荫之下，悲悲切切，呜咽起来"。

4. 一日她卧病在床，听到园子里的老婆子骂人，实则人家是骂自己的外孙女儿，黛玉却认为是在骂自己，竟气得昏厥过去。

众所周知，林妹妹确有点女孩的"小性儿"，甚至有些病态。但是，上面这些情况如果发生在其他三种性格身上，恐怕谁都不会像蓝色那般浮想联翩，说到底，这些所谓的伤害和痛苦都是自找的。于是，黛玉的爱情便只能以死了结。最后一刻，焚稿断痴情，她希望最终能"质本洁来还洁去，强于污淖陷渠沟"。一个典型的蓝色，在痛苦的磨难中终于泪枯夭亡，只能以死向社会做了最后的反抗！

　　蓝色没有自信，是因为他们太在乎别人怎么看自己了。当蓝色的敏感走向极端，如果过于胆怯，可能会产生恐惧，这将导致偏执和病态。如果蓝色一直沉溺于自己阴郁的想象，有一天可能因走得太远，产生危险和自我毁灭的症状。

4. 心机深重　相处困难

你为什么不直接说

因为蓝色有强烈的希望别人能够理解自己的意愿，他们在表达方式上难免拐弯抹角，总希望用暗示的手法来解决所有的沟通障碍。遗憾的是，并非所有人都能够理解，因此，这也就是他人觉得蓝色说话很不直爽，显得小家子气的原因。

学员甘腾告诉我他和蓝色一起出差的故事：

我和小王坐火车，他坐我对面，从洗手间回来后，我坐下看报纸，小王突然对我说："你的鞋不错，在哪儿买的啊？"我低头瞄了眼我的鞋，把脚放下，答道："在西单。"小王不说话了，若有所思，没过多久又说："你裤子的膝盖有点脏。"我心想：他今天怎么这么奇怪，总是关注我的衣服？连头都没抬，边翻报纸边说："咱们出差这一个星期，我就差没躺在地上看图纸了，能不脏吗？"过了不到5分钟，他站起来对我说："我去厕所，你去吗？"我不耐烦了，他这不是没话找话吗？我没好气地说："我刚回来，屁股还没坐热呢！你一个人去吧！"更可气的是，没过两分钟，这小子居然打我的手机。我一看是他的电话号码就把电话挂了，可他仍然顽强地打过来。接通电话后，我刚想说他有病，他抢先开口了："你别急，我就是想告诉你，你裤子拉链没拉好。"

蓝色的含蓄当然无可厚非，遗憾的是，并非所有人都能理解蓝色的这种含蓄。蓝色本能地一厢情愿地认为，别人与自己可以同样敏感，同样细腻，同样聪明，同样有领悟力，同样说话注重分寸，同样在乎他人感受……因此你当然应该理解我所有的眼神或者暗示。因此两个蓝色在一起，很自然地享受彼此的默契，可面对非蓝色时，他人不解，蓝色只能黯然神伤，让周围的人丈二和尚摸不着头脑，如坠云里雾里。

黄色认为别人应该和他一样，拿自己的要求衡量别人，如果别人和自己不一样，黄色会力图改造他人；蓝色认为别人应该理解他所想的，如果不理解，会感到失望，内心封杀掉对方，认为对方不解风情，进而用沉默来表示内心的愤怒。

> 蓝色性格很想寻找知己，可是又讨厌自我剖析并袒露心声，觉得那样的坦白会失去原本该有的意义，会少掉很重要的过程。蓝色性格希望有人能有耐心来读懂自己，当别人无法理解自己时，他会失落。当蓝色性格向对方传达想法时，倾向于用含蓄的暗示手法而非直截了当。

谁能猜到你的心

在《荆棘鸟》中，斯图在教会学校中一直沉默寡言。因为思念家人，他用绝食的方法来表示，却从来不用语言。直到那些修女激动地问他是不是想回家，他才微笑着说"是"。对于蓝色来讲，"猜心"是拿手绝活，而这对其他性格而言，难于上青天。这一切都是源于蓝色对彼此不言即明的境界的强烈渴望。这有点像佛祖的心态，感觉语言的妖气太盛，故而贬低其功能，如果真理是明月，说出来还不如指向明月的手指。

然而，除非蓝色能够找到另外一个理解自己的人，其他性格要想猜透蓝色，的确是件非常痛苦的事情。

红+绿的魏腾与蓝色女友到虎丘旅游，路过一个亭子，拿起相机开拍。这时女友叫他过去拍照，听到女友呼唤，魏腾又偷拍了几张亭子的内部构造,然后回身准备效力,谁知女友已无声无息地消失,并且好像有意让他找不到。感觉事情不妙,魏腾赶忙小跑追赶,好一阵儿才看到女友背影,但不管在背后怎么喊,人家头也不回,继续前行,且越走越快。

魏腾跑到女友面前再三问她:"怎么了?为什么会这样?谁惹你了?"女友不作声,只顾一个劲儿地前行。他又问了几遍同样的问题,女友似乎更像要把魏腾甩在后面的架势。再三追问下,女友终于开口:"你连自己错哪儿了都不知道,还来找我?"然后继续走路。接下来不管魏腾怎么讨好都没用,人家就是默不作声,做什么都无济于事。直到走到溪流源头,软磨硬泡,说尽好话,当然也以非常愤怒的语气和非常真诚的态度,强烈谴责了自己刚才的错误行径,女友这才勉强原谅他。

对蓝色来讲,男朋友不懂自己的心事的确令人失望透顶,也许蓝色过于追求心有灵犀一点通,故而把"猜心"当成一种撒娇,难为的是,蓝色把想法放在肚中的做法和阴沉的情绪,让他们自己也很累。

当他人无法猜到蓝色心里所想时,他人迷茫,而蓝色更不愿表达自己的感情和真实的想法。蓝色固执地认为既然你不理解,索性更没必要解释了,并立马上升到另一个角度——你连这点小事都不明白,可见你根本不在乎我。遗憾的是,有的问题如果不挑明,很容易产生误会,如果魏腾这位当事人性格不是绿色,而是典型的红色或黄色,绝不会有那么好的脾气来迁就这位蓝色。

这种希望别人来揣摩自己的心态,在朋友相处和上下级关系中,都会存在。为了取悦蓝色,其他性格必须加倍耗神地来猜测蓝色的想法。好比蓝色上司不会像黄色上司那样直接给予你简单明快的指示,虽然黄色脾气暴躁,但至少黄色会骂出来,而蓝色即便不开心也不表达,这种将想法放在肚中的做法和阴沉的情绪,给旁人带来的心力交瘁,非亲身体验,不知其苦。

超越基督山伯爵的复仇

在宽恕方面，蓝色是吝啬的。很多蓝色始终不能原谅和饶恕他人曾对自己的伤害。而自我摧残的最致命处，恰是蓝色的"怀恨在心"，他们的良好记忆力又让其"如虎添翼"。蓝色记忆力之强，不仅大事不忘，陈芝麻烂谷子也可烂熟于心。这种功力使他们对别人多年前说过什么做过什么，都会铭记在心，对于他人的恩惠，蓝色奉行"滴水之恩当涌泉相报"。然而对别人给过的伤害，更不易忘怀。一个红色因为曾在大学时代，对报名参加男声三重唱的蓝色好友随口说了句"你五音不全，怎么能唱啊"，伤到了这位好友的自尊，在十五年后的同学聚会上，蓝色居然再次提及这件事情。这种记仇的特性在民间，人们俗称为"小心眼"，而这种缺乏气量的心态，让《三国演义》中的周瑜有了那声痛彻古今的长叹："既生瑜，何生亮！"

> 蓝色性格对于不愉快的遭遇，会怀着满腔的怒气，他们要花很久才能明白，宽恕可以让自己得到心灵的解脱和放松。

蓝色累积的不满越多，怨恨的时间越长，对自己的伤害就越大。不像绿色，天生就具备宽容平和的心态；不像红色，即便深深感觉到敌意和痛恨，也会通过时间自行冰消瓦解；不像黄色，虽然黄色也并不宽大，但比起蓝色，黄色不受情绪控制，黄色更愿意看未来的生活，不像蓝色，活在过去。

辛腾刚结婚那会儿，与以前的女友藕断丝连，自以为瞒得很好，不会被蓝色的老婆发现。后来，又和办公室新来的美女眉来眼去了一段时间。直到老婆怀孕那天，他决心浪子回头，和过去一刀两断，从此以后和自己的老婆好好过日子。

没想到，安稳过了十六年后，有一天辛太太突然提出离婚，并找好了法律顾问，顺利带走孩子。离婚后，她很快嫁给另外一个男人，过上了幸福生活。

辛腾百思不得其解，多次询问夫人原因，也得不到答案。他托朋友暗中打听许久，才知道原来自己出轨的事情，夫人一直看在眼里，只是没有当面挑明，暗自观察他的表现。到辛腾和办公室美女暧昧时，夫人已彻底失望，并认识了另外一个男人，开始相互了解。这十六年，夫人一方面和辛腾过正常的家庭生活，一方面逐渐和那个男人加深接触，由倾慕，到相爱，直到决心离开辛腾，她又做了周密的安排，万全之后，才揭晓这个事实。

辛腾怎么也想不到，结婚伊始的一段不安分期，竟让蓝色夫人无法释怀，彻底给他判了死刑，并缓慢部署了十六年，突然给他一个晴天霹雳。

"爱之越深，恨之越切"，这位夫人的手段，与基督山伯爵相比，有过之而无不及，令人胆战心寒，而所有的原因就是对方的出轨。而她自己也是在这样的过程中同样挣扎了十六年，为的只是看到自己认为的"讨回公道"。蓝色会牢记两人关系中的每一件事情，甚至童年的一份喜悦和愤怒，多年后还能真切感受，他们一旦受伤就难以愈合，更不会轻易饶恕，他们会因为怀恨在心，而收起所有昔日的柔情蜜意。对蓝色来讲，怒发冲冠往往是不够的，必须血债血偿。只要蓝色觉得对方还应该受到惩罚，就会将怨恨深埋在心里，同时坚信"以牙还牙"和"以眼还眼"。

> 黄色性格的报复是通过还击来显示自己才是最后的胜利者；蓝色性格常无法领悟其盲目的仇恨，使自己深陷情绪囹圄。

5. 要求苛刻　压抑紧张

睡在信封里的人

完美主义作为蓝色的核心动机，无处不在地影响蓝色的行为。在本章的八节中，几乎所有的蓝色行为溯本归源，矛头都直指"完美主义"。做人上，对自己对他人都以完美主义要求；做事上，极尽能事，绝不肯善罢甘休，就算达成了无以复加的完美，仍满脸苦相道："还不行啊……"

在《性格色彩单身宝典》中，我对大龄单身做的性格排行榜中，蓝色荣膺亚军。一个女博士分析高学历女性结婚难的原因时说："我们有天生的完美主义倾向，这不仅体现在学术追求上，还影响着我们的恋爱观，虽然我明明知道，爱情是不需要这些的。"即使蓝色内心清楚地明白这一点，也没办法抑制自己对于完美的苛求，而这种苛求，在外人看来已贴近"变态式"。蓝色深陷怀疑心态和完美主义滋生的高期望值之间，时常徘徊于既渴望投入又害怕能力不足的两难处境。

> 蓝色性格常把自己和别人做比较，甚至拿别人的优势和自己的弱势比，总觉得自身不完美，以致产生消极的自卑心态，进而给自己不断加压。当走向更不健康时，还会因为这种反差产生极度的心态不平衡，以致抑郁或愤怒。

裘德·洛和西耶娜·米勒在奥斯卡颁奖礼上还亲密得像连体婴儿，是什么原因让裘德·洛挥剑斩情丝呢？原来裘德·洛和《老友记》中的莫妮卡一样，有很严重的洁癖，而西耶娜杂乱无序的生活状态让他无法忍受。据友人透露："裘德将自己的鞋子整齐排列，衣服按颜色分类摆放，他书桌上的铅笔从来都是削尖的。而一旦他发现冰箱里的食物过了保质期,就会不爽很久。"其实,对待前妻赛迪和他们的三个孩子,裘德也同样苛刻。"如果孩子们在墙上留下了手指印或者客厅里散落了满地玩具,裘德·洛也会苛责。赛迪过去总是尽力让屋子保持干净,但裘德还是总抱怨她做得不够好。"相比之下,西耶娜却是个"马大哈",她经常丢手机、忘记约会时间、把手袋里的东西撒落一地。裘德·洛不敢相信他现在的女友比赛迪还要粗心,所以决定立马甩掉西耶娜。

当我们在课堂上对以上蓝色和红色的冲突展开讨论时,一位绿色的男同胞冷不丁地说:"要是你们知道我在家里享受的待遇,才会明白什么是真正的蓝色!"原来他的超蓝色妻子规定,家里东西放的位置不可有一丝变动,如果他把钥匙放在茶几上而不是门框旁,那肯定死得很难看;炒菜时连土豆丝的粗细也要一模一样;家里五双不同颜色的室内拖鞋,进门换次鞋,进不同房间还换,到阳台必须再换,而厨房和卫生间都有另外专用的,有时进门一不注意穿错了,老婆就把鞋没收,让他赤脚。这还不算,最恐怖的就是,每晚睡觉,被子也叠得工工整整,不可以弄歪,半夜里有时得爬起来喘口气,才能继续入睡,他形容自己是个"睡在信封里的人"。

由于蓝色对事物的苛求,不健康的蓝色容易发展成"精神强迫症"。每天睡觉和出门前一定要检查水龙头、煤气、门窗是否关紧,锁门以后还是不放心,再折回去检查一次。或者回到家第一件事是洗手,而且一定要把肥皂泡打到高过手腕,洗完以后,用手肘去关水龙头。

> 为了避免过度苛刻地追求完美,蓝色性格也许应终生背诵的话是:"我眼里的80分,别人已经认为是100分了。"

为什么只有一门课考了 100 分

创维老员工对老板的评价是这样的："黄宏生与创维是等号，他各方面抓得特别严，心非常细，所以自己特别累。"而黄宏生本人引用最频繁的一句名言就是："宁做痛苦的人，不做快乐的猪。"就像"英雄末路和美人迟暮是万分痛苦的，但是，更痛苦的是末路英雄和迟暮美人身旁的人"的道理一样，蓝色的苛求完美让他们自己万分痛苦，但让他们周围的人更痛苦，他们必须负荷蓝色苛刻带来的所有紧张。一个同事告诉我她家族中的故事。

蓝色的姑妈生活很有规律，做事讲究细节。每天准时 5 点 15 分起床，6 点半吃早餐，中午 12 点整用午餐，晚上 6 点准时开饭，三十年如一日。姑妈在晾衣服的方向和顺序上，也有一套自己的法则。譬如，规定浅色衣服一定要用白色衣架，深色衣服一定对应用黑色衣架，并且衣服晾晒时要将前面向左，背面向右，一定要将衣服拉平，不能有皱痕。我的表妹如果稍有做不到位，就会被她教育。记得有一次表妹在晾衣服时，一只衣袖没有拉平。姑妈在收衣服时发现后，就将这件衣服重新洗了一遍。更厉害的是，在此后的一段时间里，只要是表妹晾衣服，姑妈都会站在旁边看着，令表妹诚惶诚恐，心情很是郁闷。幸亏我那个表妹是绿色，如果是黄色，还指不定会发生什么事情呢。

在四种性格中，黄色和蓝色都是极少给予鼓励和赞扬的性格。相比起来，黄色更多直接性的批判，蓝色更多的是"鸡蛋里挑骨头"式的挑剔。蓝色认为："为什么你只是 99 分，完全可以得 100 分的""就算你得到 100 分了，为什么不是每门课都得到 100 分？"这种蓝色特有的话语常让人备受挫伤和打击，让你感觉自己在蓝色的眼中一无是处。比如，为了给蓝色老公一个惊喜，红色的太太烧了一桌菜，期待他进门时给一句夸奖和一个拥抱，可迎来的不仅是面无表情，尝过几口后还说"这个淡了""那个菜配得不对"。更有甚者，会认为厨房被弄乱，故而不肯吃饭，还刻意花了两小时打扫厨房，这让明明已经费尽心力而期待温馨气氛的太太终于爆发。

在我与蓝色互动的过程中，我血肉分明地体验到蓝色对于赞美的吝啬，蓝色对"行动胜过语言"这一座右铭的信奉并无不妥，但他们严重忽略了世上并非所有人都像他们一样。尤其红色信奉的真理更是："你给我表扬，我就做得更好；你越批判我，我就越不做！"和红色恰恰相反，蓝色不断地要求别人进步却鲜少赞美，他们坚定不移地认为："真理和取得进步比人的感受重要！"遗憾的是，长此以往，他们要么压抑了他人的积极性，要么势必遭到强烈的抵制。

更为遗憾的是，当蓝色读者看到这段，他们会对自己说："我并不是吝啬赞美，我只是不善于表达，所以会经常言不由衷。"亲爱的蓝色朋友，请不要为自己找借口，须知不善表达并不能成为不表达的挡箭牌。

> 蓝色性格认为"人只有不断接受批评才可以进步"，这让周围的人活得非常辛苦，并感受到极强的挫折感。

你的雨伞我不敢借

蓝色是长时间很难放松的性格，他们很少觉得自己挑剔他人，觉得"我对人挺和善呀""我的要求只是最基本的罢了"。这无形中制造了对立和矛盾，难免把自己推向孤立的边缘。

芳绮的蓝色从她的外表一看便知，打扮永远是大方得体，说话斯斯文文，很少乱下判断。然而，在公司里，芳绮永远和同事们走不近，她本以为对大家很和蔼，一次小事彻底颠覆了她的认知。

有一次，天降大雨，芳绮看到同事未带雨伞，好心问她是否要借用自己的雨伞，说自己还有一把备用的。没想到同事表情紧张，连连摆手说："不用了，不用了，我去便利店买把就是。"芳绮心觉奇怪，询问同事原因，同事犹豫半天，才告诉她："我说了，你可不要生气啊。你平时东西整理得太整洁，我们都不敢随便碰你的桌子，怕变不回原样。你的雨伞也是叠得整整齐齐，我怕用了以后，恢复不到原先的样子，到时候怕你不开心。"芳绮这才惊讶地发现，她在同事心目中竟然是这样一个难以接近、让人紧张不安的生物。

芳绮回想和老公的矛盾，有一次让老公买柚子，她本意是让老公买新鲜的回来，没想到买回来的不太符合要求，于是她问老公："你什么时候去买的？"

老公很奇怪，不知这个问题有什么意义，回答说："午饭时间买的。"

"我早晨说的话你记着了吗？"

"你让我买我就买回来了啊。"

"这个颜色是不新鲜的，不是应该买黄色的吗？"

"你让我买四个，我就买回来了呀。"

"我和你说过了，为什么还要买这样的回来呢？"

……

芳绮突然发现，连那么小的生活细节她都会纠结不清，也难怪同事宁可去楼下便利店买新雨伞，也不愿意向她借了，就是担心交还时可能面临的苛责和紧张感。

蓝色的完美主义导致的严格要求让人窒息，那么为何蓝色很难原谅他人在小事上的不完美呢？当你了解了四种不同性格对自己和对他人的态度差异后，你会理解其真正的原因。

● 红色，对自己不严格要求，对别人也不会严格要求，所谓"无所谓己，无所谓人"；

- 黄色，如果自己犯了错误，嘴巴上不愿意承认，能一笔勾销就一笔勾销，但是当他人犯了错误，那可绝不放过，对自己无所谓，对别人要求严格，所谓"宽以待己，严以待人"；
- 绿色，对自己没什么特别的要求，对别人更是宽容，处处为别人着想，不愿意给别人压力，正所谓"不强求己，不要求人"；
- 蓝色，要求自己非常严格，要求别人同样严格，对别人马列主义，对自己更是马列主义，所谓"严于律己，严以待人"。

> 红色性格：无所谓己，无所谓人；
> 蓝色性格：严于律己，严以待人；
> 黄色性格：宽以待己，严以待人；
> 绿色性格：不强求己，不要求人。

蓝色要求他人都像自己一样有上进心、有正确的道德观。但事实上，周围并不像他所期待的那样完美，为此他失望和愤怒。而当蓝色犯错时，他连自己都不愿意宽恕，又怎么会轻易宽恕别人的错误呢？

对于蓝色的完美主义，正如电影《黑天鹅》里舞蹈教练托马斯对女主角妮娜所说："Perfection is not just about control. It's also about letting go."（完美并不只是自我控制，也应该是自我释放）Letting go（放下）——既包含了内心情感的释放，也包括了从行为举止到心态上的放松，更涵盖了"拿得起，放得下"的豁达，这也许是蓝色一生都需要努力的方向。

6. 死板固执　缺乏幽默

公式恋爱法

那年，我从业保险，一个营业部的所有十五个区的经理达成一致，今后只要出席重要的招聘会，十五个区的人一律穿黑西装、白衬衫、黑领带。两天后，蓝色的秘书通知参加次日的临时招聘会。一般人就说："明天展览，别忘了穿衣标准。"可这位秘书倒好，对十五个区经理电话重复通知，个个字正腔圆、有板有眼、一字不漏："刚刚接到紧急通知，明天我们要临时参加一个招聘会，请通知所有参会的人，穿衣规格务必按照前天大家开会时全体通过的标准，也就是'黑西装、白衬衫和黑领带'，请通知你的小组成员并确保其全部遵守。"你周围有这样的人吗？

半夜婴儿饿醒哭闹，黄色妻子以苏炳添的速度爬起来去冲奶粉。但蓝色丈夫马上注意到奶粉结块并未完全溶解并且指出这样就喂给孩子吃是不行的。妻子勃然大怒，斥责道："等奶粉块全溶了，孩子的嗓子就哭坏了。再烦，你来做！"

对于蓝色的"书呆子"来讲，把奶粉泡得均匀符合喂食标准，比解决小儿哭闹要重要得多，那在蓝色的眼中可是一个巨大的原则问题，不过这还不算是什么厉害的。你知道一个孩子在蓝色父母的家庭，会如何成长吗？我见过一位蓝色母亲，完全按照"健康宝宝"的方式来抚养孩子。所有的方法都按照书上所写严格彻底地执行，吃的东西分量全部称好，按照营养成分严格搭配，一日四餐定点进食。那小孩3岁不知盐滋味，5岁未见薯片模样。他们居然可以"小孩饿得在那里号啕大哭，也绝对不开饭"。原因只有一个——蓝色认为"时间未到"。

这还只是育婴中的皮毛之事,你听说过"公式恋爱法"吗?第三章中我提及的那位 76 岁耍弄英文的红色老太说,她孙子谈恋爱时,把平时与女友发的 email 和手机短信的数量都用 Excel 做成了图表,根据联系频率曲线的浮动,来判定和女友的关系进展如何,后来红色女友知道了,吓得逃之夭夭。更厉害的是,他还把每次和女友约会的时间、地点全部记录下来,包括和对方在一起时的吃饭、交通、礼物的所有花销一分不漏地整理归档,计算出投资在未来老婆身上的总支出。必须声明,这绝不是小气,而是某些蓝色喜欢用理论和科学的武器捍卫爱情,蓝色只是欣赏这样公式化的过程。

某财务经理要求下属机构人员向他报送一份他自己制定的格式报表,其中一个下级单位向他报送的纸张大小做了改变,材料报上来以后,他一定要退回去,要求必须按照他规定的纸张大小和格式报送,否则不予接受。

你如果违反了蓝色的既定原则,对不起,一定要揪回来。所谓"墨守成规,拘泥于形式",这大概是对蓝色过当这一特点最精确的描述,现在你可以理解"形式主义"这个词最常用来描述哪种性格了。蓝色凡事必讲求明白,同时所有的一切都是照章办事,不越雷池半步。爱因斯坦曾经反复告诫这些蓝色的热血青年,千千万万不要想什么终极问题,想想就会把自己给绕进去的,可惜他们听不进去。

以前不是很理解,为什么人们总是形容蓝色"死脑筋"。现在看来蓝色一旦钻进程序里面,就没有变通,没有灵活,他们只相信数字和公式,他们认为既然约定俗成,就不应该改变,他们认为人生就应该"要精确不要模糊,要规则不要变化"。他们并不理解生活中人们是需要适当浪漫的,规则条理自然是蓝色绝佳的优势,可如果万事万物全按程序来,生活将完全机械化,我们也犹如模子里的机器人,无缘于率性的惊喜。

当"原则"之脚面对"权威"之靴

以性格中的"执着"来讲，蓝色与黄色旗鼓相当，懒散的绿色和游移的红色都不是对手。相较之下，黄色更强在"坚定"，而蓝色则胜在"坚忍"。同理，当这两种性格发挥过当，蓝色与黄色都有强烈的"固执"倾向。只不过两者的核心差别是，黄色是因为在意权威，不愿妥协；而蓝色是因为坚持原则，不愿妥协。

> 黄色性格因为权威性强不易妥协，
> 蓝色性格因为原则性强不易妥协。

周日，难得全家兴高采烈外出郊游。超蓝色的父亲行至金鸡湖，发现美景，让儿子站过去拍照。儿子一听，头皮发麻，盖因老爸拍照，必先蹲下调焦距然后瞄准至最后成功完成，当中过程之反复、步骤之烦琐、程序之严密，绝非常人耐心所能忍受。儿子征询老爸意见，是否可待调好焦距后再立定。"你人不过去，我怎么会有感觉？""随便拿个东西？那东西和人是一样的吗？怎么可以随便？""你到底过不过去？"儿子正待解释，老爸一言不发，相机收拾入袋，扭头决然而去。

本来周日是全家为了开心而出游，蓝色却因为坚持自己的"原则"，搞得全家不欢而散。

黄色非常固执，不愿做出让步，但在他们认为自己能更好地达成目标或必要时，还是会承认错误，做出让步和妥协。但蓝色只承受了黄色的固执，而未接纳妥协的一面，所以，他们为了让别人承认自己，为了阻止别人对自己的攻击，是要斗争到底的。他们一旦受到指责，便极力摆事实讲道理，详陈缘由，以此来强化防卫。

蓝色在固执中表现的另一个特点是：如果被逼迫，会抗拒；如果被催促，会谢绝；如果被宰割，会反抗。如果是红色的催促，只会引发蓝色的坚持；如果是黄色的操纵，蓝色则会更加强烈地拒绝。

某媒体的黄色老板指示主编立即派下属蓝色员工赶到外地做一个新的采访。传达后，员工拒绝，原因是手头正做的专题说好由她负责，所以不肯临时转移，请老板另外派人。话传到黄色老板处，勃然大怒："你告诉她，我让她去，是瞧得起她，给她机会，她如果不识抬举，早点滚！""夹心饼干"的主编力劝蓝色员工时，人家一言不发，最后只有一句话："别逼我做我不愿做的事情，如果一定要叫我去，那我只有辞职。"

蓝色无法顺畅地表达其情绪，特别是怒气，所以就算生气，也很少有人能察觉。蓝色越被游说、驱策、诱惑、威胁或被催促去做某件事情，就越顽固地拒绝而不为所动。如果你想让蓝色做某件事情，必须迂回取胜，只要给他足够的时间，他可能就会自己改变心意。你必须了解蓝色很难果决行动，也不要想等到事到临头时才开口提议，蓝色是那么痛恨突发事件和没有一点预警的安排。

> 蓝色性格说"不"的时间之长可以超过其他性格说"是"的时间，其顽固经得起任何强力胁迫。

没人喜欢天天板着面孔的人

显然，蓝色应该学会明白的一个事实是：无论你多么深沉，在这个世界上，没人喜欢天天板着面孔的人。

为了测试一下各种人的幽默度，我弄了一个整蛊游戏：因平日里都讲普通话，就试着用上海方言，压粗嗓子，掩藏真声打电话给朋友。再比如，以前你直接称呼某朋友"Helen"而现在改叫"陈老师"，用"叶先生"代替"老叶"，如此等等。在稀里哗啦聊上半天事情后朋友还在疑惑的时刻，我再透露出真实身份。你知道对方的反应吗？

● 绿色仍旧是习惯性略显憨厚地笑笑，对你的玩笑报以欣赏的语气，但也并无其他反应。

● 红色开始被你搞得有些迷糊，最后发现你在恶作剧，立即大叫："侬有毛病啊，神经病！吓了我一大跳，我还以为啥人呢。"有趣的是，不少红色过几天会反过来也故意捉弄你一下，和你也开个玩笑。

● 黄色："你搞什么搞啊，我一听就觉得有问题，肯定不是什么好事儿。什么事儿，说！"

● 蓝色最严肃。蓝色一听说是你，或极为不爽："你怎么可以开这么低级和庸俗的玩笑呢？"或颇为尴尬，瞬间愣着不知道该怎么办了，觉得没听出你的声音很不好意思，然后赶紧解释是因为自己感冒所以耳朵不好使没有听出来。我那个蓝色的朋友，居然过了几天，见到我的时候还特别庄重地和我重申一遍："下回你还是不要讲上海话了，实在是不习惯。"

> 因为严格遵守秩序，外表拘谨的蓝色性格不懂释放情绪，更加缺少幽默感。纵然在聚会的场合，我们也很少发现他们全情投入、开怀大笑，蓝色性格总是无法放松。过分压抑情绪虽然算不上是病态，却使自己的生命中少了很多乐趣。

7. 顾虑重重　行动缓慢

买房记

陈天桥在谈盛大经营网络游戏的成功秘诀时，曾经强调："机会就像一扇迅速旋转的转门，当那个空当转到你面前时，你必须迅速挤进去。"商场上搏杀时，黄色擅长抓住机会迅速出击，稍加训练就是一把快刀；蓝色要想训练出来这套本领，太难，要付出的艰辛就好比你想训练黄色多些细腻和敏感。

> 蓝色性格觉得如果一件事情值得做，就要把它做到最好，可惜永远也达不到自己心目中的最好，所以宁可不做。

典型的蓝色即便买部手机，也像思考"国计民生"大事那般考虑上半晌。

某君决定在国庆长假买部手机，此前已将网上产品的参数等各项指标全部烂熟于胸。当日永乐家电手机打折，但必须买入套餐，另一家卖场不打折，却送充电器和电池。此君琢磨半天后，决定还是要回去继续分析和研究，结果，等他决定时，两家的国庆促销均已结束。

这和"几兄弟讨论天上大雁射下来该怎么吃，等商量好大雁也没了"的故事有的一拼。蓝色，当之无愧是所有性格中最会省钱和理财的主儿，可正是因为他们的仔细和谨慎，也是有可能亏得最大的主儿。

在2019年广东卫视的《创业英雄汇》节目中，我曾经开辟了一个性格色彩创业小课堂，其中提到一个蓝色创业者的软肋：

大连一家著名设计院的院长,他发现房产生意不错,所以想涉足房产生意,结果他看中了一块地,然后他拿出来一张非常完美的图纸,设计了一整套公寓。我看了图纸以后很震惊,觉得非常完美,问他什么时候开始启动。他说很快。两个月以后他告诉我,他的方案改变了,因为那么好的一块地建公寓太浪费,所以他准备建别墅楼盘。

他做了一套更加完美的图纸。我看到说太棒了,太美了,再问他什么时候开始行动。他说很快就会行动。又过了两个月,他说第二套方案他也推翻了。他到西方考察以后,引进了一套在欧美极其流行的概念——"共管公寓",所以打算做一套新的方案。当我再次问他时,他说那块地已经被卖掉了。所以典型的蓝色,因为过度追求完美,行动缓慢,会错失无数的机会。

蓝色因为缺少黄色的果断和速度,又没有绿色"差不多就行"的心态,结果亏的这一笔,往往使先前辛苦节约下来的所有小钱,全部在瞬间化为乌有,真是得不偿失。对比起绿色的经常"吃小亏占大便宜",典型蓝色的这种谨小慎微、思前顾后却让他们经常"得小利吃大亏"。

史上最经典的蓝色性格求爱语

蓝色考虑过多,从而患得患失丢掉机会,在情感上更是表现得淋漓尽致。若单是买房和做生意错过机会,说到底可以用"破财消灾"安慰一下自己的悲痛。但若是情感上的错过,那就是一生一世的苦了,有太多蓝色所感慨的悲惨和凄凉莫过于此。

男女"郎有情,妾有意"多年,结果谁都不提,最后分手。女方婚后不幸福,女主开始对男主说:"你为什么让我等了那么久?你为什么要过了五年才第一次说喜欢我?"表面上看,可能是男方激素只产生向往,还没高到促成行动。而事实上《傲慢与偏见》早已给出了答案:"将感情埋葬得太深有时是件坏事。如果一个女人掩饰了对自己所爱的男子的感情,她也许就失去了得到他的机会。"如果她能壮起胆子,早一刻表达爱情,一切也许就不一样了。不过比起泰戈尔(蓝色)来,你还是幸运的。

泰戈尔先生爱上了安娜,内心激动很想倾吐爱意,然而想到自己将远离,一去就要几年,怕因此耽误姑娘的青春,同时还听二哥说起安娜的父亲正为姑娘订婚的事忙碌着。他迟疑了,始终无法鼓起求爱的勇气,只好给自己留下苦涩的果子。几个月后,泰戈尔前往英国,安娜也前去为他送行,在临别的最后一刻,他几番挣扎,最终还是犹豫了、放弃了。结果这次分手成为永别,姑娘被迫嫁给大她二十多岁的男人,成为繁衍后代的一个工具,很快在郁闷中死去。

这位受人尊敬的诗人屡屡写下诸如"世界上最遥远的距离,不是生与死,而是我就站在你面前,你却不知道我爱你"这般绝望的句子,原来就是因为他那蓝色的"欲说还休"害死了自己所爱的人。

为何蓝色即使喜欢也很少主动开口,结果错失机会?

蓝色的不开口,大多是因为多虑和自尊。在蓝色的内心包含了几层痛苦:

第一,蓝色期待彼此心有灵犀一点通,觉得如果是落花有意而流水无情,说明自己会错意,蓝色会痛恨自己的自作多情。

第二,蓝色非常害怕被拒绝,遭到明确拒绝或暗示拒绝都很没面子。健康的蓝色在最后关头能要求自己做到"该出手时便出手";而不健康的蓝色为了他那高尚的"自尊",却有可能付出一生的代价。以下堪称蓝色在求爱中所说的最经典的话。

他,从未有过爱之体会。在大四那年,由于他一直在一间固定的教室自习,注意到一个也一直在那儿的女孩,巧的是,那个女孩每次都坐在他前面。他越来越喜欢她，但是他不敢有任何举动，只是每晚默默注视她的背影。大四第二学期，已经不用上自习了，为了心爱的女孩，他依然每天自习。当他把秘密告诉舍友们后，其他六个哥们儿一致决定帮他走出第一步。

于是，当晚七个人一起去了教室。但是，无论舍友们怎么鼓励，他就是没勇气走出关键的第一步。舍友们无奈地说："看来我们也帮不了你了，自己努力吧。"回到宿舍，他彻夜难眠，痛定思痛，决定第二天无论如何也要向他心爱的姑娘表白。第二天晚上，他如期见到了她。经过了心潮澎湃、如坐针毡、七上八下的内心搏杀和一千八百回合激烈大战，最后，他递给姑娘一张字条："你好！我注意你很长时间了，你是一个温柔漂亮的姑娘，我能和你做个朋友吗？"

女孩看完字条，开始收拾书本，完毕，站起来转身问他："我要走了，你要不要和我一起走？"接下来，他说了一生中最经典的话："你先走吧，我还有几页书没看完。"

我誉之为"经典"，倒并非完全出于搞笑。从另外一个角度来看，蓝色的计划性，决定了自己在表达前会把对方可能的回应方式都考虑清楚，想好应对的话语，而如果对方出乎他的意料，蓝色会突然不知所措。蓝色没想到人家主动发出邀请，顿时乱了方寸（关于不同性格在追求自己喜欢的人当中发生的种种趣事和常见致命错误，详情请看《性格色彩恋爱宝典》）。在蓝色原已设定的程序中，是没有这项的，于是向来悲观的他，第一反应就认为是被拒绝了，结果自然就是我们看到的这句话。

> 典型的蓝色性格对待自己中意的人，须学会：
> "花开堪折直须折，莫待无花空折枝！"

8. 挑剔较真　化简为繁

疙瘩朋友

"疙瘩朋友"的内涵是：这个也不行，那个也不行，非常难伺候。一旦你身旁有疙瘩陪伴，那你就什么都别想做了。蓝色的挑剔是一种本能，并非刻意要和人过不去，可有时正因为这种本能，让蓝色跟人的关系莫名地变得疏远，甚至滋生很多误会。

我朋友每次说起婆婆，都一副痛不欲生的样子。据她说，婆婆对她做的一切都看不过眼，她在家里简直没有立锥之地。待到我学了性格色彩，帮她分析之后才发现，她是大红色，而她婆婆是典型的蓝色，凡事在细节上要求极高，且不主动说明。她擦过的桌子，蓝色婆婆笃悠悠走过，轻轻伸手在桌上一抹，看了看，不动声色，静静走到厨房拿了抹布，再抹一遍。她送给婆婆的东西，问婆婆觉得怎么样，婆婆的回答永远是"你们觉得好就好"，然后收起来，永远不用不穿，让她非常沮丧。

与"疙瘩朋友"相处困难的核心原因，是他们对于事物的挑剔。为了实现心目中的"完美主义""规则""正确的事情"，蓝色会把他人的情绪破坏殆尽，会忘记真正重要的是什么，这也难怪蓝色是最容易"只见树木不见森林"的人。追求完美是正确的，但是不看场合，我们就认为是不识时务。蓝色具备超强的缜密思维和观察力，本来这是蓝色的优点，但如果过分较真，就讨人厌烦了。你是否听说过，有人阅读时发现书籍中错字连篇非常气愤，故而用数月时间将错字挑出，寄信给出版社以求更正视听，避免贻害社会。健康的蓝色配合社会正义感，这种做法值得我们敬佩。然而在生活中，并非所有的事情都像蓝色想的那样严重,就拿错字来说吧。

几个同事一起看网上一个讨论日本人的笑话,大家都笑得前仰后合。这时候一个同事不声不响,用手指点点那段笑话。我们不知所云,收起笑声,回头望向他,只见他用手指在桌上描画出一个"在"字,飘然离去。我们仔细一看,原来笑话里一个"在"字被写成了"再"。被他那么一折腾,气氛被破坏了,大家顿觉没劲。

这位蓝色似乎并不明白,大家相聚一起看笑话的核心目的是快乐,而并不是在做编辑的工作。而他的一个举动就让快乐全部消亡。蓝色关心自己所在乎的人的行为,同时希望别人也是用他们认为正确的方式行动。就好比当红色觉得开怀畅饮是件无比爽快的事情时,蓝色会和你耐心解释胆固醇的作用和酒精对于肝脏的损害。在他们的教导下,问题是解决了,但是乐趣完全没有了。

> 在他人看来无关痛痒的细节,蓝色性格会以高度敏感的侦察力捕捉到,并将其重要性和严重性放大十倍,然后提出修改方案。在失去灵活变通能力的同时,也会让周围高涨的情绪和气氛变得黯淡无味。

关于烫发的咨询电话

蓝色喜欢分析,在许多不适合的情境中都是如此。他们不自觉地对每一件事情进行分析,相信这样才可以让自己有准确的洞察力,这样就能通过预测下一步将发生什么事情来控制所处的环境,必要的时候,也能保护他们免受环境的威胁。但是,当他们执着于微不足道的细节时,这种过度的分析也成为偏执的前兆。

小茜做了一个热能烫的新发型，下班回家后告诉我四种不同性格女孩的不同反应。红色和黄色最是爽快，如果觉得好，就直接也去烫了；绿色看到，每次都笑眯眯地说好，然后重复"赶明儿我也要去做一个"，这话说了半年，头上还是"涛声依旧"。最为麻烦的就是蓝色。蓝色当时不会流露要去烫发的想法，但有很长一段时间，一直在电脑上查可以做热能烫的地方，其中也包括，此烫法对身体有没有毒害，它的性能特点，它的价格，以及除此烫法外，还有哪几种可以同时选择。四个月后蓝色好友俨然是热能烫专家了。在最后一次决定性的电话中，她向小茜咨询了几十分钟，主要问题包括：

1. 你的发型师是小A吗？（需要再次确定）
2. 小A通常什么时候在？
3. "热能烫"除了叫这个名字外，是不是还叫"数码烫"，会不会搞错？
4. 几种价位的烫发药水，有什么差别？（小茜花了十分钟向她详细介绍，却发现她知道的比自己要多）
5. 你用的卷是哪种卷？
6. 这个零号大卷大概有多大，有农夫山泉的瓶盖子那么大吗？
7. 整个烫发过程要多久？
8. 会不会疼？
9. 疼的话，是不是意味着有毒？
10. 能保持多长时间？
11. 烫发流程是怎样的？
12. 万一我烫了不满意怎么办？

……

女孩终于安排好了她的行程。她要在某日某时去那里，同时把来回的时间、等候的时间、万一做了不满意再重做的时间全都事先算进去……

按照小茜的说法，天下超级"恐怖"者非蓝色莫属。这个超"蓝"把烫发看成国计民生般的重大问题，他们问问题的反复冗长与《追忆似水年华》中普鲁斯特式的盘曲缠绕如同长蛇般的句子相提并论。正因为蓝色超级追求细节，可以把已经很熟悉的程序反复对每个细节加以落实，要是成为蓝色的下属，你会发疯的。

活得累啊！不夸张地说，"挑剔较真"和"化简为繁"是不健康蓝色的一对左右护法，不仅让自己活得累，还会使紧张气氛波及周围。因此蓝色容易因小失大，就像他们很容易捉住别人身上的问题，从而立即把他的优点全部抹杀。所以，蓝色会因为这种病态地追求完美的特征，而忽略了生命的本质。

"张飞是曹操的侄女婿"有何意义

某位社科院的研究员在二十余年潜心研究后，得出一个新见解——张飞是曹操的侄女婿。我一直期望能理解研究出这一"重大结论"，对我们的生活有什么实际意义。我曾听说一个原则性很强的蓝色借给别人五十元钱，到了借债人答应的日期对方没有归还，这位蓝色债主非常愤慨——天下怎有如此说话不算数的"卑鄙之徒"呢？结果驱车前往，从惠州赶到东莞的乡下，来回一天的时间，花掉二百四十元车费，终于讨回了那五十元。蓝色坚持原则和道理无可厚非，然而也正因为此，他们会因小失大。

蓝色为人夫为人妻，认为讲清道理的对错，比维护彼此的感受更加重要；为人父为人母，认为把屋子清理干净，比孩子感受到疼爱更重要。蓝色经常会忽略生命的本质，总认为鱼和熊掌是可以兼得的。可惜在这个世界上，并非如此，蓝色对事物细节方面的关注，会让他们忽略真正想要达成的结果，从而因小失大，得不偿失。来看一个蓝色的管理人员对自己过往的反省和回顾。

那是我刚担任公司拓展经理和前任交接时的事。我接手后的第一项工作，是争取一个项目的运营管理。其中项目能耗测算一块儿，占整个合同总额的一半。对方告诉我们时间比较紧，希望早点提交方案，以便他们的老总来拍板。这时，在我面前有两种选择：

第一，用估算软件自己做测算，计算结果和事实可能有10%的误差，但时间仅需半天。

第二，请专门的工程师做测算，结果会相当精确，但需要对方提供各项主要参数，然后由几个工程师会同计算，时间要两到三天。

和蓝色的前任商量，她毫不犹豫地告诉我，做我们这一行，"专业"是无上准则，怎么可以用"大概"或"估计"来敷衍客户，同时给未来运营造成一定程度的风险呢？本人深表认可，就执行了后者。由于和那些工程师平时比较谈得来，关系不错，我们一起加了班，赶在一天半内做了一套文件。当我们把做好的建议书递交出去时，对方老总已经飞走了，出差了三周。等到他回来时，项目已经冷场。结果完全可以趁热打铁的一个项目，经过正式程序后，没能争取到。

执行公司的程序，当然没错，但作为业务部门的负责人，要知道商机转瞬即逝。一个有缺陷而快速的决断，远远胜过迟迟做出的完美的判断。作为管理者，典型的蓝色只是一个微观管理者，只见树木，不见森林。蓝色很爱分析，也很擅长分析。蓝色心里想的只有问题，他们想参与问题的各个细节、方方面面，一遇到问题，他就像遇到敌人一样，必然发起猛攻。

> 蓝色性格由于害怕犯错，常被拖延或卡在细节之中。他们的规则涵盖了生命的每个层面，而且相信人人都知道这些"规则"，他们痛恨那些打破"规则"而且成功逃脱的人。

蓝色性格过当总结

○ 作为个体

- 高度负面的情绪化。
- 猜忌心重,不信任他人。
- 容易沮丧,悲观消极。
- 陷于低落,无法自拔。
- 情感脆弱,有自怜倾向。
- 杞人忧天,庸人自扰。
- 过于严肃,感觉压抑,不易接近。

○ 沟通特点

- 不知不觉地说教和上纲上线。
- 原则性强,不易妥协。
- 强烈期待别人具有敏感度和深度,能够理解自己。
- 以为别人能够读懂自己的心思。
- 不愿主动沟通。
- 不喜欢麻烦别人,也讨厌别人给自己带来麻烦。
- 与人互动很难开放心胸。
- 习惯以防卫的状态面对别人。

蓝色性格过当总结

○ 作为朋友

- 过度敏感,难以相处。
- 强烈的不安全感。
- 远离人群。
- 喜好批判和挑剔。
- 吝于宽恕和原谅。
- 经常怀疑别人的话。

○ 对待工作和事业

- 对自己和他人常寄予过高而且不切实际的期望。
- 患得患失,行动缓慢。
- 较真挑剔。
- 专注细节,因小失大。
- 吝啬表扬,强烈的形式主义。
- 容易被不理想的成绩击垮斗志。
- 墨守成规,死板教条,不懂变通。

第九章

黄色性格过当

Chapter 9

1. 自以为是 死不认错

坦白从严，抗拒从宽

从小，圣人指示我们"人非圣贤，孰能无过"，老师告诉我们"知错就改是好孩子"，社会教育我们"坦白从宽，抗拒从严"。我们谨遵教诲，奉若神明，莫敢不遵。一旦发现自己的问题，红色立即缴械投降，蓝色马上闭门思过，绿色坐以待毙，唯独黄色坚决不从，不但死不悔改，而且绝不认错。为何？因为自信，觉得自己正确，当他们膨胀的时候，黄色就认为"经常正确"等于"总是正确"，所以，不少黄色用他们的实际行动，昭告天下自己不肯认错的两个境界。第一境界：明知有错，死不认错；第二境界：吾乃圣贤，怎会有错？

第一境界"明知有错，死不认错"，主要表现在钢嘴铁牙，不管你怎么说，反正我没错，要错，也是你错，来看一组黄色众生相。

黄色父亲：回家后发现儿子的新单车未在车库，询问小儿，小儿语塞，以为他顽皮遗失，不问青红皂白，臭骂一通，连同过往陈芝麻烂谷子之事统统翻出厉声呵责，及至小儿泪流满面，仍越骂越勇。待平心静气后，方知大错特错。原来小儿发扬雷锋精神，将车借给了遗失车辆要赶时间的同学，因慑于黄色父亲淫威本不想说。黄父得知真相，内心懊悔不迭，话到嘴边："你怎么早不和我说，我问你的时候你就跟我说，不就没事了吗，怎么这么不懂事？"却绝口不提自己刚才错怪之事。

黄色母亲：女儿告诉妈妈，因为妈妈反对她和男朋友恋爱，她的男朋友服安眠药自杀了。母亲一惊："自杀啦？"女儿说："还好，他吃错了药，没死。"母亲说："我早就说过，他这个人马马虎虎、大大咧咧，成不了大事。你看，连这点小事都搞错，怎么能托付终身呢？"

黄色丈夫：在女儿腹泻时坚持要给她服用黄连素，妻子说2岁小孩还不会服药片，要是当成糖丸嚼，苦味会引起呕吐。丈夫坚持不相信会吐，结果小孩吐得不成人形。妻子悲痛之余，丈夫却说："这不一定是吃药引起的。说不定今天吃的其他东西有不合适的。"

黄色客户：急需资金周转，在处理转款事宜时，他执意要提供外地的银行卡，付款方从他的角度出发当场说明，外地卡到账速度较慢，客户却一口咬定说不可能，并厉声责备公司不够专业，基本常识都搞不清楚。直到当场致电向银行询问证实后，方才相信，内心尴尬，表面却不露声色，当作一切都没有发生，立马表现出回避态度："晚点问题也不大，就打在这张卡里面吧！"

黄色领导：年会酒席上轮番劝酒，凡碰杯者须饮尽，众人莫敢不从。有长者以抱病在身为由谢绝。领导面色铁青坚决不允，称众人皆饮，休想逃之。三番五次强迫之下，长者无奈饮下。宴毕当晚，长者胃出血卧床不起。次日传到公司，黄色领导当即以先进医疗配重金补偿同时休假三月处理，然遇见众人，却做气愤状，大声疾呼："没有金刚钻就莫揽瓷器活儿，不能喝酒就不要喝，何必逞能啊！"

黄色同事：一起出差，和他同住一房，他晚上鼾声很重。我忍了三天后，在第四天晚上，他打鼾时，我小心翼翼地推醒他，说："你盖好被子，小心着凉。"可惜，不到十分钟我还没来得及睡着，他又打起鼾来。我想可能是刚才太含蓄，所以，他没在意控制打鼾的事。我又推醒他，很客气地说："你是不是没枕好枕头才打鼾？对身体不好。"谁知他很生气地说："谁说我在打鼾，我又没睡着，我在深呼吸。"

六位的功夫，一个比一个强，你以为你在读笑话吗？你看到的每一条，都是每天发生在周围的真实事件！

因为黄色认为胜利者和强者不应该出错，如果出错，也应该是自己发现，怎么能由别人发现来告诉自己呢？因此，当一个错误发生时，黄色通常会在别人身上看到过错；蓝色则会自动自觉地反省自己的过失；而黄色的自我反省通常在背后做，当着众人的面，他永远觉得自己是对的，坚决以自己的标准评判是非，并且非常善于马上给别人定罪。这种"倒打一耙"的行为，表面上维护了黄色的面子，事实上不过是"打肿脸充胖子"或者说"红焖鸭子，肉烂嘴不烂"，就里子而言，他们是虚弱的。

> 黄色性格太希望胜利和成功，他们有勇气去面对生活的压力和障碍，但是没有勇气去面对自己内心的虚弱，当出现任何一点征兆，都会本能地回避。

我曾提到，当红色发现生活的压力和责任降临时，会本能地回避；而当黄色发现需要承认自己的内心虚弱时，也会本能地回避。两者都会回避，只是回避的东西不同而已。这也正好应验了性格色彩所强调的一个理念："每个人都有自己内心的敌人，只是敌人不同而已。"

黄色经历了短暂的失败后，很快会为自己设立新的目标并调整情绪，从上一次失败中站立起来，为了成功而勇敢向前。只要未来有希望，黄色可以无视任何负面，更会把过去的挫折当成前行的动力。可问题恰恰是，黄色遇到失败时，不会简单地承认自己的过错，即使失败，他们或视而不见，或把失败看作部分成功，或把责任推给他人。就好比我见到的一个笑话：运动员投篮，连投五次都没有投进，教练道："笨蛋！瞧我的！"于是也连投五次，没一个扔进："看见了吗？你刚才就是这样投的！"

黄色要求别人不犯错，自己却犯错；要求别人承认错误，自己却死不承认。他们喜欢处于支配地位，周围处于服从地位，这样才觉得安全。因此，黄色常常通过打破他人加在自己身上的规则，来凸显自己的强大。他们讨厌行动受到限制，既想拥有建立规则的权力，也想拥有打破规则的权力，所以常常自相矛盾——要求别人遵守规则，自己却频频违反规则。"只许州官放火，不许百姓点灯"，最有可能出现在黄色身上。

> 尽管别人善意地向黄色性格提出进谏之言，他们却一直表现出一种飞扬跋扈的神气，暗示着黄色性格是无所不知而且永远正确的。这样我们就能够明白为什么黄色性格总有两条人生法则：第一，我永远是对的；第二，如果我错了，请看第一条法则。

好为人师的"老法师"

如果说第一个境界"明知有错，死不认错"，只是黄色的人爱面子，还可以谅解。那第二个境界"吾乃圣贤，怎会有错"，纯粹就是睁着眼睛说胡话，膨胀到连自知之明都没了。

文公子，35岁，上海大学文物管理专业毕业，出身古董世家，自10岁开始把玩千年老玉。古董这玩意儿，不是单凭书本就可以学会的，大三时，文公子的眼光已经比老师高出许多，常以专家自居。终因得意过头看走了眼，在街上倾尽个人存款两千大洋收进一群超级赝品，自此沉重打击后，文公子一扫骄横，才知道理论与实际相差之远，开始夹着尾巴做人，也正因此功力大增，不露声色地跻身于超级高手行列。文公子与我交流往事时，重笔墨回忆了他曾经遇到的一位黄色的长辈——"老法师"的悲剧。

55岁的"老法师"（老马）把玩文物二十年，在文物跳蚤市场赫赫有名。他在前面走，总有大队票友随后，而他也乐得卖弄他的学问，从鉴定到选货侃起来头头是道，时间长了其真名反而被人忘了。因为群众坚信"老法师"绝对不会看错，所以他讨价还价未成交的货，总会有人立马跟进，提价后买走。

因文父与"老法师"的交情，某次文公子也同大群人马紧随"老法师"。突然，他发现"老法师"拣的瓷器，正是当年自己栽过的大跟头，便小声提醒："老师，这个东西好像有点问题。"没想到，"老法师"当即转过头来狠狠教育一番："小文啊，你不懂啊！这个东西无论是从釉彩、重量、声音还是胎骨，全都没有一点问题，你看看……你这大学四年怎么读的啊？基本常识也没有了吗？你们老师怎么教你们的啊？……"好心劝诫，反而遭无故抢白，文公子心里非常郁闷。心有不甘地回家和父亲汇报后，两人想起这么多年，从来都是传说，也没人见识过"老法师"的宝贝，父子两人决定拜访老马。是日，两人目睹了"老法师"二十年来倾家荡产换来的宝贝。

假货！全是！！全部是！！！原来这二十年来"老法师"一直闭门造车，拿书本作为收藏的唯一参照，积攒了二十年的宝贝通通是假货。父子俩实在没勇气把这个事实告诉给可怜的老头，最重要的是：他知道了也绝不可能相信。

幸福执着的"老法师"一直期待人生中可以有朝一日鲤鱼跳龙门。不久后，他就遇到了此生对他打击最为沉重的事情。那年春拍时老马拿了三件"宝物"——翡翠镯、寿山田黄石、民国白铜包，准备到拍卖行的牛老板那里换套房子，没想到牛老板看后痛骂："老马，你神经病啊，你是老江湖了，怎么拿出这种东西给我？一百五十万？最多一万元。"一心一意准备发财的老马坚决不肯相信，认为他根本不识货。于是牛老板出面找了拍卖界的顶级权威蔡老来鉴定，蔡老看后，将牛老板痛骂一番，认为让他来鉴定赝品，实在是浪费时间。

最戏剧性的是，到现在，"老法师"仍旧对这两个人臭骂不止，怒斥这两个家伙肯定是拿了回扣，决心要放到死后给孙子辈，再拿去拍卖："这辈子不行,咱就等下辈子。"

我听了这个故事,想起了《天龙八部》里的慕容复,在皇帝美梦一次次被粉碎后,最终彻底发疯,只有忠诚的丫鬟用糖果笼络了一群孩童,让他们跪拜慕容复"吾皇万岁万万岁",以满足他破碎的梦想。黄色,坚强自信,即使经受了非常大的压力和打击,他们仍旧能屈能伸,可以卷土重来。可是一旦遭受到致命的、强烈的灭顶之灾的打击,他们就会完全崩溃。

> 黄色性格最大的敌人是自己,他们将缺点用指尖归咎于他人,这使黄色性格的能量不能进一步增加。

2. 控制欲望　操纵心强

麦当娜白嫁给你，你敢要吗

黄色不但希望能掌握自己的命运和生活，同时希望能控制他人的生活。作为最善于发出言辞要求的性格，黄色父母对孩子有强烈的期待，小到梳什么头发，配什么鞋子，大到你做哪一行，进哪家公司，都想主导。如果你不听从，黄色会坚定不移地推动和威逼，直到你听取他的意见为止。即使是黄色的孩子也懂得运用他们最原始的武器——哭声，来向周围传达明确的信息——"你们都要听我的"。

同事告诉我，她黄色的女儿从小就有极强的控制欲。当你喂她吃东西的时候，小丫头一定要自己拿勺，你若坚持不肯，她便一把抢过去，抓了以后铿锵有力地掷在地上，然后自己再重新拾起。当小丫头要找妈妈的时候，会不停地在口中呼唤"妈妈妈妈妈妈妈妈妈妈妈妈"，直到母亲放下手中的活儿去关照她，否则不会有半刻消停。

由此想到另一对绿色夫妻生下的黄色儿子。晚上到了儿童节目播放时间，他会亢奋地反复尖叫："《天线宝宝》时间到了！宝宝要看《天线宝宝》！"你不得不钦佩这种婴儿时代就具备的旺盛精力，他们不停地高声重复，直到看到你的妥协。当绿色的父亲告诉他今天没有这个节目时，这个小家伙居然会十分气愤地给了父亲一个耳光。后来这对绿色的夫妻只好在黄色儿子的霸气下垂下头颅，给他买了一个iPad，并且下载好全套剧集。

从那一天开始，我就可以断定这对绿色父母未来的悲催命运，已经被这个黄色的儿子把持，如果他们不能直面自己性格中的懦弱，并对黄色孩童的霸权给予调整，他们必将在未来品尝人生最为苦涩的悲剧。

不少黄色在儿童时期经历过许多争斗，很早就形成了"强者受尊、弱者遭轻"的人生价值观。对他们来说，人生就是角力场，他们最大的愿望就是当上首领，最关心如何建立势力范围，想控制有可能影响自己生活的一切人和事。控制自己本来无可厚非，然而，黄色的问题在于，他们并不明白，他们情不自禁地将控制他人作为人生的乐趣，对于那些需要独立思想、独立意识、独立行为、独立自由的人来说，这简直无法忍受。

麦当娜是一个依靠直觉本能的人，她自己说："我现在的目标和我小时候是一样的，我要统治这个世界，我是个控制奇才。"对她来说，成功在于获胜，而不在于具体过程。

每天早晨她与工作人员一起讨论一天的目标和规划，她能以飞快的速度将一大堆事情安排妥当。她的出版商说"她不会浪费时间"，一个经理说"她很精明，喜欢操纵，但她对人很不好"。她的代理人戴曼这样说道："我相信她在九年中没有一周不是排得满满的，她全身心地追求成名，愿意为此推迟建立家庭，甚至生孩子的计划——也许是一辈子。"

构成她个性的一个重要方面就是权力，她自己说道："有权势的感觉真好，我一生都在追求，我认为这是每个人孜孜以求的东西。"这一动力从她那巨大的竞争性中得以体现："我对任何不能与我抗衡的人不感兴趣，必须值得一战。"

麦当娜在迈向事业顶峰的征途中，选择了职业女性成功的必要条件——不结婚。她也是个极其明白的女人，她这样概括她自己及她的婚姻："我是个工作狂，我有失眠症，我是个控制奇才，这便是不结婚的原因，谁受得了我？"

> 对权力的渴求是黄色性格成就大事业的力量，而黄色性格的问题是过分的权力欲和支配欲，只有在指挥事情时才会快乐。

棒打鸳鸯

作为旁观者，我亲眼见证了一对本可比翼双飞的同林鸟，是如何被女方的黄色母亲生硬拆散的，而作为当事人的女儿，对黄色母亲的那种控制欲的愤怒和为此所遭受的痛苦，恐怕是一生一世都没有办法抹去了。之前，总是在想"棒打鸳鸯"是什么性格才会做出来的事，现在看来，答案已经不言自明。

蓝色的小西有个无比黄色的母亲，自小从吃喝拉撒到升学就业，母亲一手包办。小西大学时，和同学小东两情相悦，慑于母亲"大学期间不许恋爱"的家法不敢声张，可终究没能瞒过老人家。母亲不露声色地要女儿把男孩约来家中，席间对男孩家底调查了一番后，严正警告女儿必须立刻断绝来往，三条理由：家世平平，门不当户不对；年纪太轻，事业毫无根基；面相不好，克妻的命。

热恋男女岂是说断就断？老妈发现女儿这次居然敢阳奉阴违，怒气冲冲杀到学校强烈要求予以干涉。非但如此，还找到男孩父母抗议，要求必须严加管束；在为女儿安排好工作后，不忘叮嘱公司配合监视。无奈两人只好转入地下情。三年后，为摆脱母亲的控制，两人计划出国深造，商量好女孩先行一步，男孩次年再去会合。

可还没等男孩成行，黄色老妈因感觉两人仍在来往，早以探亲身份飞到女儿身边，刚好这时女孩的同学中有强烈追求者，老妈一番打听，发现新追求者正攻读博士，父母均为大学教授，眉清目秀又特别会讨好自己，于是认定他是乘龙快婿，竭力从中撮合。此时身处异乡的姑娘也正遭受前所未有的生活压力，从小有人关照，而现在衣食住行柴米油盐的烦恼、紧张的课程、生活习惯的不适应更让她不堪重负。此时老妈适时地把新人推到面前，帮她解决了一个个生活的难题，在关键时刻给予体贴和关怀。就这样，老妈处心积虑，历时八年终于得偿所愿，彻底颠覆了女儿的恋情。

可惜造化弄人，一年后因男方有家暴和虐待倾向，女孩历经磨难，方才脱离魔爪，老妈的如意算盘最终落空。临终前，老妈向女儿忏悔并恳请原谅，只是几经波折的姑娘已不问感情，现在是年过45岁的单身女博士，事业成就卓著，内心却极度孤独脆弱。

黄色总是喜欢把自己的意志强加在别人头上，他们认为，自己认为的一切都是对的，你不接受是因为你没眼光，你不接受是因为你不懂，你不接受是因为你不明白。你不接受？好，为了你的幸福，为了让你以后知道我现在的良苦用心，黄色就会说上一句"你现在恨我，将来你会感谢我的"。可惜，他们说的"为了你的幸福"，都是建立在他们认为的"你的幸福"之上，他们总是把其他人等同于自己，当别人和自己想法不一样的时候，他们本能的想法就是"废掉你"。

> **黄色性格对别人操纵权力和行使主导权十分警惕。认为对自以为是的家伙就应该毫不留情，殊不知自己也自以为是。**

黄色讨厌为他人所左右，希望把他人的影响降低到最小，总想了解周围人的一切，以便排除未知因素，把握局势。在他们讨厌为他人所左右的同时，他们也无时无刻不希望左右他人。

3. 富攻击性　心存报复

人未必犯我，我却犯人

让黄色和别人对立起来，并不需要太多煽风点火。黄色对于"对立"是如此乐此不疲，却几乎很少关注到，自己制造出了很多麻烦和冲突。黄色自己也许没意识到，他们很享受那种口角胜利的快感。黄色就像刺猬，当觉得有人冒犯了自己的时候，随时随地准备竖起刺。

一位同事善意地赞许黄色的小方："最近你的变化很大啊。"小方马上回应道："我都不知道，你怎么看出来的？"虽然小方打心底里希望自己有改变和成长，但如果是由别人口中说出，嘴上还是不愿承认的。黄色的反应有时就是这样莫名其妙，人家完全没有恶意地交好，黄色却总是把自己弄成"弓上弦，刀出鞘"。

后来才知道，原来小方有一个比他还要黄的母亲，在他母亲面前，小方只能像只生闷气的老猫模拟目露凶光的老虎。小方有一天问："老妈你能不能换些不同味道的菜做做啊？"老妈无比干脆地回应："我也很忙，你要吃就吃，不吃自己去外面买。"后来考大学时，曾经问他娘："万一考不上怎么办？"老娘的回答更加掷地有声："想法儿养活自己！"

这确实是亲娘，不用怀疑。只不过，黄色习惯于反弹，说服他人也是胜利的一种表现方式。而"胜利"和"占据上风"对黄色来说，是内心深处不可遏制的追求。

女儿在甜瓜蜜果中长大，对老一辈经受的苦难不屑一顾，"老三届"的父亲苦恼于女儿的铺张浪费，因此总要讲几句话提醒她，却总是落得自讨没趣，毫无办法。

父亲：每月的 1000 元生活费你都用到哪里去了？

女儿：又没问你要钱用，问这么多干什么？

父亲：钱要省一点花，我们像你们现在这么大的时候……

女儿：又来了，又来了。赤脚、种地、砍柴、饭吃不饱、蚂蟥叮，你年龄不大，讲话倒像祥林嫂一样。

父亲：你生活上自己要注意有计划性，爸爸像你这么大年纪的时候，就……

女儿：哟哟哟，又来了，又来了！总是这老套的东西，也不看看现在是什么年代了！谁叫你投胎的时候没有看准时机，下一次投胎看准时候……

父亲：毕业后我不再管你，你要学会自立，要学会独立生活，否则你将一辈子生活在贫穷之中，天天像井底之蛙一样地生活。

女儿：你都走过这么多地方了……我看你出差也去过六次美国了吧，也没见你去过夏威夷啊。

黄色喜欢去命令和指使，当他们遭遇挑战的时候，会马上变得充满攻击性和咄咄逼人，这与他们内心趾高气扬的本质是很难分开的。

> 对于冒犯自己的人，黄色性格会毫不留情地予以坚决还击。他们追逐自己生命中本能想要的东西，并忽略尊重他人的情绪反应。黄色性格，是典型的侵略性格。

女强人的性格分析

那些叱咤风云，和男人一争高下的女强人，究竟是什么性格？

一心投入事业，放弃家庭和感情的女人，为数不少是黄色。在很小的时候，黄色女性就因她们渴望在这个男性主导的社会占据一席之地而试图向男生们挑战。某著名女政治家的回忆录里说，她小时候，班上男生欺负女生时，她会站出来替女生出气，这也让她自然成为女生的领袖。只要因为性别关系被歧视，她就极其敏感，会条件反射似的反弹，她的朋友说她尤其不想在男孩子面前落下风。自年轻时，她就野心勃勃，显露出对成功的无限追求。

典型的黄色女性在成年后，因为对事业的执着，她们中的很多人放弃了家庭生活，在四种性格中抱持终身不嫁思想的比例最高。

长大后的黄色女性，情不自禁地希望在外表上给人精明能干的感觉，在这个男权为主的社会，她们希望和男人平起平坐，留着短发或是梳着整齐简单的直发，穿着深色套装，节奏飞快地生活。

因为黄色崇尚强者，对强者有天生的向往和内心的亲近，故此她们乐于拼杀，相信自己而羞于依靠男人，为了在职场或者人生中有更好的竞争力，她们敢于拼杀，敢说敢做；当黄色女人的实力强大到令男人恐惧的地步时，男人们想的是如何保住自己头上的"乌纱帽"，哪儿还有闲工夫管你是男是女？那些小瞧黄色女人的男人，最终都死得很难看。时间长了，人们甚至害怕这些强大的黄色女人。她们作风硬朗，面对挑战和进攻，从不服输。

当报业大亨默多克在听证会上被偷袭者扔剃须膏时，默多克黄色的妻子邓文迪迅速飞身向前，掌掴袭击者，被称为"虎妻"，她这一行动赚取了观众和舆论同情，令自己的新闻集团股价大涨5%。

然而两年后，默多克和邓文迪就走到了婚姻的尽头，据称，邓文迪常当众批评默多克。分手费邓文迪就拿到了十亿美元。

挺身而出保护默多克的邓文迪，和离婚时毫不手软拿走十亿美元的邓文迪，似乎是两个人。但若告诉你她是个黄色，一切就都有合理的解释了：掌掴袭击者时，她和默多克是盟友，面对外来袭击，果断反击；协议离婚时，她和默多克是敌人，毫不心慈手软。对黄色的邓文迪来说，朋友和敌人是随时转换的，只要符合她平步青云的路线就行。

黄色认为争斗就代表一切。因为抱着强者心态，黄色对自己的要求是：凡事力争上游，不可懈怠半步。黄色对成功的执着追求，与蓝色对完美的执着较真，是等量级的。

中国男女司机比例为7∶3，相应的交通肇事率比例为17∶3，因此男性司机肇事率远高于女性，一个原因是雄性激素让男性更富于进攻性。然而从性格色彩的角度探究，喜欢飙车和超车的司机中，黄色和红色一定比蓝色和绿色要多得多。而剑走偏锋、险中求胜、誓不认输的黄色，在超车或者反超车的过程中，尤其会体验到极强的快感。

如果说飙车或抢车道是速度的竞争，那这场速度的竞争实际上是以死亡为代价的。我们可以想象在两个黄色或者在一黄一红的比拼下，稍不留神，就会有人成为这场没有意义的竞争中的牺牲品。然而黄色仍旧是那样关注于输赢本身，因为很难遏制住自己"要在任何事情上战胜他人"的欲望，所以黄色常常毁在自己的争强好斗之下！

黄色应该常听听优客李林的一首歌："输了你，赢了世界又如何？"有时你争赢了，却可能失去更重要的东西。事总有轻重缓急之分，不要为了争一口气而后悔莫及！

4. 缺乏耐心　脾气暴躁

缺乏耐心，效率至上

若论速度之快，无人能出黄色之右。黄色直截了当的旺盛精力，是理想的军人人选。但黄色对于处理复杂文件及反复协商谈判很没耐心，他们认为那样效率太低。他们直接、开放、强悍，更欣赏"买就掏钱，不买就走开"的风格。如果你喜欢单刀直入，而不是曲线救国，那黄色是你打交道非常合适的人选，但是你必须注意黄色是很没有耐心的群体。

我老板是黄色，极其讲求效率，不愿浪费时间，对下属缺乏耐心。他办公室在十八楼，下属们在十二楼。平时都用公司内网聊天软件交流。他想到一个事儿，就给下属说："来。"下属看到这个"来"字蹦出来，一般都诚惶诚恐，给自己做了半天的心理建设才敢上去。但此时黄色老板已经极其不耐烦了，扔出一句："上个楼都慢成这样，要你有什么用？"于是下属内心很受打击。黄色老板的下属离职率高，每次下属提出离职时，黄色老板没有耐心细问原因，都是三个问题搞定："为什么离职？""确定要走吗？""何时可以交接？"有些下属原本可能还有些犹豫，结果因为他这三句话，立马绝尘而去。

黄色跟人交流时没有耐心，核心原因在于不想浪费时间。其实如果黄色老板把话说清楚一些，比如让下属来干什么，需要带什么东西上来，看似多花了几秒钟时间沟通，其实对方可以更加有效地配合，最终是节省大家时间的。因为没耐心，所以面对离职问题，不喜欢婆婆妈妈，用最简单的方式处理，造成离职率居高不下，最终还是影响到了工作的高效开展。

这种缺乏耐心源于黄色对于效率和少花时间多办事的强烈追求和愿望，正因如此，黄色对于"他认为别人是在浪费他时间"的行为不能接受，从而产生鄙视。请看一个黄色讲述的小故事。

我和老公说好上街，约好在车站等他。到了约定时间，没等到他，我马上打电话给他，他说在另外一个车站等我，我当时就觉得他不靠谱，在电话中说："行，那我自己去了。"说完挂了电话，一个人迅速把东西买好回家，等我到家后一个钟头，老公才姗姗回来。

对我来说，时间是最宝贵的，上街就是为了买东西，如果等来等去，还不如各买各的，买完回家。

如果类似上面的情形，你无数次地在生活中遭遇，那就是遇到了典型的黄色。如果你的生命当中有个黄色的人，那注定了你们不会是平静而轻松的关系。如果你企图赶上黄色的步伐，你会累得虚脱。更重要的是，黄色可能根本就没有注意到你的努力，而只会报以"你好了没有"或者"能快一点吗""这事不要搞这么复杂"之类的评语。不要试图去追赶，这首先是基于你可能永远赶不上，而这只会引起他们的不耐烦，黄色的心里可能会想："就你这小样儿，还想来追我？"另外，如果你真赶上了，他也不见得有多喜悦，黄色可不希望有什么人强压过他们，这样就丧失了带领你的那种强者的尊严和成就感。

黄色对于任何挑战都会有快速反应，他们缺乏耐心，心里想什么就直接说出来。黄色并不擅长外交手腕，容易把意见不合推向极端，而非像绿色那样可以缓解矛盾，而当黄色忽略他人感受的时候，也终将因此在未来的某一时刻某一地点遭到某种形式的相关报应。

> 为了获得最大的成功，黄色性格重视效率，缺乏耐心，他们非常厌恶工作能力差、多思而不实干的人。黄色性格讨厌慢慢吞吞的部下，希望部下是能促使自己走向成功的有用工具。

棍棒之下出孝子

黄色对于"以暴制暴"似乎情有独钟,深得"棍棒底下出孝子"的精髓。可惜在如今这个"胡萝卜加棒子"的时代,他们"棒子"的功夫倒是做得很足,"胡萝卜"在菜场里丢了一个星期,生硬且不新鲜,更不用谈"不战而屈人之兵"的高明兵法了。一个黄色的母亲在性格色彩识人课堂上分享了她从前是如何对待儿子的。

我对孩子的学习要求很高,要求他每次考试必须名列前茅。要是孩子放学回家,一副垂头丧气的样子,我就感到情况一定不好,于是,就对他说:"你今天肯定考得很差,我跟你说过多少遍,让你不要看电视,不要玩电脑,你就是不听,从明天开始,你不许再看电视,不许再碰电脑。"面对我这样劈头盖脸的一顿训斥,孩子怨恨地说:"我一次没有考好你就马上责怪我、骂我,我考得好的时候,你怎么不表扬我呢?你怎么不会像其他妈妈那样有耐心地帮助孩子来分析原因呢?你不配做妈妈!"孩子的话尽管带有很大的情绪,却给我带来很大的震撼,使我不得不静下来深深思考自身的缺陷。

《我们现在怎样做父亲》是鲁迅在1919年写的一篇名文,每个父亲是否都有资格宣称自己已是合格的父亲呢?答案可能是让人难堪的。由于黄色望子成龙之心过急,又没有耐心引导,采取种种不合理甚至暴力的手段强迫子女就范的事件屡见不鲜。

> 黄色性格的批判与蓝色性格的挑剔不同,蓝色性格更刻薄,黄色性格更置人于死地而后快。

如果说蓝色是浸了冰块的酸醋,有一阵阴风袭来的感觉,那黄色就是芥末,带给你的是"冲"劲儿,而这不是你自个儿要吃的,是有人硬往你嘴里塞的。

  黄色对于他人的弱点极度不耐烦，而且毫不掩饰地表现在他们的表情上。最重要的是，所有无效率的事情在他们看来，都是一文不值的，而且是那样不可饶恕。有时，为了显示他们的权威与犯错者的渺小和愚蠢，黄色不惜当众羞辱，借以让被骂者茁壮成长，且美其名曰"不经历风雨怎么见彩虹"，为自己的暴政倾向涂脂抹粉。

5. 强硬严厉　喜欢批判

老海象的昨天就是老板的明天

黄色的阿建工作十五年以后，跳出来创业，他一直认为自己还不错，结果下属的一次性格色彩卡牌解读让他内心酸痛，一下子"武功尽废"。

我朋友学习了性格色彩卡牌师课程，她学完以后需要找人练手，让我去参加她的卡牌沙龙，我没空，就让我助理去了。我助理摆了一个职场牌阵，其中有一张牌她选出了她眼中的我——"批判性强"。我朋友征得她同意后把牌面发给了我，我十分震惊。

第一，我不容许别人犯错误。每次严厉的批评，都被她认为是种羞辱，很没面子，很伤自尊心，我自己却一直认为是在苦口婆心地开导及培训她。第二，我自认为和她无所不谈，经常开车送她回家，她有什么烦恼也会告诉我，我也真把她当作徒弟和小妹，但是她竟然说她不敢和我说出任何她的想法，包括工资和远景等问题。

当时我震惊了一下，因为我一直认为，我对她是那样信任那样好，她居然会对我有这样的评价，实在太让人匪夷所思！！！这个卡牌测评给我触动极深，让我清醒地认识到自己黄色中的很多问题。虽然公司员工很崇拜我在逆境中起死回生的能力，但内心其实离我很远。严肃的外表使我没有任何亲和力，毫无耐心的教诲过于坦率，其实说穿了就是责骂。卡牌测评促进了人与人之间的相互了解，强烈刺激了我探索学习性格色彩的欲望。

黄色的批判性和过度严厉，通常会让周围的人有"伴君如伴虎"和"如履薄冰"的感觉，胆子大点的黄色，像魏徵那样摊上个明主李世民的毕竟是少数，大多数黄色就如韩信的结局一样，弄个以下犯上，诛灭九族；而红色发现其他人都没有什么好下场，还轮得到自己多话？结果就像上面那个女孩一样，敢怒不敢言，只能背后发发牢骚；本来就不愿发生冲突的绿色，除了点头称是、低头作揖、说"大人言之有理"以外，啥都不会做。

为什么对于黄色，大多数人会有畏惧的感觉？这种感觉尤其会出现在黄色处于高位时。畏惧心理直接导致的问题就是，下属隐瞒真相以避免责骂和批评。从下面的海象领导和他部属的关系中，你可以搜寻到答案。

"下面的情形如何？"老海象端坐在海边的一块巨岩上，大声发问。他期待着听到好消息。岩石下的一群小海象嘀咕了一会儿，事情一点都不妙，但没有哪只海象愿意告诉这位老祖宗真相。他是海象群中最聪明的一只，饱经沧桑，深谙世故，他们不愿让他失望。

"我们该告诉他些什么呢？"小海象们的带队人巴齐尔悄悄地想。他犹记得上次当小海象们没有完成捕获鲱鱼的定额时，老海象大声咆哮的情景。他不想再经历一回那样的噩梦。可是，附近海湾水位不断下降，要想捉到更多的鱼，就必须离开现在的地方。这种情形应该让老海象知道。可是谁来告诉他呢？又用什么办法告诉他呢？

巴齐尔最后一咬牙说："一切都很正常，头儿。"不断退后的海水让他心情很沉重，但他还是继续说："依我们看，海湾水位好像在升高。"老海象满意地说："好，好，这会给我们带来更大的生存空间。"他闭上眼，继续悠闲地晒他的太阳。

第二天，情况变得更加不妙。一个新的海象群正向这片海域进发，由于鲱鱼已经发生了短缺，他们的入侵显得格外具有威胁性。没人敢把这一险情通报给老海象，虽说只有他才能采取必要的措施迎击挑战。

巴齐尔来到老海象前，奉承了几句话之后，小心翼翼地说："噢，头儿,忘了告诉你,一群新的海象闯到我们这儿来了。"老海象突然把眼睛睁开,深吸了一口气正准备咆哮。巴齐尔赶忙又说:"当然,我们不认为这有什么问题。他们看上去不像以鲱鱼为食的,而是贪吃那些小鱼。您知道,我们是不碰那些玩意儿的。"老海象徐徐吐出一口长气:"好,好,那么,我们没有什么可担心的,对吗?"

在接下来的几周内,形势越来越糟。一天,从岩石上望下去,老海象注意到一些小海象似乎消失了。他把巴齐尔叫来,怒气冲冲地问:"怎么回事,巴齐尔?那些小子哪儿去了?"可怜的巴齐尔没有勇气告诉老海象,许多年轻的海象已经离开自己的群体,加盟到那群新海象中了。他清了清嗓子,对老海象说:"头儿,是这样的,我们加强了纪律性。您知道,这是为了吐故纳新。毕竟,我们的队伍必须保持纯洁。"老海象咕哝道:"我总是说,玉不琢,不成器。如果一切正常就好。"又过了一些时候,除了巴齐尔自己,他所有的部下都投奔到新的海象群中去了。巴齐尔意识到他必须明确告诉老海象所发生的一切了。尽管十分害怕,他还是下定决心走到岩石上,对老海象说:"头儿,我要告诉您一个坏消息,所有的海象都离开您了。"老海象惊呆了,甚至都忘记了大发雷霆:"离开了我?所有的海象?为什么?这一切究竟是怎么发生的?"巴齐尔还是不敢说出所有的事实,所以他只是耸了耸肩。

"我不明白……"老海象喃喃地说,"原来一切不是都很正常的吗?"

看到黄色老板和黄色老海象之间的异曲同工之妙了吗?多么神奇的巧合,人间一幕在动物世界里重演,到底是动物模仿人类还是人类模仿动物?我们不得而知。我们只知道,如果典型的黄色对自己的问题没有深刻的认识,那么也许有朝一日,老海象的昨天就是他们的明天。

再相不中,就是找头猪也要给我结婚

我还在求学时,一个同学和我说,她的父亲很强硬,在家里没人和他说真心话,甚至感到只要父亲不在,家里就会敲锣打鼓、全家大喜。我因为和父亲关系很好,那时也没有钻研性格之道,只觉得那样不可思议!怎么可能居然对自己的父亲有这样的感觉?在接触了越来越多的超级黄色以后,才发现一切都不是梦,过度严厉而带来的巨大压迫感,是黄色自己没意识到的。

黄色始终认为:"我说的总归是有理的,没理的东西我怎么会说?"换句话说:"就算没理,为什么你不说?"你不说那就是你的问题了。黄色在骂人时秉持"高压震慑"和"气势逼人"这两大基本原则,辅以短、平、快的语言和有力的手势,其他性格一见这般气势,话都未听清,便不由自主地俯首称臣。

有个母亲提起黄色就恨之入骨,原因是她的红色女儿大学毕业后,在一个黄色老板手下打工,结果不到三个月,女儿半夜会突然从床上醒来抱着被子暗自落泪,被活活吓成了神经衰弱。这位黄色老板如果发现报告做得有问题,看上两眼,就把报告撕掉,向红色女孩手里一扔:"重做!"

乖乖,难道这黄色的老板,比牛头马面长得还要凶狠不成?

如果骂人的是蓝色,问罪是批判和分析的过程,即使要发火,那也要一二三四,有理有节有章有法,批判得你心服口服;而如果骂人的是黄色,只关注结果,上来就直击命门,一顿劈头盖脸的责骂,让你毫无解释的余地。

这就像在一个四线小城,一个黄色老爸对女儿 30 岁还没找好对象,感到既丢脸也不满意,于是几乎一个月找一个小伙儿让女儿相亲。但越这样，那个女儿就越不屈服，后来闹得太僵，父亲干脆就丢下一句话："我告诉你，今年年底如果你还没有相中，你就是找一头猪，也要把婚礼给我办了。"

- 黄色被骂，会拼死抵抗；
- 蓝色被骂，认为责骂就是对尊严的侮辱进而升级为仇恨；
- 红色被骂，越想越委屈，牢骚私下发；
- 绿色被骂，为了让气氛变得更加温和，只会和小海象一样，把问题掩盖，直到最后出了事情才爆发，但那时已经不可收拾了。

盛气凌人的黄色绝不放过小小的错误，他们认为犯错误是愚蠢的，愚蠢是黄色绝对不能够接受的，而事实上别人却无法理解黄色为什么这样生气。

> 黄色性格喜爱自命为判官，总是会发现别人的许多言辞行径不顺眼的地方；黄色性格经常高声表达他们的不满，这让周围的人们都退避三舍，从而妨碍其与他人亲密关系的发展。

6. 一意孤行　刚愎自用

你懂，你懂，天下你最懂

某银行信息中心新上任一位黄色领导，为尽快做出成绩，要求把一个重要软件的开发周期从原定的九个月缩短到三个月。为此，总工程师多次向领导力陈风险，非但见效不大，领导反而对总工的犹豫不决和异议感到愤怒，认为这是搪塞和没有能力的表现。于是领导将该项目外包并转交他人负责，不再让总工参与。

如总工所料，三个月后软件开发陷入谷底，半年后，终于拿出一份可交差的软件，但投入测试后，发现功能和要求相差太远。这时软件公司已处于亏损状态，无法再继续提供技术支持，如改进需要增加预算，而此时银行已付出九百万元的开发费用。最终该项目在一年后寿终正寝，这位领导也结束了他自己的职业生涯。

在以下对话中，可以了解到事件全过程，你可从细微的变化和语言的味道，来感受这位黄色领导在"成功一定有方法"的思想下做出的武断决定，是如何导致他一步步走向深渊的。

第一天

总工刚上班，黄色老板就把他叫进了办公室，直接进入正题。

黄色："软件开发现在进行得如何？"

总工："软件开发目前正在需求调查阶段，已经派信息中心的同事在分公司进行了将近一个月的需求调查。我要求他在每个岗位上都进行实习并与同事们交流，相关的业务流程图已经画好了一部分，等需求调查完后，会把所有的业务流程画出来，并邀请分公司业务部门的人员和相关人员一起评审，并最后签字确认，之后会进入代码编写阶段。"

黄色："什么时候可以完成？"

总工："九个月。三个月开发，三个月完善，三个月部署，基本上是这个思路。"

黄色："太慢了，三个月要完成这个项目。"

总工："这个有点困难，这个软件并不是一个小的系统，而且需要通过需求的评审，代码开发的人员还没有定下来，使用什么样的技术进行开发也没最终确定，想要在三个月内完成基本上不可行，您看是不是再考虑一下？"

黄色老板将目光转向屏幕，几声键盘敲击声过后，有人敲门进来，原来是这位老总一起带过来的吴一。

黄色："吴一，你知道销售软件的开发这件事吗？"

吴一："知道一点。"

黄色："这个软件，公司非常看重，我也向公司领导作了保证，在三个月内完成，如果你来负责有没有问题？"

吴一："没有。"

黄色："好，这个项目现在由吴一接管，你安排一下，将需求调研资料全部转给吴一。"

总工："好吧，明天一早我就将资料转给吴一。"

黄色："好吧，先这样。"

第二天

总工："老总，软件开发的事情我想跟您再谈谈，您现在有空吗？"

黄色："有空。"

总工："关于软件开发，我想我们应该做些风险控制，现在需求还不是非常清楚，如果急于进行代码编写，软件开发的风险太高，而且这个软件难度也很大，三个月内是无论如何都做不完的。我不了解昨天吴一为何会答应下来，您看是否考虑把时间加长一些？"

黄色："做什么东西都有风险，关键看你是否努力去做，只要努力，什么都可以做到，既然吴一认为他自己能做到，就让他去做吧，如果有什么风险，他也会告诉我的，你不用再管了。"

第三天

总工："老总，我还是认为这个软件的开发风险太高了。第一，技术太新，没人精通；第二，需求不清；第三，时间太短，没有足够的时间进行测试。您看是否跟吴一还有大家开个会讨论一下风险的问题？"

黄色："吴一昨天跟我汇报了，他认为这个项目没什么问题，三个月内可以拿出一个试用版来，我想风险他会控制的，有什么问题他也会直接向我汇报，你不用再参与了。"

好大喜功和"新官上任三把火"心态，通常出现于红色和黄色身上。在黄色看来，这个世界上没有不可能完成的任务，所有不可能完成的理由都只是借口，一定可以想出方法来解决所有的问题。在这种坚信"方法总比问题多"和"人定胜天"的信念下，黄色很难听进他人的意见和观点。

> **劝告黄色性格的人是困难的，他们总能证明为何自己是对的，因为黄色性格自认英明，如果认为是错的，他们就不会去做。**

7. 耻于休息　漠视平衡

那群黄色性格家伙的登山宝训

多年前，六人结伴探游普洱太阳河国家森林公园，那时此地游客寥寥，鲜有人知。爬山至一半，其中一对黄色小夫妻健步如飞，越走越快，不一会儿消失于林海之中。另外四人缓步而行，因太阳河是北回归线最大的绿洲，植被之茂盛冠绝中华，人在森林，聆听鸟鸣风啼、花语草香，目睹紫蝴蝶与红蜻蜓停落肉眼可及的岩石上，人生快意尽在当下。

半小时后，四人起身准备拾级而上，一对黄色已经返回，发现这群人才刚刚走到半山腰，一边嘲讽动作太慢，一边力劝众人打道回府，号称森林中毫无风景。原来在这四人尽享天地灵气时，那一对黄色夫妻早已爬到山顶。黄色的登山宝训为："爬，快爬，到了？再找更高的山爬！没了？快回。"

黄色似乎没有任何人生乐趣。因为黄色的粗糙和不细致，他们常常忽略掉生命的风景线。即使要出去做员工活动，黄色老板也总是提出，搞个什么竞赛。对于黄色而言，生活中除了"竞赛"什么都没有。由于对目标和结果的狂热追求，黄色可以心无旁骛最快到达终点，然而途中所有美丽的风景都与黄色无关。

Grace 对她黄色的老公感到非常无奈，两人去欧洲旅游了一次以后，她下定决心不再和他一起出去。按照 Grace 的说法，老公到了一个地方行李一扔，直奔当地的旅游纪念品商店，买上一堆诸如埃菲尔铁塔或者荷兰风车的模型。然后按照出游前的准备（在有限的时间内尽量覆盖最多的空间点），陀螺般地卡着秒表飞奔一个又一个景点，景点到了，象征性地转上一圈后，马上在门口摆上姿势，心里高声念"我王老五到此一游"，不将胶卷拍尽、储存卡爆满绝不善罢甘休。至于大英博物馆的收藏、普罗旺斯的空气、爱尔兰的街头风笛、多瑙河的波浪、西班牙糕饼店的糖油条、桑塔露琪亚的散步道，在老公眼里都是没有价值的。

节日归来众人分享旅游见闻时，你想让黄色分享更多的感受，定会无比枯燥乏味。但黄色总是那样充满自豪地对你说，今年他去过哪里哪里，这对于他是一件快乐无比的事情，因为这样，足以证明他去过的地方比你要多，所以潜台词就是："我比你见多识广！我比你厉害！"在黄色眼中，旅途的风景和感受，并不重要。

在对旅游的态度上，与其他性格相比，绿色因为不喜欢变化，对于新奇感和体验的欲望并不强，有不少绿色因为懒惰，宁愿留在家里；而黄色，工作本身带来的成就感更超过旅游带来的快感。故此，黄色享受旅游的结果而非过程，不健康的黄色认为旅游本身只是一种变相的能力证明，只有经历了后天修炼的健康的黄色才懂得，人生除了工作，还有更大的生活意义。

> 黄色性格在到达人生终点时，通常只带着极少数真正能令他们醉心的回忆，其中最醒目的就是摆满整面墙壁的奖杯。

谁杀死了黄色性格

武学上有称，举凡"金钟罩铁布衫"练成者皆有自己的"命门"所在。到底什么是黄色的"命门"？对于如此强大的黄色来讲，到底什么是他最弱的点？不像蓝色会被唾沫星子淹死，黄色是断然不会被流言蜚语击倒的。那么，到底是谁，杀死了黄色？

老鬼多年从事投资咨询业，在社会底层摸爬滚打多年后，终有机会一夜暴富，据他本人说赚了几千万，把一半的钱取出来在家数了几天几夜过足了眼瘾后，买了加长版的奔驰和靠近浦东机场的别墅，开心了一阵儿。有一天与发迹前的朋友聚会，谈吐中仍透露自己的苦恼，说有钱没好项目做很是郁闷。于是旧友疑惑问道："你现在多处金屋藏娇，香车随行，与当初那副穷酸样相比还有何不满？"老鬼说最少再赚十亿元才能满足，否则无法开心，原来上海一套老洋房要2.5亿元，老鬼认为自己赚的连一套房子也买不起，失望之情溢于言表，所以每天寻找项目，必赚到十亿元而后快。

你以为老鬼先生赚到了十亿元会收手吗？笑话！这只是芸芸众生中很小的一个黄色的缩影，你不能用"贪心不足蛇吞象"来形容黄色，毕竟人家志存高远，是社会进步的推动者。但麻烦就麻烦在，黄色没有对欲望的控制力，他们一味地认为人定胜天，自己可以得到更多的东西，而且坚信以自己的能力理应得到更多，怎么可以就此止步呢？黄色永远是欲壑难填，不明白"得饶人处且饶人，该收手时就收手"的人生哲理。黄色对于成功的渴望和对于成就的无止境的追求，常会失去生活的平衡，正所谓"成也萧何，败也萧何"。

当人们在为56岁的天才乔布斯的离开感到悲痛惋惜时，更引发了对健康的关注和对生命的思考，以及对威胁我们生命的"过劳死"的关注。乔布斯生前曾说道："我们并没有把自己当作年轻人。我们一周工作七天，每天十八个小时。虽然辛苦，却很有意思。"乔布斯把工作当作乐趣但完全把身体的健康置之度外，这种透支健康就是透支生命，当他有一天发现自己患有胰腺癌的时候，一切已经来不及了，死神已经向他招手。

雍正算得上中国历史上最勤劳的皇帝之一。刚一登基，即罢鹰犬之贡，表示自己不喜游猎，这和康熙动不动就出巡、乾隆没事就下江南，简直判若两人。雍正当上皇帝后，日理政事，终年不息，十三年里没出过北京城。开始雍正是怕政乱，政局稳定后也没出游，主要原因还是政务繁忙，根本没时间出去享受。

据史料记载，雍正执政不到十三年，共批奏折四万六千一百件。如果四万六千一百份奏章在四千六百二十天内获得批准，雍正就没有假期，没有周末，每天都要至少审阅九份奏章。除奏章之外，还有大量由六部和各省送来的题本。据统计，雍正处理的题本总数约十九万两千件，平均每天四十件。所以每天要处理九份奏章和四十份题本，你认为雍正还有时间娱乐吗？你应该知道，这些奏章和题本不是能够随便处理的，而是每一份都要认真对待，写下朱批。雍正在位十三年间，至少写了一千多万字，平均每天两千多字。

雍正七年的时候，他得了场大病，几乎一命呜呼。大家让他多休息，雍正不肯，只要能动得了，都要躬身亲为，如此一来，最后活活把自己给累死。雍正去世前的几天，也没得到任何休息，一直抱病工作。

遗憾的是，黄色总觉得这些事情离他们很遥远，他们天真地认为，这些事情永远不会发生在自己身上。我的一位学员与王均瑶是长江商学院的EMBA同学，据他的说法，王均瑶生前的最后一刻，仍在均瑶广场正在装修的会所里视察，勤奋工作而无视医生呼吸洁净空气的建议。不少企业家在均瑶走后，当场拍头痛下誓言，定要学会生活工作两平衡，引以为戒，不少地方还展开诸如"管理者压力平衡"的讨论和学习，现在过去那么长时间了，有几个能够做到？说归说，一进入工作状态，黄色无止境的欲望便革了他自己的命。

> 蓝色性格是因为思考过多而忧虑致死，
> 黄色性格是"过劳死"——欲望过多，干活过多，活活累死。

黄色对于成功的无限迫切，对周围的人产生了可怕的压力，人们意识到如果不分秒必争，将会沦落为失败者。避免成为工作狂是黄色需要修炼一生的课题，因为只有那样，别人才愿意和黄色在一起，而不是因为感觉过度紧张而逃避。可惜的是，黄色自己并不在乎是否有人和他们在一起，他们只在乎自己的成就和目标。

8. 自我中心　忽略他人

我的哈欠就是全世界的疲倦

朋友们一起出去吃饭点菜，要是和绿色在一起，你大可尽情做主不需询问，反正他们是不会有什么意见的。可要是遇见一个黄色，要么这人对吃没兴趣，完全不在乎，会把点菜权给你，要么你就别指望有点菜权了。不但如此，黄色点菜还有三大特点：贵就是好；吃饭不重要谈事很重要；我想吃的就是你想吃的。

六年前，刘生请我吃饭，两人坐下后还没等我反应过来，他已经飞速点好了四个菜，在谈侃间尽数消灭。酒兴正酣，继续唤来服务员加菜，我刚想拿来菜单发表些意见，只见刘生看着服务员说了一声："不用看了，就刚才那几个菜一模一样，再来一遍。"

六年后，刘生重回故土，多年从无联系，突然打电话给我说要请客，我知必有事相谈，以刘生为人，绝对是"无事不登三宝殿"。多年不见，鸟枪换炮，刘生带来公司两个动人的秘书作陪，仍旧刘生主掌点菜大权，四十分钟后又要加菜，当"一模一样，再来一遍"的声音响起时，我方知，六年过去，此君黄色不改。

我对这厮从不询问他人意见、对于同样食物的反复咀嚼毫无倦意，无比钦佩。那些已经点完菜再假惺惺问"你觉得这些菜可以吗"的黄色，那些嘴上说"今天到哪儿吃饭你来决定"，结果你刚说完，又以"那地方我去过的，不是很好，再说一个吧"等种种理由把你全盘否定的黄色，与"直接下手，问也不问"的刘生相比，小巫见大巫。

既然"我想吃的就是你想吃的"，所以"我要去的地方，就应该是你要去的地方"，你想去的和我想去的怎么不是一个地方呢？既然你和我不一样，你照我说的去想去做就可以了。以此类推，我累了，你怎么可能不累呢？所以我打哈欠了，全世界都应该开始疲倦了。如果我打哈欠，你不疲倦，或者我提要求，你不满足我，那就肯定是你的问题了。

> 要让黄色性格学会为他人考虑，那真是奇迹。他们似乎天生觉得世界是应该围绕他们转的。从这个意义上来讲，黄色性格的"理所当然"心态，将成为他们成长中最为麻烦的桎梏。

什么时候你才可以明白：人是需要情感的动物

Shirley 和老公刚移民加拿大，因为无法忍受老公的冷酷无情，第二年就离婚了。她在图书馆打工的某个无人的傍晚，突然遭遇了在影视中才能看到的场面：两个歹徒以刀威逼，将她洗劫一空后跑掉。红色的 Shirley 蜷缩在墙角，在全身颤抖中，给老公拨通了电话，老公在确认她没有受伤后，只回答了一句"好的，我下班来接你"。更让 Shirley 掉入冰窟的是，回家后，老公只是跟她简单聊了聊，最后说"既然没事，那你就早点休息吧"，然后就起身去客厅看报纸了。

可怜的红色 Shirley 在遭遇沉重打击时，最需要的是拥抱和抚慰，以此感受到关怀和依靠。可惜对于黄色来讲，这些毫无实际价值。首先，人有没有受伤，有伤就治，没伤下次小心；其次，抓住罪犯，找回损失。对黄色来讲，唯有解决问题最重要，而他们却并不知道，其他性格在此刻需要的并不是解决问题，而只是一句温暖的良言"你受苦了"，或一个柔情的眼神和一记有力的拥抱。黄色，只会把下面的话作为自己的挡箭牌和借口："这些事我做不来，你也别指望我做，我是很爱你，但如果我将来不发达的话，你可以跟别人……"听了令人心寒啊！

宁波一对黄色的民营企业家夫妇，因为生意忙，孩子从小就寄宿到贵族学校，和保姆的关系也比和爹娘亲。初中毕业后，父母把他送到英国，为他提供最好的教育及高标准生活，16岁的孩子每个月生活费是四万英镑，不包括房租在内。孩子在这个老牌的资本主义国家，开始了终日大碗喝酒、大块吃肉的生活。每次打电话给老爹老娘，除了要钱，没有任何其他的问候和多余的话。19岁不到，因为参与非法活动锒铛入狱。如今，孩子内心深处充满了对父母的仇恨，认为今天的结局全都是拜父母所赐。

黄色认为金钱可以买到一切的心态和强烈认知，让这对夫妻得到了人生最大的报应。对孩子来讲，金钱不能代表亲情，物质不等于关爱。黄色倾向于用最直接的方式，给予最赤裸的爱。比如，你生日的时候，宁愿直接给你现金，然后以大佬的口气告诉你："我很忙，就不给你买东西了，这点钱拿去，你想要什么，就自己去买。"

这种以物质代替所有情感的方式，给黄色的生命平衡和对生活真谛的了解带来了巨大的挑战。而生活将对他不顾一切地忽略他人感受的行径，给予最强劲有力的还击。那一天来临的时候，一切都晚了！

某上市公司高管常驻纽约分公司工作多年，因夫妻两地分居，孩子无人照顾，故宁愿放弃高薪，也希望领导开恩将其调回国内工作。遗憾的是，公司总裁黄色甚重，拒绝其回国要求，但承诺给其加薪升级，继续要求其在纽约工作。结果，当事人因实在无法忍受这种重用方式，没过多久，便离职投奔到国内竞争对手的门下。

因为对于目标的执着和追求，当黄色去选择自己的人生道路时，黄色比其他性格更容易抛弃情感的负累，在事业的筹码上多加一注。更多的薪水、更高的职位、更大的权力和更广的成长空间，这在一定意义上代表了黄色生命的全部。在这样的思维下，黄色想当然地认为，"我的哈欠就是你的疲倦"，其他人的需求和自己的需求应该是一样的。黄色的逻辑是：因为我对你重视，所以给你"加官晋爵"，然而，人家需要的其实只是"老婆孩子热炕头"，这已经足够幸福了。不同的人性格不同，需求完全不同！

以上三者，无论是黄色老公、黄色父母还是黄色领导，都有共同的问题。黄色经常表现出自信、野心勃勃、行动敏捷。黄色的生命，包括休闲时间，是由一系列有待完成的工作或目标组成，因为得到实质成就对黄色而言很重要。这也就是人们会用"冷酷无情"来形容某些黄色的原因。另外三种性格会很困惑，难道黄色就没有情感吗？

> **黄色性格的"冷酷无情"源于只对目标和事实的关注，而对自己和他人情感的需要一概忽略。**

其实，这里面的核心原因正是黄色的实用主义和直线思维。比如，黄色认为"谈感受"是没有什么意义的，又不能当饭吃，也不能解决什么问题。黄色的问题在于，他们以最狭义的实用观点来评判"谈感受"。如果他有机会旁听五六岁小孩子的"谈天"，我相信他会更心烦。黄色认为，如果你想节约时间，那何必花时间吃饭？以后你直接天天喝葡萄糖好了，可能营养会更均衡，也更节约时间。

如果以黄色的实用观点来看待文学，那么，所有的文学作品都应该被列入"最没价值的语言"。在黄色实用主义的思维下，会把《琵琶行》缩减成"白居易听个小姐弹琵琶"，或者把《长恨歌》精简为"皇帝老儿跟杨玉环不错"，这并没有什么损失。那些"大珠小珠落玉盘""在天愿作比翼鸟，在地愿为连理枝"的优美语句都是废话，因为它们远离事实，未切要害，浪费时间。

黄色对于效率的关注，使他们习惯于追求简单高效，对于所有他们认为会影响效率的事情本能地厌烦。黄色对于事实的关注，也让他们忽略了其他性格在精神上的需求，殊不知，其他性格是非常需要情感的，而这一切在黄色看来是那么不值一提。

黄色严重过当，可能发展到三情皆无（不在乎亲情、不相信爱情、不需要友情），这绝非耸人听闻。只有成功只有自我，那不仅仅是内心孤独的问题，若是从整个人生的长河来看，可怜、可悲、可叹！

黄色往往会以他们的孤傲和过度理性，把自己孤立在一个神奇的感性世界之外。他们经常错失真正的友谊，他们无法与比他们好的或比他们差的人建立亲密关系，因为亲密必须建立在平等的基础上。对于黄色的内心来说，骄傲或者说故意高傲，是一种肤浅的防卫，除非他们能够抛弃这种外强中干的防卫，让自己去体验亲密和脆弱。

黄色性格过当总结

○ 作为个体

- 自己永远是对的,死不认错。
- 只关注自己的感受,不体贴别人的心情和想法。
- 以自我为中心,有自私倾向。
- 霸道。
- 缺少同情心。
- 傲慢自大,目中无人。
- 不愿受规范约束,打破规则且自己不遵守规则。
- 控制欲强。

○ 沟通特点

- 铁石心肠,对情绪表现冷淡。
- 粗线条,简单粗暴。
- 毫不敏感。
- 严酷且自以为是的审判者。
- 缺乏亲密分享的能力。
- 没有耐心,非常糟糕的倾听者。
- 态度尖锐严厉,批判性强。
- 抗拒批评。
- 容易让他人紧张。
- 不习惯赞美别人。
- 说话咄咄逼人。
- 不体谅他人,缺少包容度。

黄色性格过当总结

○ 作为朋友

- 仅保持理性的友谊。
- 讨厌与犹豫不决的人或弱者互动。
- 希望他人服从自己而非配合别人。
- 除了工作,少与人交谈其他话题。
- 情感上与人保持距离。
- 很少对人表示直接诚挚的关怀。
- 需要你的时候才找你。
- 为别人做主。

○ 对待工作和事业

- 生活在无尽的工作中。
- 数量比质量重要。
- 目标没有完成时,易迁怒于人。
- 寻求更多的权力欲。
- 拒绝为自己和他人放松。
- 完成工作第一,人的事情第二。
- 为了自己的面子,不妥协且绝不认错。
- 对结果过分关注而忽略过程中的乐趣。
- 武断,刚愎自用且一意孤行。
- 很难慢下来,缺少生命乐趣。

第十章

绿色性格过当

Chapter 10

1. 懦弱无刚　胆小怕事

黄色性格男性讨绿色性格女性做老婆的原因

为数不少的黄男喜欢讨绿女做老婆，原因如下：

其一，依人。让再瘦小的男人也体会到自己有了宽阔的肩膀，充分体验到一种保护者的感觉。

其二，平稳。从此家庭内部有了安定团结的局面，不会给自己添乱，也不用担心红杏出墙。

其三，简单。对自己在外面拈花惹草的行为奉行不闻、不问、不管的"三不"政策。

其四，宽容。犯了什么过错，只要不是天大的事情，不会听到大呼小叫，吵得面红耳赤。

这四点，可让世间多数男人内心荡漾。有趣的规律恰恰是，当一个对自己不满的黄色面对软弱的绿色时，黄色的特质通常有变本加厉的倾向，而绿色的不反抗更加刺激了黄色进攻，于是才有了下面这个故事。

我的超"绿"姐姐，小时候只要我一哭，她就永远会把自己的那份零食给我吃。长大后她嫁了个超"黄"老公，姐姐那么老实，他还老担心别的男人招惹她，说他一个人能养家，让姐姐辞了工作，待在家里照顾老公和孩子。这也就罢了，他居然不把生活费交给姐姐，说姐姐想买什么他来买，他也的确会帮我姐买东西，可是并不问她喜不喜欢，只要他觉得好就行。我真为姐姐感到窝囊，她的一生都没有自我，谨小慎微，行动迟缓，满脸都是茫然和无助。

这个妹妹对于她绿色姐姐的所作所为无能为力，苦于不能参与人家的家事，又对懦弱姐姐被蹂躏得没有尊严和人格却仍旧行尸走肉般地生活感到痛心疾首。除了"哀其不幸，怒其不争"外，只能苦笑。女性这样，社会最多赋予其"软弱良家"的称号，若是男人如此，诸如"窝囊"这样的大帽就扣下来了。

巴金先生说，《家》中的大哥觉新就是他自己大哥的化身，那他为什么要把他"爱得最深的人"写成这样呢？巴老对大哥的"作揖主义"和"无抵抗主义"是绝对不认同的，如果巴老写《家》时，有性格色彩出世，巴老当知，这从头到脚就是一个绿色的典型形象。看觉新这个人物，虽然对他的忠厚、谦和、懦弱、隐忍、痛苦和忍辱负重表示同情、唏嘘，却总有一种窝窝囊囊的不爽的感觉，说白了，就是"可怜不可爱"吧。觉新就是被他所信奉的那种绿色的"人欲批其左颊，吾更以右颊承之；人欲索其外衣，吾更以内衣与之"的消极苟且主义葬送了。

想起我童年的拜把子兄弟麦冬，性格就像那个小猪麦兜。他兄弟六个，少时他人闯祸，黄色老爸以为是他，打得他皮开肉绽，也未见他申辩和反抗。而觉新先生一味地委曲求全，逆来顺受，憧憬着给他人带来幸福，然而他头已经低到膝盖了，还继续跪下来去舔脚面。也正是他的懦弱窝囊，直接导致了两个深爱他的女人过早地走进了坟墓。即使他清醒地认识到诸多不合理，也依然按照原先的生活方式惯性前行，没有勇气去尝试打破它。

绿色之所以如此，是因为一方面要讨好他的长辈，另一方面又要照顾他的弟妹们，他不希望产生什么巨大的裂变，在能混则混、能忍则忍中，竭力维护着表面的和谐稳定，即便不断遭受其他人的批评，也照旧是微笑着吞咽痛苦。

黄色性格女性嫁绿色性格男性做老婆的理由

再来看看黄女嫁绿男做老婆的理由，也无外乎以下几个理由：

其一，听话。须知，"野蛮女友"是要靠本色驯良的车太贤来全力配合的。

其二，平稳。对于想法比较多的人来讲，找到绿色老公，相当于买了份儿保险和长期饭票，当然吃的是鲍鱼熊掌还是白菜豆腐，取决于老公的赚钱能力而非性格。

其三，简单。没什么想法，相处容易，不用每天揣测他心里在想什么，也没什么要求，只要吃饱穿暖就可以了。

其四，宽容。不会指责自己，如果自己做得过火了，也会充分理解，比方说打着事业和学习的招牌，连续一年，每个双休都在外出差，不照顾孩子，绿色老公就可以同时扮演起爹妈的双重角色。

与黄男配绿女的原因相比，后面三点——平稳、简单、宽容都是相同的，唯一不同的是，男人如果"温柔依人"，说出去有"娘娘腔"之嫌。因此，女性就用了"听话"这个代名词来说明自己心中对绿色男人的看法，她们享受在绿色男性面前肆意扮演野蛮女友的感觉。她们可以声色俱厉地开导绿色男人："天为什么蓝？是我要它蓝；火为什么烫？是我要它烫；一年为什么分四季？是我要它分四季；你为什么出生？是我要你出生。"有这种倾向本身没有问题，多少英雄好汉为了追求到自己神往的女子，也会高唱"在那遥远的地方有位好姑娘……我愿做一只小羊，跟在她身旁，我愿每天她拿着皮鞭，不断轻轻打在我身上"。问题在于，如果绿色过分软弱，他们从一开始就注定了"从奴隶到奴隶"的人生道路，那才是真正的可悲。

杨伟，比巴金先生笔下那个懦弱的觉新还觉新的一个绿色男生，学习委员；同班同学小莉，比《红楼梦》里凤姐还凤姐的一个黄色女生,成绩一般。杨伟对小莉的崇拜和喜欢,绝不仅仅止于"有如滔滔江水",虽然小莉同学在校外有个固定男友,在校内又有若干流动的绯闻男友,但杨伟从开始的第一天,就决定,要为小莉做一切事情,以传达内心不敢表达的爱,终有一天,会感天动地,会融化小莉的铁石心肠。做一天好事当然不难,难的是做一辈子的好事。这种愿意为小莉去死的心态,被精明的黄色女孩早已尽收眼底。从此以后,杨伟就成了小莉招之即来挥之即去、恣意使用的工具。

众所周知,杨伟同学是小莉同学除了上洗手间以外永远的跟班,每天的具体服务项目包括:到寝室里提热水瓶;食堂排队买饭;当英语辅导员,肩颈按摩员……以小莉对杨伟指手画脚的程度,如果杨伟的娘看到,立马住院。

杨伟从不敢提出任何关于两人关系的问题,更不敢触及小莉周围那些男人的问题,最让外人看不下去的是,小莉可以让杨伟去安排她与其他男伴的约会,而杨伟依旧兢兢业业。每当小莉出现临时的男伴,他就伤心地自动消失;而等到临时男伴走了,他又复活了。事实上,他非常想知道:"小莉,你究竟有几个好哥哥?"但那也只不过是想想而已。

苦等三年毫无任何进展,大学毕业后,杨伟和一个喜欢他的女孩开始恋爱。小莉知道此事后对他说:"杨伟,你连三十都不到,如果现在就谈恋爱的话,我告诉你,我瞧不起你。"结果杨伟乖乖地和人家分手,继续重复着过去的模式。

当年,有无数同学将杨伟臭骂一顿。在杨伟一脸微笑点头毫不作声之后没多久,那些话全部被小莉掌握在手中,从此以后任凭杨伟被折磨,也没人再去蹚这浑水了。

大学毕业后,小莉跟校外的男友火速结婚,并一起移民加拿大。当小莉在毕业后的一次聚会上宣布这个好消息时,杨伟才知道,自己是最后一个知道这件事的人。绿色的他有些许尴尬,想说点什么,但很快就被大家喜气洋洋的道喜声和劝酒声淹没了。这段折腾了他四年的感情，终于无疾而终。

所谓"马善被人骑，人善被人欺"，不健康的绿色当然会被"柿子挑软的捏"，这世道恶人并不鲜见，而窝囊的绿色连自救都不知，落此下场也怨不得旁人。

想起那个《渔夫和金鱼》的故事。首先，我们看到在这样的黄女绿男的关系中，男人是懦弱的、顺从的、辛劳的，甚至是百依百顺的，女人则是专横的、霸道的、贪心的、颐指气使的。这种夫妻关系绝非罕见。其形成的最粗浅原因是，当一个懦弱的绿色男人和一个黄色的强悍女人结合后，往往女人自然地成为统治者。接着，我们看到，这种搭配造成的直接结果是，面对外部世界，男人是懦弱的、不敢索取的，女人则常常成为向外界索取的推动者。懦弱与窝囊的表现并不仅仅局限在两性关系上，在任何一个时代、任何一种角色中都是有的。

绿色心里是怎样的想法，永远不表达出来，面对别人的时候总顺遂人意，只有在安静的时候，才会做些自己感兴趣的事情。他们表面永远是平静谦和的，而只要看到别人快乐，就算吃点亏也没有关系。有时我会用"虚伪"二字来批判绿色，倒并非他们不真诚，只是实在与那大块吃肉、大碗喝酒的性情中人无缘，绿色为了制造一个所谓的理想国而甘愿放弃自己，有时付出的代价就太大了。

> **蓝色性格的累是把事情复杂化的累，**
> **绿色性格的累是为了迎合人际关系的累。**

2. 纵容放任　姑息养奸

"我总是心太软，心太软"

金庸小说的江南女子里，如果海选出"最妇人之仁"的一位，包惜弱自是当仁不让。作为绿色典型代表人物，单凭名字的含义"只要是弱者，都在怜惜范围之内"，就与寓言《农夫与蛇》中农夫的命运完全地交叉了。

《射雕英雄传》开头，丘处机因杀了奸臣被追杀至牛家村，丘遂将追踪者尽数杀死，杨铁心三人将敌人尸体全部埋入一个大坑。稍有头脑的人都会知道，这件事一旦暴露，将带来灭顶之灾，郭杨两家包括郭妻杨妻腹中胎儿在内，无人可以逃脱。哪知，贼人中竟有一人未被杀死，藏入杨家松林中，被包惜弱发现后，她都做了些什么呢？她竟费尽力气，将这人拉入柴房，替他护理，似乎她根本不知道，这样做意味着什么。次日，那人独自逃离，小包想的是："若把昨晚之事告知丈夫，他疾恶如仇，定会赶去将那人刺死，岂不是救人没救彻底？"真是最起码的智商都没有，说得好听一点，就是过于妇人之仁。结果，郭啸天惨死，李萍流落异乡，杨铁心四处流浪，全是拜她所赐。

仁爱与善良，是人类最起码的道德，但仁爱与善良，要看清楚对象，否则会费力不讨好。相比之下，《飘》中的斯佳丽在同等情境下的反应更值得尊重。一个北方逃兵逃到庄园，这个逃兵虽然不一定会立即动手杀害庄园里的人，但庄园本来就为数不多的可以果腹的食物必会被他全部取走。在这时候，他可以说是直接威胁到了庄园内所有人的生存。黄色的斯小姐当时先下手为强，果断地开枪崩了他，并且跟媚兰一起毁尸灭迹。两个弱女子，为保护自己的亲人不惜动手杀人的勇猛和胆识，让我们对黄色肃然起敬。

想起《农夫与蛇》中的农夫及《东郭先生与狼》中的东郭，因为不分对象的仁慈，落得最后悲惨的下场，历史总是惊人的相似。马基雅维利在名著《君主论》中，曾经举出了他认为的领导力中的正反两个例子。

正面例子是迦太基人的统帅汉尼拔。汉尼拔是非常明显的黄色的领导者，他有一支涵盖不同种族和民族的庞大军队。他领导他们南征北战，但军队中从未发生过争吵，无论是在他走运还是处于逆境的时候，士兵与领导之间都没有纠纷，而这只能归功于他的极端残忍。他的无限勇气与残忍使得他的士兵们都认为他是一个令人崇敬而可怕的人，如果他没有严厉的品质，恐怕不能够产生这种效果。

反面例子是古罗马将军西皮奥，因为绿色的西皮奥过于仁慈，允许他的士兵们享有特权而不遵守军纪，导致他的军队在西班牙发动起义。这一事件受到了古罗马议院的责备，他们称西皮奥是古罗马士兵的腐化者。

因为过于仁慈反而备受责备？因为极端残忍反而令人崇敬？不知道绿色看了以上一段论述后，会有何感受？阿健是我多年前企业培训时的一位学员，在上市公司中谋有一职，带领三十七个人的销售队伍。

"我这个人心软，如果员工业绩不好或触犯了什么规章制度，又不忍心骂或处罚他们，又怕罚了他们会有什么后果，总想多给他们一个机会，但他们总是让我失望。有一个仗着业绩还可以，也不听我的话，我行我素，更是不得了！"他实在很难想象为什么自己的仁慈居然在下属的眼中，变成了好欺负。

半年后，阿健再次与我相见时诉说，他现在的上司是一个比他更加绿色的超绿，和他合作自己很着急，他是这样描述的："我不管给他提什么建议，他总是说'知道了，知道了'，却从没有任何行动，我很郁闷，感觉跟着他没希望。这也让我找到了一面镜子，完全体会到了当初不理解的那种跟着绿色当下属的感受。"

的确："以铜为镜，可以正衣冠；以古为镜，可以知兴替。"当初他自己做上司时没法体会给绿色做下属的感觉，现在轮到他自己了，立马就体会到那种原来自以为温柔、人性、仁政、宽容背后的弊端。

另一位学员 Alex，销售高手，原来备受黄色老板暴政折磨，现在老板换成绿色，一个月后见他，毫无解放翻身的感觉。他非常沮丧地对我说："我不知道新上司会把我们带到哪儿去！虽然在上个老板的黄色管理之下，暴政的确恐怖，但至少黄色老板的严格要求和强力推动，让我们成长得很快；现在完全没有了方向感，而且现在公司里我们部门的地位也远不如其他部门，不像原来很有威风的感觉。"

一对绿色父母十分纵容儿子，儿子想怎样就让他怎样，儿子犯了天大的错误，也只是说："知道错了吗？是错在哪儿了呀？以后可不能这样啊！"任何人与儿子发生不愉快的事情，绿色父母从不分析，一律说儿子是对的。在这种毫无原则的呵护下，儿子越发无法无天，最终身陷囹圄。

类似这样的场景在小说与现实中，我们已经屡见不鲜了，可悲的是，最后走向末路的儿子却将愤怒的手指戳向自己父母的鼻梁："就是你们当初的纵容和不闻不问，才使我沦落至此，你们要承担全部的责任！"绿色，可悲！可叹！可怜啊！

该出手时不出手

小文告诉了我关于她自己非常痛苦的经历。这个女孩从小生活在黄色父亲和蓝色母亲的家庭中,非常乖顺地沿着父母早已设计好的道路成长。大学毕业后,凭借母亲的独到眼光,选择了一份非常不错的工作。工作不久又遇到了黄色的追求者,任何事情小文都可以从他身上找到满意的答案,充满依赖性的姑娘深感这位黄色是最能依靠的,没多久便和他结婚了。

黄色老公是一家建筑公司的项目经理,非常繁忙。在她怀孕时,老公去了外地工作,久而久之有了外遇。知道外遇事件后,小文害怕面对,更不敢与老公发生正面冲突。小文选择了眼不见为净的逃避政策。小文的举动非但没有让自己脱离阴影,反而使黄色老公变本加厉。到孩子2岁8个月,老公在外地将近四年时间,其间只回过三次家。终于有一天,那女人找上门来要求小文与她丈夫离婚。

小文说:"其实发生今天这种事情,不完全是他的责任,如果当初我积极采取行动,这段感情还是有希望挽救的,而我表面还装作什么事儿都没发生一样,就算是我心态再好能够想通想开,但内心也是痛苦至极的。"绿色的一味宽容最终纵容了她丈夫在外的为所欲为,酿成了自己的人生苦果。宽容是绿色的优势,而纵容却成了宽容这面镜子后的阴影。绿色也许在付出沉重的代价后,才能学会不要太在意别人的反应,而敢于表达自己的立场和原则。

对骑在头上的红杏出墙,绿色若是视而不见,那我们恐怕就要给他送上一副对联伺候了:上联"只要日子过得去",下联"哪怕头上有点绿",横批"忍者神龟"。

> 反抗痛苦,不反抗也痛苦;但至少反抗是短痛,而不反抗是长痛。可惜绿色性格宁在长痛中苟活,不在短痛中奋起。

3. 不思进取　拒绝改变

不会哭的孩子没奶吃

一家位居五百强的外企的北京公司，有两个非常出色的经理。绿色的陈先生是个技术经理，和同事平稳相处，技术能力非常出众，尊重上级，爱护下属，人缘极好，老板也非常赏识他，在该公司有很长的服务年限。红＋黄的游先生是最近两年才来到这家公司担任行政经理的，爱表现，公关说服能力一流。

有一天总公司宣布，负责技术的副总裁James在三个月后调回总部，此前要物色一位接班人。根据资历和能力，陈先生最有希望，他自己和周围的同事也这样认为。陈先生就这样在十拿九稳中默默地等待；而另一位游先生，却频频在邮件当中以各种方式，向James表达了对这个职位的强烈想法，并向James展示了他的计划。最后三个月结束的时候，James选择了游先生，而不是陈先生。公司上下一片哗然。

事后有人问James当时为何选择游先生，他说游先生表达了对这个职位的浓厚兴趣，而他欣赏的陈先生没有一次表达过自己的想法。如果他对职位没有兴趣，那又如何有信心做好这份工作呢？

绿色被动的心态很容易导致他们本身在事业上的不作为。早些年，坊间流行一本名为《谁动了我的奶酪》的书，书中通过几个小老鼠的故事影射了变革的重要性。当时传说哪家公司把书发给你，你可以准备打包离开了。在"酒香也怕巷子深"的这年头，主动出击也不一定能够有温饱，哪儿还轮得到你"守株待兔"啊。

某银行的总务部门要求各部门派一名同事参加恳谈会，讨论各部门希望在次年解决的物资配置问题。黄色经理的一个绿色副手参加了这次会议，绿色副经理带了秘书整理的满满两页的问题清单到会议上。两天后，方案出台，此部门几乎没有任何问题得到解决。黄色经理一看，气愤至极，要求绿色副手解释。结果绿色说："会议上，其他部门已经将我的意见涵盖进去了，我说：'我的部门也有此需求，请你们予以考虑。'我想总务部门总该一视同仁予以解决，也就没有明说，也没将那份书面材料递上去。"

"会哭的孩子有奶吃"，而绿色则是所有的孩子当中最不会哭的，与蓝色不同的是，绿色总是期待天上会掉下馅饼，如果你问他，假设天上的馅饼掉不下来，你怎么办，他会很真诚地努力睁大眼睛无邪地看着你说："没有就没有呗，也不是什么大不了的事儿。"的确，对于绿色这样可以置身于事外的高人来说，他们的心态好到"反正可有可无，不必这么在意"，只是对于其他性格来讲，心中那股气憋得快要炸开了。尤其对于黄色来讲，直截了当地表达自己的观点天经地义，你不去争，在这个世界上就会被弱肉强食，由此可知，黄色对于绿色的不进取，有多么失望。

> 因为绿色性格的不积极主动，问题仍旧会一直存放在那里而丝毫得不到解决。他们习惯于事情会自动解决，这种守株待兔的心态让绿色性格成为最被动的。

我爱，可我真的不敢上

以进攻的积极主动而言，红色和黄色两种外向性格，一向来势凶猛。有句歌词说"爱你在心口难开"，情感方面，蓝色和绿色都倾向于被动守望，而绿色尤甚。与绿色恋爱，往往犹如在期待中徘徊的独角戏，一直是让人有点窒息的平静。当你悲伤时，绿色也很忧心和无助，但无法主动做些什么；当你欣喜若狂时，绿色也只有适度而温和的欢喜。

总结起来，蓝色的不开口大多是因为多虑和自尊，而且这里面可以包含好几层痛苦：

第一层，蓝色期待彼此心有灵犀一点通，觉得如果是落花有意而流水无情，说明自己会错了意，蓝色会痛恨自己的自作多情；第二层，蓝色非常怕被拒绝，遭拒绝，是很没面子的事情。

而绿色本质上还是懒，如果不是很肯定对方的感受，会觉得要花太多的心思和精力，太麻烦，也怕表白以后对方不接受，绿色不喜欢那种被拒绝的碰撞和难受。而绿色的女人比绿色的男人更难说出口。

有那么多的男性对绿色女性充满了保护之情，如果黄女与绿女同时横在面前，恐怕绝大多数人更欣赏温柔娇小的绿色，这样可以显示男性的强大，须知，在一个同样强势的女性面前，男人是享受不到这种身为保护者的快感的。可当绿色要追求自己的心中所爱时，原来的优势全都灰飞烟灭。童话《七个小矮人与白雪公主》和《灰姑娘》的主人公都是绿色，诚然最终得到了幸福，可毕竟生活不是童话，有喜就有悲。

绿色的悲剧在于：当得不到想要的东西时，因为天性中的逆来顺受和认命的心态，绿色连争取都不愿争取。他们期待的是，自己的所作所为会静静地感动对方，待到一切花落去，也不空悲切，会再找个理由自我安慰。绿色一生中得到太多自己原本无意追求的东西，而离真正想要的却是越来越远。

绿色男性在恋爱中的特点，从以下一位天性谦和、宅心仁厚的绿色男人与他红颜知己的聊天记录中，你可以感受到。

绿色：我们分开了。

好友：恭喜，可以重新开始。

绿色：谢谢，我怎么很平静，没有什么太多的感觉？

好友：其实是好事，说明你已经不爱她了。终点又回到起点，有合适的马上介绍给你,你现在喜欢什么类型的?

绿色:我喜欢脾气和你一样的,长相看着舒服就可以了,不要太厉害的,有没有呀?

好友:要想想,是不是后悔当初没追我呀?

绿色:哈哈,我真的特别喜欢你的为人,但不知道是不是爱情,挺怪的,我就觉得我们做朋友好,我做老公会有很多缺点,你肯定要后悔死的。

好友:这样好,我们一直都可以做很好的朋友。

绿色:那你也没有暗示要我追你呀?

好友:我没暗示任何人追我啊,没暗示都已经忙不过来了。

绿色:所以你帮我找个老婆,大方点的,那我们以后还可以经常一起玩。

好友:有数了,一定尽心。

这位绿色兄弟在结婚四年后终于离了,从他的口气中,你可以感受到无限的解脱和轻松。离婚是他黄色的老婆主动提出的,他不但不难过而且连忙答应,终于可以省掉"让他主动提出这样头大的事"的麻烦了。另外一个有趣的发现是,这个故事当中的好友是位蓝色女性,以她的敏感,不可能感觉不到别人对自己的喜欢,可她居然说"从来没有感觉到丝毫异样,一直把他当成普通的异性朋友"。

4. 自信匮乏　没有主见

算了吧，我还是觉得我不行

如果你觉得蓝色患得患失、前怕狼后怕虎，做事让人心里堵得慌；那么等到绿色出现，绿色那种缺乏自信的样子，比蓝色更让人抓狂。

那年国庆，我们公司到境外旅游，我的那位绿色老兄，平时与人为善，又任劳任怨，深受同事喜欢，大家希望给他过个生日。临行前一个月，我好心提醒他10月3日生日的问题。因为那天我们在马来西亚的一座海岛上，我建议他在海外过生日。绿色老兄犹豫地问我有没有必要弄那么复杂……我一听就火大："给你过生日是大家高兴，一起热闹一下，你胡思乱想什么！"这老兄犹豫了一会儿，回复说："那先这样吧。"

到了马来西亚，10月1日，我生怕他毫无准备，深夜12点约他出去聊聊，问他如何安排，这位可爱但令人烦心的老兄，支吾了一会儿，又问我是否真的需要过生日。我疑心起来，追问再三，才知道他犹豫的理由：从来没有办过那么大的生日派对，不知道该怎么弄。

你应该可以想象我当时的愤怒。在对他一通大骂之后，给他提出命令式的建议和方向：办，一定要办，而且要大办。我甚至帮他把生日派对的流程谋划一遍：

1. 因为大家英文都一般，晚上不大可能到处乱走，因此在酒吧包桌，请大家喝第一轮饮料，给大家点几首表达感谢的歌曲，不会花很多钱，这样既娱乐放松，也挑起了气氛。

2. 大家是自助旅游，本没什么团队意识，但如此把大家召集在一起，显得是个大家庭，也是老板愿意看到的，而这种氛围是我们营造出来的，自然也可以显示我们的团队意识。

3. 领导在如此气氛的感召下，自然也会对我们表示出好感，再说些感谢的话就会让领导很受用，如此也拉近了"干群"关系。

4. 团队里你的职位也不低，自然是要感谢大家的支持，而国外费用高，花钱请客自然会赢得大家的好感。

在我的一再鼓动下，这小子终于在"我想想，我想想"的思考后，同意了我的想法。最后，我们还共同认为他需要在聚会上发表感人至深的演讲。那天，等我回到房间时都可以看日出了。

第二天下午，这个老兄了无动静。

好不容易到了10月3日的晚上，这个家伙不先去酒吧看包桌的情况，而是跑到我的房间来问我什么时候出发。在路上我还不断给他打气，同时也大致跟他说了如何演讲。他说了声"哦"，又没了声响，我和他确认记住我的话没有，他居然说："刚才你讲得太快了，我没听清楚。"气得我半天没理他。

到了酒吧，同事大多已经坐在那里了，等大家坐定后，这个老兄笑呵呵地看了半天，说："我请大家喝第一轮饮料。"然后就招呼酒保去了。最终还是我们老板按捺不住，让他说说为何请客。这家伙讪笑着说："那个，嗯，大家都挺累的，我正好也过生日，就请大家喝酒。"这和白痴有什么区别啊？我实在看不下去了，在同事们一阵起哄之后，我开始让他讲两句，看得出老板也很高兴，也一个劲儿鼓励他讲讲。这位老兄看了我半天，终于站起来："我觉得，这样挺好的，大家在一起都很高兴，感谢大家来给我过生日。"然后居然又坐下了。

在聚会后回房间的路上，我对他的表现彻底失望，这老兄终于说出了他的心声："这个，大家吃得还行就好……讲话嘛，我也不知道怎么讲，嗯……"我只好对他说："你是部门总监，老板在这个时候需要你去增强团队凝聚力。底下既有你的下属，也有同级别的其他部门主管，你好歹说几句真心话，感谢一下大家，再捧一捧老板。只要你是真心感谢大家，不管你讲什么，大家都会鼓掌，气氛就起来了。"这位老兄还是那么一副德行："噢，是啊，我没有你口才好……没错，没错，我还是没你想得仔细……我有点胆小了，不知道说什么才好，是是，我的确是真心的……"

你有过当事人那种"恨铁不成钢"的心情吗？
在整个事件中，这个绿色——
先是"本来不想做，被人推着做"，勉强应承；
后来"被人推着做，不知如何做"，一拖到底；
临场"不知如何做，让人指挥做"，毫无主见；
最后"让人指挥做，依然不会做"，畏畏缩缩。
所以，怕事的绿色，一个个都变成了迈不动步子的木头人。

"还可以"主义与"无所谓"精神

你是否发现绿色有三大口头禅，那就是："随便""还可以"和"无所谓"。

> "随　便" = 我不决定，你决定好了。
> "还可以" = 我不想否决让你下不了台，你不需要问我。
> "无所谓" = 只要你高兴，我快不快乐其实真的都一样。

两个同事对话如下。某人问："你觉得我们的卫生情况如何？"绿色："还可以，还可以。"又问："你没觉得最近有些脏乱吗？"绿色说："是吗？"再问："我觉得我们该做点什么改进一下。"绿色："有道理，那就改一下吧。"

回忆学生时代，"跟屁虫"和"点头虫"的绰号，大多是用在这样的绿色身上。你决定好了以后，他跟在身后就行了。如果你去征询他的意见，除了鼓励你"自己的路自己走"以外，你也甭指望能从他那儿得到什么实质性的建议。不要说想你的事了，就是自己的事，他的脑子也不愿去想。为何？懒！为何懒？因为现在的一切就很好，根本没有必要去改变，改变是件非常辛苦和麻烦的事情。归根结底，又回到绿色的动机"稳定不变化"上，这就是动机影响行为的原因。看看绿色的亲友是如何评价绿色的。

点菜没主见：晚上在饭店吃饭碰上绿色好友，我们已经吃得差不多了，她和朋友刚进来。这家店是我和她平时中午常去的一家，最近两个月就去过不少于五次。两人就坐在我们旁边，她朋友让她推荐，她在那里犹豫了半天，支支吾吾没方向，然后不停地朝我这边张望，我马上识趣地把我们吃完的没吃完的都说了一遍，顺便告诉她哪个比较好。她听得眉开眼笑，没动脑子地照抄了一桌。

买房没主见：的确如此，我回想起弟弟买房的时候，一个绿色的中介带着他看了十几套房子，可我弟弟每次都是黯然归来，因为那个中介始终没明确地推荐一套给我弟弟，总是说："这套不错啊……那套也很好啊……"而我那绿色的弟弟也是不知道怎么决定的人，于是在两个绿色互相推手的过程中，年华一点点老去。

求职没主见：不愿刻意去改变什么，工作如此，生活亦如此。绿色的工作变动通常都是服从公司调动或听从亲友团的意见。我一直鼓动我一个朋友跳槽，他每次都说"嗯，知道了"，也没什么进一步表示。最后和我说："算了，要去的话，你帮我写应聘信吧，我也不知道去哪儿，你觉得呢？你比较了解我，你决定好了。""去哪儿，是你自己的事啊！""无所谓，你决定也一样。"

通通没主见：我家从我爸妈、姐姐到我老公，全是绿色，要是你让绿色的人帮你出主意下决心，我觉得还是趁早死了这条心。我从选专业到工作、到出国、到回国、到跳槽、到找男朋友、到结婚、到买房子，基本上通通是我自己的决定。问我爸妈，他们说他们相信我所有的选择；而我姐，一般是不发表意见的；我老公，就更别提了，我陪他去买裤子，这个还好，那个太贵，围着商场绕了几圈都不肯买。最后，他一个大男人和我说，连他自己也不知道要买什么样的裤子，最好我买了送给他，什么裤子他都会穿的。

绿色摆出的姿态似乎一直是：我对我自己是不在乎的，你不用考虑我，我的存在就是为了你，只要你满意了，我也就满意了，你怎么说我就怎么做。当人们习惯了绿色将自己的生命权交出以后，人们也不会去征询绿色的任何意见。显而易见，一个连自己的事情都拿不定主意的人，我们怎么还能指望他为别人提供什么意见呢？同样，绿色凭什么期待得到别人的尊重呢？在一般人看来，只有两个等式：不动脑子＝不为自己的生命负责，没有主见＝等待别人来审判自己的命运。

绿色一直觉得自己没有主见，就算伤害，也是伤害自己，谈不上伤害他人，我要伤害自己是我自己的事情，又不牵涉你们，为什么你们要对我这般口诛笔伐，犯得着吗？非常有趣的是，绿色有个普遍的心态，总是低估自己身上的问题对他人造成的伤害。但是有的问题出现以后，是不会自行消失的，绿色没主见和无所谓的态度无形中把压力和负担通通转嫁到他人身上，间接给别人带来了很多麻烦。

> 绿色性格一生都没明白，当他们每每祭起"还可以"与"无所谓"的大旗为自己保驾护航时，同时也将机会抛弃了，更要命的是，绿色性格将很多做人生选择的权利交给了他人。

5. 羞于拒绝　惹火烧身

不会说"不"的空姐

平时绿人总是高唱"无所谓",但有时在"无所谓"的谎言下,绿色的内心其实是郁闷的,完全是打落门牙往肚里咽。与其他性格不同的是,绿色的门牙,大多数是自己打落的。奇怪吗?

绿色空姐 Ella 告诉我关于她的一件往事,令她终于从绿色沉睡中苏醒过来了。

有一晚 9 点半,一位和我关系比较好的同事打电话给我。

同事:"嘿,你还没睡吧,能不能帮我一个忙?明天我有一趟印度航班,我想请假,你能不能替我去飞?"其实我很不想去飞这趟航班,因为第二天正好开始周末双休,于是我开始婉言推托。

我:"好啊,不过我们现在个人不能接航班,都要通过排班员。"

同事:"如果排班员同意了,你愿不愿意飞?"

我:"帮你飞是没有问题的,可是排班员这里比较难操作。"原想把这个难题推到排班员那里,让她知难而退,可没想到,过了十分钟左右,我的手机又响了。

同事:"我跟排班员说好了,这里一切都搞定了,明天的印度航班就交给你了,谢谢。"到此时,我心里郁闷得不得了,恨我自己的懦弱,恨我碍于情面不敢说出"不",白白浪费了两天和家人在一起的机会。

Ella 因为不好意思拒绝,本想把责任推给排班员,然后心中默念"菩萨显灵,菩萨显灵,快快说不,快快说不",祈祷排班员虎下面孔,将对方喝退。没想到,对方拿了鸡毛当令箭,真以为 Ella 调班是理所应当的。Ella 更没想到的是，这趟航班后来在印度延误了十一个小时。没地方哭啊！只能打落门牙往肚里咽。

麻将三缺一，去叫小严。小严早已洗漱完毕，正待进入梦乡，碍于众人情面，只得爬起，当夜亏空五百大洋。事后问他是否无聊，答："反正可以增加一项技能，也蛮好，同时也能促进人际关系，还行吧。"

类似小严这样的绿色，人民群众总是喜欢的。对于小严自己，如果荷包满满、心情愉悦当然无妨。然而，假设小严正在撰写重要报告，次日必须提交，若仍旧放下报告前去应酬，最后苦的就是自己了。

曾经在做招聘时遇到这样一件事，跟一个女孩约好次日下午面试。到了时间她没来，打电话问她什么时候到，她说："真是不好意思啊，我现在和朋友在杭州玩，我很想加入贵公司，能不能再给我一次机会啊？我本来想今天去的，但是我朋友一定要我陪。所以今天很抱歉了！"

> 也许在一生当中，说出"不"这个音节，是最大的挑战。绿色性格是一群不会拒绝的人，宁可自己吃亏和忍受痛苦，也不愿意发出"不"的声音。

好比在网约车上，假使司机播放了一些无聊嘈杂的音乐，绿色其实早就被震得头大，但也不会要求司机关闭，甚至不好意思要求调低音量。我以前认为这是绿色担心提出要求会被拒绝，可于情于理似乎不通，后来发现，绿色担心自己说出来，会让对方不爽。为了不让司机有这样的感觉，干脆不提，反正自己在车上的时间也不会很长。就这样，绿色一步步自己革了自己的命。你想，连这样的要求都不敢提出,他还能有什么要求?渐渐地,在不断地心理暗示下,绿色自己都觉得可有可无了。

提出要求本身,对绿色而言,是一件可耻的事情,一旦这样的世界观和想法形成,绿色就开始沦落成一个没有要求的人,活在了"别人遗忘他们,认为他们可有可无",连他们自己也认为自己"可有可无"的世界中。

真的不太好拒绝呀

35岁的小翠还没有男朋友,身边的朋友纷纷为她张罗。热心人中最积极的是她老板,因为是老板,平时不敢得罪,凡是他要求的,小翠都有求必应,所以这次相亲安排也因老板的热情无法推辞,只得赴约,所幸有老板亲自作陪,可能老板介绍的小王会不错呢,小翠这样安慰自己。到了饭局一看,坐着的三位大腹便便,看着都像小翠的大伯,正纳闷怎么小王还没到,没想到老板指着其中一位说:"我给你介绍下,这就是小王,和你只差3岁,你们应该能有共同语言,大家一起聊聊……"小翠怎么看小王都像老王。散席后,小王热情要求驾车护送,一路上小翠度秒如年。

小翠经此一役,至少懂得了一定要学会拒绝。大胆设想,当日若小王在车上意欲不轨,而小翠又够绿,碍于老板情面没有反抗,两个月后小翠发现自己怀孕,那才真让人心痛。当然这个故事没有那么凄惨,可这种事也并不少见,在绿色身上发生太自然不过了,至少以下这位同学品尝到了苦果。

张同学性格随和,年轻时贫苦,从农村到城市打工,受到李家很多关照,李家小女钟情于他,可他无感。李家人提出招他为婿时,他万分不愿。可最终,因为不想让给他如此关照的李家失望,还是应允。李女虽非傻姑东施,但强扭的瓜,婚姻自然不幸福。可张同学仍是为了不伤害李家,始终不愿提出离婚,至今仍维持着那令他无奈、但令家人满意的婚姻。

绿色最大的麻烦并不是不敢拒绝,而是,知道自己的麻烦,知道自己的问题,但是并没有勇气去改变和面对,这才是绿色最大的麻烦。相反,绿色会不断麻痹自己本来就已无弹性的神经,在自我宽慰中自我欺骗。

小碧早已成家立业,婚姻美满,天性温厚又有几许纯真,颇受异性青睐。身边常有成熟男士追逐,甚至有人挖空心思调到她同一家公司工作,以为可以近水楼台先得月。

我看小碧一副后知后觉的样子,生怕她出乱子,提醒她说:"你不知道别人在追你吗?"

"有吗?他就是挺喜欢找我聊天。"

"一天早中晚各问候一次,还整天等你下班,约你吃饭,你就没一点感觉?"

"好像是有点……你说咋办呢?"

"你为啥不干脆点拒绝他?不理他好了。"

"他也没明说,说不定就是热情一点,又是同事,太冷淡也不好吧。"

"太冷淡不好?到时候就麻烦啦!"

"哎,到时候再说吧。"

绿色总觉得"车到山前必有路,到了山前再想路"。如果这个故事中,某男发现自己的举动小碧并无拒绝(绿色的不拒绝,在他人看来,代表着某种默许),于是继续进攻,我也不知道未来会发生些什么。"再说吧,一切都会好的",是绿色用来说服自己的常用句型。

举凡办公室性骚扰与性侵害案件的受害者，若是红色和黄色恐怕大多会叫了出来，蓝色碍于尊严也难以表达，实在不行，就换个地方；唯独绿色，苦命的人啊，一不敢拒绝，二无力反抗，三害怕改变，四恐惧报复，假设碰上个无赖利用这些弱点，那恐怕要在绿色的头上坐一辈子的庄了。

6. 逃避责任　能拖就拖

眼见轮胎已磨平，却还拒绝修复它

你领教过绿色拖延的功夫吗？先来体验一下不同角色对绿色的控诉。

绿色老公：一件要干洗的衣服，可以一拖半年都忘记去取，其实是懒得去拿，最好我帮他去拿。公司汇了一笔兼职工资到他的账户，几次提醒让他查账，一拖又是两个月才去查，结果发现财务把名字写错钱没汇到。事过境迁，又怕再去麻烦别人，说算了。

绿色友人：是摄像发烧友，许多同事找他去帮朋友婚礼摄像。这人脾气也好，有求必应，拍摄完答应刻好光碟送给朋友。可他事情太多，催他时朋友见他自责，也不好意思太急，结果最久的一个，结婚半年后还没看到自己婚礼的录像。真是郁闷啊！

绿色同事：很多账目懒得及时报销，曾一再提醒也收效不大。结果去年因工作关系离开公司，仍有一万多元账目对不上，导致不得不自己掏腰包。

绿色下属：部门中有一个绿色业务员，正谈一个重要客户。会议上我对他说："谈业务要快，你开完会去给客户打电话。"他回答说："明白。"上午10点问他进展如何。答："电话没通。"中午的时候又问如何，答："忘了。"10分钟后，答："下午来。"下班的时候问怎么样，答："啊？没来。"速去再打电话，再答："客户手机关机。"怒！怒！！怒！！！

如果你曾经遇见过上述绿人，你就明白为何人们会对绿色怒不可遏了，当然我们也必须承认，绿色也不是任何事情都是落在最后的，还是会有偶然的嘛。

比如说，新生事物出来，第一个去尝鲜的，大多是红色，唯一让我看到让绿色有兴趣的是电动牙刷，也再没有其他的东西了。一般男性早上醒来，首先想到的通常是怎么解决膀胱充盈的问题，一个绿色的小伙子有次却神秘地和我分享，他自己早上醒来，就总是想能不能不刷牙——刷牙是一件多麻烦的事儿啊。基于以上原因，电动牙刷上市的第一天，他路过排队的长龙，就排在了后面。如果是其他东西，他肯定路过就路过了，没有任何排队抢购的欲望。现在我明白了，绿色虽然是那么不积极，但是如果你能发明出永动机，继续发扬让他更加懒惰的方法，保准他是那个最想要拥有的人。

绿色总是想要活得更轻松，用最简单的方法来完成事情，或者让事情自动发生，时下流行的《简单生活指南》这类书籍看起来就是在描述绿色的生活。这样说来，我真的建议绿色回归到小农经济社会，因为在现代社会的运转下，绿色似乎有些不合时宜。

我每次去绿色弟弟的家里，总是憋了一肚子气回来。三个月前，饮水机出故障，弟弟家里无水可喝，当时叮嘱他赶紧解决。三个月后，再去他家，依旧如此。问他："为何迟迟不解决，难道你自己在家不喝水吗？"他看着我慢悠悠地说："我不用喝，上班在单位里已经喝饱了。"听后除了发蒙就是痛心。我在很长一段时间里，始终不能理解他怎么能忍受这样邋遢的生活。现在看来，也许绿色自己根本就觉得无所谓。

及至后来，见得多了，才发现，普天下和我同样心灵备受折磨的人比比皆是。

一个妻子几乎哭丧着脸向我倾诉，客厅的大灯有十六个小灯泡，第一个灯泡坏时，就嘱咐绿色丈夫调换，答曰："马上。"此后，每天坏一个灯泡，而丈夫回答"好的""我知道了"……第五天，妻子等不及，自己解决了此事，愤怒之余斥责绿色，绿色回答："你急什么啊，全部坏了再说不是也来得及吗？而且这样还可以省点电，有什么不好？"

你可知，绿色也会很伤害人！原因何在？

的确，表面上，绿色是最不容易伤害他人的性格，平和、温顺、回避冲突，都使他们不像红色那样张牙舞爪，不像蓝色那样阴森挑剔，不像黄色那样凶狠凌厉，然而，绿色这种"眼见轮胎已磨平，却还拒绝修复它"的态度，实在是"得过且过"的最好注脚。我甚至想象，假设绿色一个人生活，他甚至会在灯泡全部坏了看不见东西的情况下，用蜡烛来照明。渐渐地，也会习惯没有电灯的日子，我能理解绿色在艰难环境下"苟且偷生"的本领，但这完全不是黄色追求梦想的那种坚忍，而是绿色对于生活毫无追求的一种写照，是幸还是悲？你自己来做定论吧。

> 绿色性格看起来行动迟钝，说得具体些，就是干什么事都磨磨蹭蹭、慢慢腾腾的。绿色性格表面上看常常了无生气，事实上，他们并不是真正的身体疲倦，而是心理上处于一种什么事也不想做的闲散状态中。绿色性格除了工作和参加必要的社会活动外，很少有参加其他任何活动的愿望。

有人说，绿色很懒。按照手机应用分类，我们可以将其和性格色彩对应起来。

● 红色男人属于"抖音型男人"：多才多艺，内容五花八门，跟着他，可以看到各种新奇事物。

- 蓝色男人属于"知乎型男人"：他问题后面紧跟十个回答，有五个让你觉得博大精深，让人叹为观止；剩下五个不是啰唆就是让人看不懂。

- 黄色男人属于"电话型男人"：功能简单实用，毫无花里胡哨，只有当你有急事发微信无人搭理，需要电话紧急联系时，才知道他如此重要，无可替代。

- 绿色男人属于"日历型男人"：从买到手机开始就存在于桌面角落，可有可无，从不更新。

理论上，绿色需要你拉他拽他才会干活，但至少有一半的绿色，在我看来，就像日历一般，无论你如何拉他拽他，只要不到零点更替日期，他永远一动不动，只等着你随意翻阅。

掩耳盗铃者必视而不见

拖延，是绿色擅长的绝学，与蓝色因无法达到完美而拖延不同，绿色拖延的本质是期待问题自动解决，以不变应万变，从而达到少花精力或不花精力而多办实事的功效。与"视而不见"有相同意义的是，绿色是被动地等待着他人的询问，如果别人不问，那说明别人也忘了，那刚好这件事也不用做了，绿色总是这样天真地以为。这样看来，掩耳盗铃的贼当属绿色无疑，反正我看不见也听不见，人家大概也会没反应的，难道人家真的都会忘记吗？看看下面这个主管是怎么说的。

我将一份工作安排给一个绿色，这个工作任务就是下班前必须拿出一份报告，而报告的原始资料在张三处。快下班时，我问他报告完成得如何，他回答："没完成，因为我没有找到提供原始资料的张三。"我一听，当即吐血。

他当时找不到原始资料，至少可以做的两件事是：第一，立即向我汇报，说明情况以取得无法完成报告的谅解，或者寻求我的帮助以得到资料。第二，办公室人员在离开时，通常都有其他同事代理其工作，他可以寻求代理同事的帮助或找到该同事的主管，以得到相关资料。所以他完全有机会完成那个报告。而他明知无法完成任务，却不及时打招呼，把事情捂着，错失了协助或其他补救措施实施的时机，让我们无法在需要的时间内得到报告。

绿色有时真的很可爱，他们会幻想"问题也许会自动消失的"，活在自欺欺人中。这种宁可忽视问题存在的行为，归根结底，在绿色的内心深处有两个根源：第一，问题本身也许并不严重；第二，自然会有人来解决的。绿色期望平静的生活从此不会被打扰。而绿色对问题的拒绝处理，并不会使问题消失不见。虽然绿色对世界一片善意，但当绿色顺势滑行，遇到不愿意处理的问题就闭上眼睛时，绿色仍可能给他人造成相当多的麻烦。

难道绿色没有想过，万一别人发现来找麻烦，到时应该怎么应对吗？各位，这就是绿色的问题关键所在：

红色想到困难和麻烦，很快就停止思考，是因为红色本能地向往自由回避痛苦，红色的侥幸想法是"总有方法解决的"；绿色是连想都不愿意想，因为绿色总是有种绿色特有的侥幸想法——"总会有人来解决这个问题的"，绿色更多地期待责任由他人来承担。

不主外，也不主内

自古以来，流行"男主外，女主内"。但如果这里的"男"是绿色时，就不要指望他会成为一家之主了，他们也乐得把手中的大权交给女方，自己懒得做任何决定。有时，绿色对责任的毫不上心，让你不得不拿着条皮鞭抽动他们前进。一位家庭主妇这样描述她那绿得冒油的老公。

认识绿色是从身边最亲近的他开始的。我一直以积极进取作为人生最大的动力，可偏偏遇上他，算是碰到了生物界中的"天敌"。从谈恋爱开始，他只会用一种方式来表示对我的爱，那就是"等"。结婚之前，天天到我公司等；结婚之后，天天在地铁站等；我国庆出去开会三天，他就在家烧了一锅火锅底料，天天煮面等我回来。"等"也成了我最烦他的一件事。

结婚是我逼他去的，他始终不敢开口和父母说，到登记前一天，才怯怯地向家里开口，因为不得不要户口簿。房子是我逼他买的，怀着身孕的我一定要他给我们母子俩一个安顿的窝。每到周末都是我打头阵，把区域里所有的房子看过一遍，挑出比较满意的才由他出面审核（等他去找，说不定现在我们还住在大街上呢）。大冬天连续一个多月在外面跑，一直到我得了重感冒整夜咳嗽，他才主动要求自己去看房子。我以为我和肚子里的宝宝终于有了依靠，晚上给他打电话，他说没有看到合适的，再三逼问下才把实话告诉我，看了一套就溜回去睡觉了。

有了我们自己的房子，我以为可以开始美好生活了，谁知噩运才刚刚开始。婆婆帮我们带孩子，还在上班的公公也住进了我们家，以不习惯和婆婆睡在一起为由，占据了书房。接着小姑子又嫌自己家上班远不方便，占据了客厅。每天回家，我只能窝在自己的卧室，看着装修一新的家被各种杂物吞噬，宝宝的房间也成了不见天日的小黑屋，这样一拖就是四年。孩子大了，需要自己的房间，我和老公商量自己带孩子，请公公婆婆回家去住。老公不敢当面和他父母说，一次趁他父母回家，就在电话里说先不用他们过来，等过些时间再说，直到现在，公婆的东西还留在我们家没拿走，公婆也一直在等着"过些时间"的结束吧。宝宝房里安上了新家具，我说让你妹妹把东西整理一下吧，他又不吭气，趁他妹妹出差把东西一搬，就当一切都好了，整一个"掩耳盗铃"。小姑子回来后大发脾气，两人言语不合大打出手，小姑子摔门就走，指桑骂槐说我的不是。老公不敢回去向父母交代,背着我买了部手机送给小姑子,又把她请了回来,弄得我里外不是人。

绿色比较乐于当跟班或不起眼的角色,而让大家去做决定。绿色小孩更倾向于接受别人的决定,而黄色却是那样喜欢做决定,巧的是,黄色不仅喜欢为自己做决定,还喜欢为他人做决定,这样刚好,周瑜打黄盖———一个愿打,一个愿挨,两人刚好一拍即合,这就是婚姻中绿色容易与黄色结为伴侣的原因。

然而,当黄色遇见绿色,真的是哭都哭不出。在黄色对绿色的评价中,时常听到一些强烈的批判,是对绿色消极抵抗、拒绝改变的那种恨铁不成钢的愤怒!绿色永远也不会理解自己这种对生活极不负责任的态度,对于那些爱他们和在乎他们的人来说,是多么大的伤害!

> 绿色性格十分不愿意去做可能出错的决策,就算是绝对不会出错的决策,也巴不得是由你的口中说出,这样可以避免由自己来承担那些责任。

7. 袖手旁观　越搅越黑

不言者之罪

所有性格中,绿色的过当最为隐蔽。表面上看,绿色伤害的多是自己,与其他三种性格相比,对别人造成的伤害不够明显。这个观点在前文已经提出,在本节,对于绿色是如何伤害别人的,我将从"不言者之罪"来重点阐述。

已至不惑之年的一位男性友人,将尘封了二十年的一件往事分享给我。

我和女友大学期间两地恋爱,准备毕业后回她所在的城市。毕业前夕,我偶然发现女友在学校另有相好,这对我打击很大。事情发生后,朋友们都来安慰我,因小A是女友最好的也是我极好的朋友,所以我想从小A那儿找到原因。

小A听我讲话时一声不吭,我一再追问她有没有曾经发现一些苗头,她说她过去也许犯了一个错误。有一次,她陪女友去火车站送那个人,看到他们很亲热。后来她问女友,女友说内心矛盾纠结。当时,小A觉得女友是出于信任才把这件事告诉了她,这种事还是当事人自己去解决比较好,于是她一直选择了沉默。

我怒火中烧,强压着愤怒和尴尬结束了和她的谈话。我的想法是,朋友总有远近,就算我不如女友和她关系好,但当时的事未必不是"女友想通过她传话",因为女友曾和我提过"有痛苦却不知如何向我开口",并说过小A不是我的真朋友。我不知小A如果知道女友这么说,她会如何想。

某日,小A请我第二天去她家,说是请了其他朋友要一起给女友送行,当时我和女友已完全没戏了,她将和那个人一起去外地。我彻底愤怒了，我实在想不通小A到底想干什么，当然是没去。女友一直想约我再谈谈，但没有勇气，所以委托小A约我几次，我永远都是拒绝。可以说，女友随便找谁拉我，我都会去的，但就是小A，我绝对不会去。

我一直认为小A和我的关系非常好，但这件事在当时深深地伤害了我，某种程度上我觉得不比女友对我的伤害小。

请问各位看官三个问题。第一题：如果小A是蓝色而非绿色，她知道了当初女友的事情，会怎么反应？第二题："我"为什么要愤怒？第三题：为什么绿色的小A事发当时，不劝阻女友本人，最后又会对"我"说出这件事情？这三题，是进入绿色灵魂的高考。

答案如下：

第一题：蓝色会在发现的当时，尝试劝阻女友，不成的话就什么也不说，一路保持沉默，让这件事情永远沉入海底。

第二题："我"愤怒的原因是：首先，觉得受到欺骗，甚至有被愚弄的感觉。你小A既然是我的好朋友，就要对我负责，你这样做，实在太不够朋友义气了，何况此事本来就是事实。其次，你是我的好朋友，既不帮我说话，还不告诉我，这算什么朋友？瞬间，"我"就会把小A列入"敌人"的行列。

第三题：绿色迫于"我"的压力，觉得不说也对不起"我"，毕竟也是很好的朋友。绿色面对女友时，想要照顾女友的感受，觉得选择什么样的爱情是每个人自己的事；而面对"我"时，又尽可能想要照顾"我"的感受。

以上三题答对一题者，就可立即阅读《性格色彩识人》。一题也没答对？你需要学习性格色彩识人课程。

绿色一直奉行"你好我好大家好"的"不求有功，但求无过"的人生策略，以为"小心行得万年船"的生活方式可以让自己一生平安度过，却忽略了自己性格的种种可恶会无限纵容恶人坏事，从而对他人造成莫大的伤害。这恐怕是绿色行走江湖一生，做梦都没想到的！

绿色，到底在这件事情中扮演了什么样的角色？她自己是否意识到了呢？当小A保持沉默时，她口里念着"无为而治"，心里想着"仁义道德"，手里拿着"维持人际关系平衡"的大棒，殊不知这种没有责任感、没有主见的行为，同样可对别人造成伤害。本质上，这与行政不作为一样，令人感到内心肿胀两眼喷血，所谓"渎职懒政者猛于虎"。

"老好人"与"滥好人"

"老好人"无所谓褒贬，本来就是个描述绿色的中性词。"滥好人"您听过吗？明代大画家沈周的邻居掉了东西，误以为沈周家一个相似的东西是他的。沈周知道后，就把自己的东西送过去。直到邻居掉的那个找回来，把沈周的东西归还，沈周也只是笑道："这不是你的吗？"古人以此推崇沈周先生的胸怀。只是，这难道真的叫胸怀吗？这根本就是不折不扣的"滥好人"。

一位红色太太是个马大哈，经常忘了自己的东西放在哪里。有次她发现自己新买的项链不见了，就质问绿色老公，老公回答："我不知道，你再找找看。"太太说："我昨天洗完澡明明就放在脸盆上，后来就没动过。你是在我后面洗的，是不是你动过了？""我没有。""这屋子就我们俩，不是你还有谁？"绿色老公实在受不了，最后妥协："好吧！是我弄丢了，明天我再买一条给你吧！"这件事就算过去了，一周后，在卧室的墙角发现了那条项链，原来是被家里的小狗叼走了。

"滥好人"由于害怕冲突，一味地要息事宁人。自己背上黑锅事小，但为了一时的息事宁人而扭曲事实，不客气地说，就是纵容真凶。

有人问孔子以德报怨好不好。孔子回问："你拿什么去报德呢？"接着叮嘱，"以直报怨，以德报德"。儒家"求合理""不过火"的中庸之道，在这两句话中，已经有了明确的表现。可惜的是，大多数绿色只知其一，不知其二，将"中庸之道"与"不负责任地和稀泥"相提并论。

《了凡四训》中说到一个有关孔子的故事。

鲁国法律规定，如果有人肯出钱赎回被邻国捉去的百姓，政府将颁发奖金。孔子的学生子贡，赎了人，却不接受奖金。孔子知道就骂他说："你错了！怎么可以只为自己高兴，博取虚名，就随意去做呢？现在鲁国大都是穷人，你开了恶例，使大家觉得赎人受赏是丢脸的事，以后还有谁会赎人？从此赎人的风气，只怕要渐渐消失了！"书里又说：子路有一次救起溺水的人，那人送了头牛为谢，子路收了。孔子听说，则大加赞赏。

"若所行似善，而其结果足以害人，则似善而实非善。若所行虽然不善，而其结果有益于众，则虽非善而实是善。"例如，不恰当的宽恕，宠溺小孩而酿大患，这些都是绿色自以为无伤大雅，结果却极为恶劣的事情。

本人从业销售时，为巩固市场龙头位置，绿色老板下令对A、B、C三组开展销售竞赛，得冠组有大额现金嘉奖，平均业绩达标组，则人手奖励一部新款手机。"重赏之下，必有勇夫"，一个季度的浴血奋战过后，在乐先生督导下，最终本组力克群雄，斩获所有名次。谁知，老板觉得所有好处都是我们拿了，怕另两个组不平衡，因为他们离达标线距离不远，遂临时决定，另两组每人都颁发同样的手机一部。得知此事，我们组的十个人集体来到老板办公室，将手机一、

二、三、四、五、六、七、八、九、十顺溜排开摆在老板面前，然后集体辞职。

时隔多年，想起此事，我仍旧气不打一处来。绿色以为那是在平衡关系，然而他似乎忘记了，我们的奖励是如何得来的。对于那些浴血付出并讲原则的人来讲，这是一种充满血泪的无声伤害，这种伤害只会让付出努力者对自己过去付出的所有努力感到不值，让我们对我们自己说一声："犯得着这么拼命吗？"绿色，他们一味地讲求和谐，高唱着"人性化"的赞歌，而并不知道对于那些讲原则的人来讲，这是绝对的"非人性化"，是刺骨的伤害。

在"你好我好大家好"这件事情上，最恨绿色的，莫过于黄色。这就好比，你维护正义是应该的，但你同时姑息不义，就是大错特错。一个人不能同时维护上帝又姑息魔鬼，仅仅歌颂上帝是不够的，你必须同时打击魔鬼；肯定正牌是不够的，你必须拆穿仿冒。

我收到以下一封来信，代表了很多其他性格对绿色的不满：

乐老师，让您见笑了，您上课的时候谈到绿色，我这几天一直想告诉您，我个人很不喜欢绿色的事。我许多次与小K争吵，胖哥基本上是我俩的和事佬，可这次我无论如何不能原谅他了，明明我有理，他这和事佬却两厢平分地把事和稀泥了。没有一个结果和说法，这让我非常不爽，这对我公平吗？其实，我不认为他们是公平的，他们只是表面公平，而没有意识到他们所谓的"公平"对我们这些人造成的"不公平"，我不敢讲自己追求真理，但至少站在我这样要个说法的人的立场来讲，我鄙视他们这种"老好人"。

> 绿色性格的问题不是在于对自己不公平，而是对别人太公平了，更让人不满的，乃是绿色性格对别人的姑息态度。

8. 粉饰太平　迷失自我

你还没有学会对自己的内心忠诚

不少绿色认为他们自己是对人忠诚的。绿色是否对人忠诚呢？为何在提到对人忠诚的特点时，我会强调是蓝色而非绿色？我们来看看绿色所谓的忠诚吧。这是一个红色的姐姐帮她弟弟咨询的案例。

我妈妈是典型的蓝色，对自己要求苛刻，对他人要求严格，生活在追求完美和不断努力地改进中，在我看来，她活得相当辛苦和心累，也影响她周围的人都跟着累，因为很少有人能让她满意。我弟弟是典型的绿色，你都想象不出来，典型的蓝色和典型的绿色在一起，蓝色有多么痛苦和无奈，而这个绿色又是她至亲至爱的儿子。弟弟满足于现状，说什么都行，对他不会造成什么太大的影响。用妈妈的话说："不求上进，好像整天什么都不想，不知道在干什么。"

弟弟酷爱计算机，毕业后在北京的一家大型韩企做IT，妈妈很高兴，以为这下弟弟会奋发上进了。没想到，因为韩企等级严格，老板可以任意对下属指手画脚，弟弟做了一年，受不了这种经常加班挨批的日子，就辞职了，妈妈非常失望。接下来，上演的就是陀螺转的大戏了。

弟弟的女朋友毕业后去了上海，于是对辞职后的弟弟说："来上海吧。"于是，弟弟去了上海。妈妈非常担心。

在上海工作了不到一年，妈妈说："我一个人在家，很担心你的生活和身体，回来吧。"于是，弟弟又辞职回家，妈妈则又开始担心是否会影响弟弟的前途。

再后来，弟弟的女朋友说："上海挺好的，我们今后就留在上海吧。"于是，弟弟又离开家，去了上海。妈妈又开始担心。

没多久，妈妈说："你们在上海，没人照顾，又没有上海户口，将来生活会很艰辛的，回家来吧。"于是，弟弟又回了家。妈妈又开始新一轮的自责，担心因为自己的要求而毁了弟弟的发展。

如此，三番五次，绿色的弟弟虽然始终乐呵呵的，没有什么怨言，到哪里就在哪里满足地生活。可他的工作却因为换来换去而没有成绩，在妈妈眼里就是一事无成。

妈妈气得受不了，不停地抱怨，认为弟弟没主见，不想赚钱养家，不想更好地发展，不想再进一步深造……她的生活也因为弟弟的不断变化而无法安定。

这个绿色小弟，为了让母亲和女友高兴而听之任之，完全没有自己的想法，他以为这样是好的表现，殊不知对两人都是伤害。这个绿色的他，被残忍地撕成两半了，而这一切都是在他自己默许的情况下进行的，换句话说，是他自己允许自己被撕成两半的。他要把自己同时奉献给母亲和女友，他要对她们忠心，他在两人中游走，对任何一个都不忠诚，更重要的是，他从来没有对自己忠诚过！

我让她送给她弟弟一句话，他需要了解：适当地让自己愉快一下，比花一生的时间去取悦他人更为重要！也许他需要花一生的时间来明白这句话。

> 绿色性格没有学会对自己忠诚，必须通过别人来找到自己的价值，这正是绿色性格的可悲之处。绿色性格需要了解：适当让自己愉快一下，比花一生的时间去取悦他人更为重要！

一味付出最终丧失自我

在一次课程结束八个月后，我收到一封学员的感谢信，她和我分享了对于绿色悲剧的深刻认识，以及她是如何用性格色彩帮她绿色的姐姐走出困境的。

绿，我喜欢的绿啊！为什么你穷其一生地付出，而得到的还是被伤害，在他人的欢笑背后，总是你默默地付出。

我的一个大姐，在20世纪60年代和一个军官结婚，一年一次的探亲是她生活的全部，为了相聚，平时省吃俭用，为的是攒够路费或带些稀缺的物品给丈夫。两年后生下一个女儿，而姐夫也只在孩子出生时在家待了半个月就归队了。之后又是长达六年的探亲生活，直到孩子上小学，姐夫终于复员，一家团圆了。

几年后，姐夫工作的不得志让他沉醉在酒精中，家中开始出现了争吵，但姐姐为不耽误女儿的学习和维持她的家庭，在默默忍受中精心照顾着一家人的生活，一直到女儿上完学开始工作。这时候企业不景气，两人皆提前退休，姐姐想，就这么平淡地过完这下半生算了，可连这个简单的愿望都没有被满足！

我生下女儿那年，想让好心的姐姐来照顾我，她很乐意这样做。来到我家后，最初两个月，姐夫还会写信来，后来信也不来了，再后来，姐姐得知姐夫已经跟别人好上了……

可以想象姐姐回到家后的那段日子是怎样难熬！这些事情是姐姐回家两年后才告诉我的，知道这些事情后，我不知道怎样表达我的歉意和悔意，姐姐一生的付出却换来如此悲惨的结局！她说得最多的一句话是："好人有好报。"每次去拜佛祖时，她都说，对死去的人和虚无的佛祖好，还不如对活着的周围的人好。她唯独忽视了要对自己好，而且忽视了当身边人已经习惯了你的好，也就往往会忽视你也需要被爱。

这件事情发生了以后，我同样发现了姐姐最坚强的一面，当我用性格色彩卡牌解读完姐姐的一生，她已经开始学会慢慢化解自己的痛苦（详见《性格色彩卡牌指南》）。有次我邀请她去珠海游玩，她居然和我们一样，在脸上涂满印第安人那样的油彩，痛快地玩了一个下午！而且她告诉我，她的上半辈子为丈夫和孩子而活，现在她要好好地活出自己。偶尔我打长途给她，她不是去打乒乓球了，就是去"斗地主"了。

绿色在孩提时代大多有过孤立无援的经历，认为谁也不重视自己，自己的要求微不足道，因而，有意识地回避并逐渐淡忘自身的真正需求。长大成人后，绿色常以别人的需要为需要，而忘了自己真正的需要。用对别人不停止的付出，来掩饰自己在生理和心理上也需要别人来抚慰的事实。绿色不习惯与别人分享自己，有时候甚至认为自己有的需要是错误的，因此，绿色不表达自己的愿望。当别人关心绿色的时候，他们总是用非常友善和客气的态度与之保持一段距离。

重新寻找自己人生的真谛和意义，对绿色是至关重要的。绿色本身非常被动，可以一生跟定你，而完全不负做决定的责任。绿色经常以别人作为自己生存的核心，而忽略了发展自己的人生目标和方向。故而，他们很容易成为丧失自我、迷失方向的人。

> 绿色性格只有对自己宣告"我准备活出真实的自我"时，才能告别过去，迎向新生，关键是有没有这样的勇气和愿望。

绿色性格过当总结

○ 作为个体

- 按惯性做事,拒绝改变,对变化置若罔闻。
- 懦弱胆小,纵容别人欺压自己。
- 期待事情自动解决。
- 得过且过。
- 莫名地害怕人际的冲突。
- 无原则地妥协,无法采取负责任的解决态度。
- 不愿争取应得的利益。
- 逃避问题与冲突。
- 太在意别人的反应,不敢表达自己的立场和原则。

○ 沟通特点

- 一拳打在棉花上,毫无反应。
- 没有主见,把压力和负担转嫁到他人身上。
- 不会拒绝他人,给自己和他人都带来无穷麻烦。
- 行动迟钝,慢慢腾腾。
- 避免承担责任。

绿色性格过当总结

○ 作为朋友

- 不负责任地和稀泥。
- 姑息养奸的态度。
- 期待让人人满意,对自己的内心不忠诚。
- 没有自我,迷失人生的方向。
- 缺乏激情。
- 漠不关心,惰于参与任何活动。

○ 对待工作和事业

- 安于现状,不思进取。
- 乐于平庸,缺乏创意。
- 害怕冒险,缺乏自信。
- 拖拖拉拉。
- 缺少目标。
- 懒惰而不进取。
- 马虎敷衍。
- 宁愿做旁观者,不肯做参与者。

跋　　恭喜你，第一关闯关成功

这篇跋，容我认真做个广告。这个广告，能让你我不只像此刻这般，仅仅只是飘在空中的神交，而是让你我未来有机缘走进彼此的内心，深度联结。

我确信，这是真的。因为没耐心的人，不会去看一本书结尾的寄语，你能认真看到这里，说明"你我相遇，今生有戏"。

如开篇所述，我此生所愿，就是能将性格色彩惠及世人。故此，无论你通过哪种途径学习和运用性格色彩，我都希望，你能从性格色彩中取得最大化受益——你受益越大，你用性格色彩帮助的人才会越多。

关于性格的学习，本该从娃娃抓起，它会使人们受益终身。可惜我们看了很多关于如何升职、如何奋斗、如何赚钱、如何成功、如何升官、如何时尚、如何优雅……的书，却从不曾认真学习如何认识自己，如何读懂别人，如何追求幸福，如何挖掘真实生命的最高境界。

在这样一个浮躁不安、心灵困惑的年代，《性格色彩原理》这本书，只是帮你打下一个探究性格的基础，推开那扇看清自我和他人内心之门，闯过性格认知的第一关，让你能经由对性格的理解，努力奔向更通透、更豁达、更幸福的未来。

如果你没看过漫画形式的性格色彩入门读物《跟乐嘉学性格色彩》，直接拿起这本书就读得津津有味，笑到现在，恭喜，比起世上很多只会嘴上喊着很懂性格的人，你已经遥遥领先。

通常情况下，你在阅读本书后的兴趣点会集中在：性格色彩组合有什么奥妙？有没有和我最搭配的性格？不同性格碰撞会造成什么后果？面对几个色彩混淆的人怎样才能分辨其中颜色的真假？怎样快速辨别真正的动机？知道自己的缺点但是改不掉怎么办？如何通过训练获得自己没有的优点？怎样可以搞定不同性格……

问题永无止境，这么多问题，让我们一个个来。

● 若你看了本书，对乐嘉开始有了兴趣，想了解谣言背后的真相，愿我的自剖书《本色》，让你我即便远在天涯，也可近在咫尺。我期待，你也是那至情至性的本色之人，历经人生阴霾，初心不改，活出本色；我期待，若你由于种种过往，暂时无法活出真正的自我，但心向阳光，崇尚本色，你能从我自剖的经验和走过的弯路中，找到些许借鉴。

● 若你对性格色彩产生了浓厚兴趣，想解决更深的困惑，此刻，可先去阅读《性格色彩识人》。你会看到对内心动机更深度的剖析，看到对你可能出现的陷阱的警示，你会发现一个从没想过的如此真实的赤裸裸的你。不过你要做好准备，那本书没什么赞美之词，更多的是对性格弱点的探究，须知，"赞美"这玩意虽然让你瞬间很爽，但绝对无法让你的生命持续蜕变。我希望的是，那本书能帮你赚得更多，活得更爽，变得更美，过得更好。

● 若你是个急性子，此刻心急如焚，内外堪忧，有迫不及待的棘手问题要立刻解决，一分钟也等不了，那就直接去"性格色彩宝典"系列按图索骥。关于情感上所有的痛苦和困惑，请看性格色彩情感三部曲——《性格色彩单身宝典》《性格色彩恋爱宝典》《性格色彩婚姻宝典》；关于教育孩子中所有的抓瞎、无助和崩溃，借助《性格色彩亲子宝典》；关于工作瓶颈和事业迷茫沟坎，去找《性格色彩职场宝典》。

● 若你想知道怎样用性格色彩让自己成为一个神奇的人，怎样让别人对你刮目相看，怎样不借助任何测试题目就可以直指人心，怎样把性格色彩作为一个不错的技能安身立命，不要犹豫，去学卡牌，试试去看《性格色彩卡牌指南》，看看你能学会多少玩法。

● 若你想知道，世上各行各业如何将性格色彩赋能，让事业突飞猛进大放异彩，去看《性格色彩360行》。

● 若你想知道，世上各个角落不同的人，怎样一步步运用性格色彩改变个人命运，让生命变得更有张力，想要从他们当中搜寻到你的勇气和力量，就到《性格色彩72变》中参详。

● 若你想学习演讲，但你没自信，认为自己没资格上台；你羡慕电视上乐嘉战队中那些受训后脱胎换骨的演说家，期待成为舞台高手，绽放耀眼光芒，可你觉得自己不配拥有那样的高光时刻；或者，你看过很多演讲书但觉得都是纸上谈兵，自己就是不敢实战；你会很多演讲技巧但就是无法触动人心，总是无法打通任督二脉……那就去看《跟乐嘉学演讲》，去寻找那力量的源头。

● 若你想学习培训，此生也想成为一名培训师，或者你自己本就是一个以讲台为生的老师和教育工作者，对我近三十年的职业培训生涯和电视主持经历感兴趣，请参阅《跟乐嘉学培训——传道授业解惑的艺术》。

* * * *

从投入产出比而言，世上再没什么比读书投资更少、成长更快、获取智慧更高效的方式了。

可如果读完本书，你依旧不满足，想彻底掌握性格色彩的力量，让其为你所用，变成你身上随时流淌的一件法宝，那我必须非常严肃地对你说，只有面对面地学习才可以完成。纸上谈兵是一回事儿，到一堆有着各种性格的人中间体验，是另一回事儿。技巧可以训练，经验可以学习，但感受永远无法替代！

沉浸体验，同修启迪

当你和一群人在安全的环境中共同学习，你会发现现实中和你永无交集的一个人，他老妈给他的痛苦和你媳妇给你的痛苦，居然如出一辙。你原以为世人不懂你的苦,结果,世上居然还有这么多同路人。更重要的是,置身于现场的体验,可帮助你增加思考的深度,让你看得更远,想得更透,获得那把开启内心力量的钥匙。这些都是在阅读中无法得到的好处。

阅读时,由于读者文化背景的差异,大家理解文字的角度完全不同,"一千个人心中会有一千个哈姆雷特"。譬如,当红色和蓝色同时看到"完美"这个词,脑中所想南辕北辙。我在课堂上看到的诡异情形是,很多红色内心都认为自己追求完美,而蓝色几乎很少认为自己追求完美,而是认为自己只不过是努力不出错罢了,与"完美"天差地别。"完美"二字只要从口中说出,蓝色就认为不那么完美了。所以,现实生活中,那些强调自己是完美主义的人恰恰是红色,真正的蓝色,反倒不会这么做。

如果只是看书,靠着自己的想象闭门造车,而非在课堂学习,恐怕你做梦都想不到:"天呐,还能这样理解?"想不到有那么多新的认识颠覆你的三观。是的,人与人间的巨大差别,只有面对面地体验,才能有最为精准的感受。

课堂给人提供了一个绝佳的体验机会!一个资深律师来到课堂,想解决孩子厌学的问题,结果发现,他要的答案,居然在一个想解决企业如何留人的单亲妈妈创业者身上找到。在课程讨论中,那个认为自己非常温和的单亲妈妈,不经意间流露出毋庸置疑的强硬,让他突然看到自己的影子,这让他心惊肉跳:"天呐,这种说话的口吻是那么让人排斥,而这种压迫带来的不适感,原来跟我带给儿子的一模一样。"律师灵光一现,儿子常年厌学,根本不是不求上进,而是因为面对他强烈控制欲而在内心产生的激烈反抗已压抑到了崩溃的边缘,可过去这些年,他从不自知。

如果你是当事人,在那一刻,你才会发现阅读无法带给你的好处。来自不同地方、有着不同习性、原本此生永远无法相互触及的各个群体的人坐在一起,在一种放松的气氛下进行真实的交流,这种心灵的滋养和成长，是文字永远无法给予的。

就像你把米其林菜谱倒背如流，可能觉得自己至少是个一星，待真的下厨，才发现青芦笋被你做成了硬竹片，你才知"盐少许，适量白糖"的真实含义，和你自己琢磨的完全不一样。不进厨房，你永远不知如何掌控油温。脑补书中故事主人公的模样，远不如现场看到本人更具冲击力。

从这个意义上来说，书籍就是剧本，以平面的方式呈现。而课堂就是戏剧，会以立体的方式，将人活灵活现地展现在你面前。

教外别传，不立文字

当你看书之后，有些你不能理解的现象，你会找到明灯解惑；有些钻石法则，你一定也可立即施展，并且产生奇效；有些你讨厌的人，你会觉得没那么可痛恨了，发现对方身上也有可取之处。这些，都是阅读可以带给你的最直接的好处。

一个团队内部，如果大家一起阅读本书，会发现彼此理解更加顺畅，工作更加高效，氛围更加愉悦，发生问题时彼此的指责大大减少。如此，团队会更和谐，凝聚力更高，战斗力更强。

可如果你看书之后，还是不能充分理解"动机"和"行为"怎么区分；不知道怎样才能找到自己真正的性格；对于有些人你的判断精准，但钻石法则用出来后，味道就是差那么一些，就是不到位；对于有些复杂组合的性格，你不知道该用主色还是次色的钻石法则去对待；你对自己究竟是谁，依旧感到迷茫……若是如此，只有等你来培训课堂，我们面对面一揽子解决。

我年轻时曾自学过长笛，练功勤奋。所有长笛教程都说，吹奏者要气沉丹田，可当我真的试图"气沉丹田"时，只落得胸闷脸红。"丹田"到底在哪儿呢？脐后肾前？脐下四指？我苦苦摸索，不得其法。直到有一天，我的老师一句话就指出问题所在：我太执着于寻找位置，而忽略了最重要的呼吸方式,而我的口型错误又导致呼吸不畅,那一瞬间,我醍醐灌顶,原来我在错误的道路上拼命努力了十年,我觉得过去十年的长笛坚持都白费了。那一晚,我哭了。

《性格色彩原理》只是你我同道结缘的开始,生命中许多机缘,我们须主动追寻,方能把握。我诚挚邀请你进入神奇的课堂,当你通过观察和对比,把自己剖析得深可见底,真正看清自己、读懂别人的时候,你才能够获得前所未有的属于自己的力量!你才能够更有力地将性格色彩运用在自己的人生战场!愿你我课堂相见,高处相拥。

过去二十余年,看过性格色彩书籍的上千万,听过性格色彩演讲的几百万,真正进过课程的朋友,由于时空条件的限制,只有十几万。我深知,无论我多么勤奋,终我一生,即便我声嘶力竭倒在讲台,世上依旧只有少数人有机缘面对面参加学习。这些年来,我一直致力在学员中寻找到志同道合的苗子,培养出更多的性格色彩卡牌师、卡牌大师、演讲师、讲师、导师。所有这一切,就是希望当你因性格色彩受益后,回向反哺,去帮助更多的人。

这条路,我走了二十年,并且还将继续走下去,一直、一直走下去。

看至此处心有感,你我余生必相逢。若有机缘,愿你我同行,有朝一日,携手实现"性格色彩,自助助人,传道天下,惠及世人"的愿景。

志之所趋,无远弗届,穷山距海,不能限也。

乐嘉与性格色彩大事记

2000 年
- 乐嘉研发的"FPA®（Four-colors Personality Analysis）性格分析与沟通"企业培训课程面世。

2001 年
- 创立"性格色彩钻石法则®"理论。

2002 年
- 乐嘉学习魔术时，受"四布合一布"启发，创立"FPA®性格色彩"。

2003 年
- 创立"性格色彩本色论"和"性格色彩动机论"。

2004 年
- "性格色彩讲师与咨询师"首期课程举办，开始建立性格色彩传播团队。

2005 年
- 为让性格色彩更易传播，寓教于乐，乐嘉发明了"性格色彩扑克牌"，取得国家专利。

2006 年
- 乐嘉的第一本书，也是性格色彩学第一本著作《色眼识人》出版，上市后，即成为当当网社科榜畅销书，连续在榜107周。

2007 年
- 性格色彩英文商标，正式使用"Personality Colors®"替代"FPA®"。
- 乐嘉任CCTV2《商务时间》节目嘉宾，首次亮相电视节目，用性格色彩分析名人。

2008年

- 正式确立性格色彩四大研究领域——"洞见＋洞察＋修炼＋影响",完善了性格色彩学的理论体系架构,奠定了性格色彩与其他性格分析工具的核心差别。

- 乐嘉将性格色彩应用到学校教育,为深圳的1200名中小学校长及幼儿园园长进行了"因人而异,因色施教"的性格色彩教师培训。

- 乐嘉被聘为西北大学管理学院客座教授,为EMBA讲授"性格色彩领导力"。

2009年

- 性格色彩讲师团队为全球500强罗氏制药和上市公司百丽集团内训,累计各自超过50场。在领导力、团队管理和销售培训领域,性格色彩成为知名企业核心课程。

- 性格色彩成为华东理工大学MBA选修科目。

- 乐嘉在武汉大学做"性格色彩心理咨询技术运用"培训,同年,任湖北省心理咨询师协会高级顾问,性格色彩正式进入心理咨询领域。

2010年

- 乐嘉任江苏卫视《非诚勿扰》心理专家,此后,连续三年,该节目成为家喻户晓的国民综艺,保持中国常态综艺节目收视率第一。

2011年

- 乐嘉任江苏卫视《老公看你的》节目主持人(全国卫视每周五收视率第一)。

- 乐嘉任江苏卫视《不见不散》节目主持人(全国卫视每周一收视率第二)。

- 乐嘉连续两年举办"嘉讲堂"全国大学校园"性格色彩与人生规划"巡回演讲。

- 《跟乐嘉学性格色彩》出版,销售量逾200万册,获年度非虚构类图书全国第一。

2012年

· 乐嘉在悉尼市政厅举办性格色彩演讲,创澳洲华人演讲最多听众纪录。

· 乐嘉在温哥华剧院举办性格色彩演讲,创加拿大华人演讲最多听众纪录。

· 乐嘉被聘为河海大学客座教授,讲授"性格色彩与主持艺术"。

2013年

· 乐嘉任深圳卫视《别对我说谎》主持人(播出一集后收视率从第14位升到第3位)。

· 乐嘉任国内首档性格色彩综艺谈话节目——深圳卫视《夜问》主持人。

· 乐嘉《本色》出版,年度销售逾150万册。

· 乐嘉连续三年共6季任安徽卫视《超级演说家》和北京卫视《我是演说家》的常驻演讲导师,成为中国最具影响力的演讲导师。

2014年

· 由乐嘉主编,乐嘉学员共同主创的性格色彩应用书系《色界》三本陆续出版,丛书涵盖性格色彩学在不同行业的实战运用。

· 由乐嘉学员所著的《性格色彩品红楼》《性格色彩品三国》《性格色彩观电影》等性格色彩主题图书出版。

· 乐嘉任CCTV1名人访谈节目《首席夜话》主持。

2015年

· 应剑桥大学彭布罗克学院邀请,乐嘉做题为"性格色彩与全球文化"的演讲,创剑桥大学华人演讲最多听众纪录。

· 乐嘉首档性格色彩脱口秀节目《独嘉秘籍》,在优酷视频上线。

· 性格色彩划时代的工具——"性格色彩卡牌"诞生。

· 乐嘉独创的演讲秘籍正式诞生。

2016年

· 乐嘉主讲的性格色彩音频,上线两小时即销售1万份,在喜马拉雅心理付费节目连续3年排行第一。

· 乐嘉连续两年任全国首档大型创业投资节目——湖北卫视《你就是奇迹》的嘉宾主持人。

· 乐嘉被聘为上海大学温哥华电影学院客座教授。

2017年

· "性格色彩卡牌师"和"性格色彩卡牌大师"两门课程诞生。

· 乐嘉开始连续三年任"团中央全国中学生演讲大赛"评委团主席。

2018年

· 乐嘉在喜马拉雅推出"性格色彩婚恋宝典"音频课程,创情感类课程第一。

· 乐嘉在蜻蜓FM推出"性格色彩亲子宝典"音频课程,创亲子类课程第一。

· 乐嘉任天津卫视《创业中国人》嘉宾主持人。

2019年

· "性格色彩识人"线下课程举办,乐嘉开始每月亲自讲授大规模线下普及课程。

· 乐嘉连续两年任广东卫视创投节目《众创英雄汇》的心理专家。

2020年

· 乐嘉的说话宝典——"用说话掌控人生"音频课程登陆蜻蜓FM,创口才类课程第一。

· 乐嘉发明"小六演讲法"与2015年创立的"大六演讲法",合称"六字演讲"。

2021年

· 乐嘉性格色彩线上视频训练营启动,学员一年过200万,创全网心理类视频课程第一。

· 性格色彩认证的卡牌师和卡牌大师达3000人,接受卡牌评测人数过300万人,其中卡牌付费咨询人数近30万。

2022 年

- 数年来多次闭关,将二十年研究积淀重新整理,精修增补,并潜心写作新著。自 2022 年起,在 2025 年底前,将陆续完成性格色彩系列 21 本新版及新创专著出版。其中包括,经典系列 4 本:《跟乐嘉学性格色彩》《性格色彩原理》《性格色彩识人》《性格色彩卡牌指南》;宝典系列 8 本:《性格色彩单身宝典》《性格色彩恋爱宝典》《性格色彩婚姻宝典》《性格色彩职场宝典》《性格色彩亲子宝典》《性格色彩销售宝典》《性格色彩说话宝典》《性格色彩教育宝典》;应用系列 2 本:《性格色彩 360 行》《性格色彩 72 变》;演讲系列 2 本:《跟乐嘉学演讲》《培训的艺术》;个人系列 5 本:《本色》《至暗》《小乐子的人生智慧》《性格色彩随笔》《性格色彩禅》……

(全书完)

性格色彩书系

性格色彩经典系列：
- 《跟乐嘉学性格色彩》
- 《性格色彩原理》
- 《性格色彩识人》
- 《性格色彩卡牌指南》

性格色彩宝典系列：
- 《性格色彩单身宝典》
- 《性格色彩恋爱宝典》
- 《性格色彩婚姻宝典》
- 《性格色彩职场宝典》
- 《性格色彩亲子宝典》
- 《性格色彩销售宝典》
- 《性格色彩说话宝典》
- 《性格色彩教育宝典》

性格色彩应用系列：
- 《性格色彩360行》
- 《性格色彩72变》

性格色彩主编系列：
- 《性格色彩品三国》
- 《性格色彩品红楼》
- 《性格色彩推理小说之原罪》

演讲系列：
- 《跟乐嘉学演讲》
- 《培训的艺术》
- 《演说家是怎样炼成的》

个人系列：
- 《本色》
- 《至暗》
- 《小乐子的人生智慧》
- 《性格色彩随笔》
- 《性格色彩禅》

性格色彩原理

作者_乐嘉

产品经理_曹俊然 冯晨　技术编辑_丁占旭
责任印制_梁拥军　出品人_路金波

营销团队_阮班欢 丁子秦　物料设计_杨杨

果麦
www.guomai.cn

以 微 小 的 力 量 推 动 文 明

图书在版编目（CIP）数据

性格色彩原理 / 乐嘉著. — 北京：中国华侨出版社，2022.11（2023.12重印）

ISBN 978-7-5113-8820-9

Ⅰ. ①性… Ⅱ. ①乐… Ⅲ. ①性格—通俗读物 Ⅳ. ①B848.6-49

中国版本图书馆CIP数据核字(2022)第163372号

性格色彩原理

著　　者：乐　嘉
责任编辑：唐崇杰
执行印制：梁拥军
经　　销：新华书店
开　　本：710mm×1000mm　1/16开　印张：25.75　字数：346千字
印　　刷：北京世纪恒宇印刷有限公司
版　　次：2022年11月第1版
印　　次：2023年12月第4次印刷
印　　数：20,001—25,000
书　　号：ISBN 978-7-5113-8820-9
定　　价：68.00元

中国华侨出版社　北京市朝阳区西坝河东里77号楼底商5号 邮编：100028
发 行 部：021-64386496　　　传　　真：021-64386491
网　　址：www.oveaschin.com　E-mail：oveaschin@sina.com

如果发现印装质量问题，影响阅读，请与印刷厂联系调换